U0181334

高纯石英砂制备技术与原理

李育彪　雷绍民　魏桢伦　钟乐乐　著

科学出版社

北京

内 容 简 介

本书阐明高纯石英砂制备技术与原理，内容涵盖石英资源概况、工艺矿物学、预处理、（反）浮选、高温（气氛）焙烧-水淬、常（热）压酸浸等技术，并对焙烧及酸浸的热力学、动力学及机理进行详细阐述，提出高纯石英砂的偏析剥蚀纯化技术及其原理。每种制备技术都是按条件试验、数据分析、机理研究等部分进行介绍，结构清晰完整，尤为注重高纯石英砂制备技术的实用性，使读者能够充分了解高纯石英砂的制备新技术及基础原理，并能最终应用到相关研究及实际生产中。

本书可供高纯石英砂制备及石英材料等领域的科技人员阅读参考，也可作为大学本科生和研究生相关课程的教学用书或参考书。

图书在版编目（CIP）数据

高纯石英砂制备技术与原理/李育彪等著. —北京：科学出版社，2023.3
ISBN 978-7-03-074636-8

Ⅰ.① 高⋯　Ⅱ.① 李⋯　Ⅲ.① 高纯物质-石英砂-生产工艺-研究
Ⅳ.① TG221

中国国家版本馆 CIP 数据核字（2023）第 013217 号

责任编辑：杨光华　徐雁秋/责任校对：高　嵘
责任印制：张　伟/封面设计：苏　波

科学出版社出版
北京东黄城根北街 16 号
邮政编码：100717
http://www.sciencep.com
北京凌奇印刷有限责任公司 印刷
科学出版社发行　各地新华书店经销
＊

开本：787×1092　1/16
2023 年 3 月第　一　版　印张：15 3/4
2023 年 8 月第二次印刷　字数：369 000
定价：158.00 元
（如有印装质量问题，我社负责调换）

作 者 简 介

李育彪，男，1985年生，中共党员，现任武汉理工大学资源与环境工程学院教授、博士生导师，入选湖北省"楚天学者计划"、武汉理工大学"青年拔尖人才计划"。主要从事战略矿产资源的提纯与深加工等方面的研究，围绕非金属矿产的国家重大需求，开发了高纯石英砂、高岭土、萤石等非金属矿的提纯与深加工系列关键技术；围绕金属矿的高效浮选分离，建立了基于同步辐射技术的硫化矿原位微纳米高精度检测方法，从原子/分子水平揭示了硫化矿典型晶面的原位氧化机理，引领了我国硫化矿海水浮选分离基础研究。主持包括1项国家重点研发计划课题、3项国家自然科学基金项目、1项湖北省重点研发计划项目在内的30余项国家级、省部级及企事业单位科研项目；发表中英文学术论文100余篇，其中第一/通讯作者SCI论文40余篇、中文核心期刊论文30余篇；申请国家发明专利25项（已授权10项）；出版学术译著1本、参编学术专（编）著3本；获绿色矿山科学技术奖一等奖2项、非金属矿科学技术奖二等奖1项（均序1）。

前　言

高纯石英砂及其制品是半导体、集成电路、航空航天、国防军工、光通信、电光源等战略性新兴产业中不可替代的多功能关键性基础材料,在国民经济建设中具有不可替代的战略地位。由于我国天然水晶等传统高纯石英砂原料逐渐枯竭,目前90%以上高纯石英砂原料依赖国外进口,对外依存度极高。此外,国际高纯石英砂市场基本被美国尤尼明公司垄断,严重制约了我国新能源、新材料、电子信息等高端科学技术的可持续发展,在世界格局发生显著变化的今天,已严重威胁到国家的战略安全。因此,开发高纯石英砂制备新技术,充分利用丰富的脉石英、伟晶岩等石英资源制备高纯石英砂,已成为我国高纯石英产业提档升级的重难点,是国家国防、航空航天、军工及民生领域的重要安全保障,具有极为重要的科学及现实意义。

本书旨在介绍高纯石英砂制备技术与原理,并对其在工业实践中的应用进行说明。为了让读者更好地理解高纯石英砂制备技术,本书结合大量基础理论和试验案例,围绕高纯石英砂的工艺矿物学、预处理、磁选、(反)浮选、高温(气氛)焙烧-水淬、常(热)压酸浸等技术进行详细阐述。

本书共9章,第1章为绪论,对石英的资源概况、基本性质、杂质赋存状态、高纯石英砂国内外研究现状、高纯石英砂制备方法及偏析剥蚀技术设想进行介绍;第2章为石英的工艺矿物学分析,结合透(反)光偏光显微镜、X射线衍射仪、电感耦合等离子体质谱仪、电子探针仪、拉曼光谱仪等测试手段,对石英中的杂质赋存状态进行系统分析;第3章为石英砂反浮选除杂技术,简要介绍石英砂的预处理及不同杂质矿物的反浮选除杂技术;第4章详细阐述石英晶体中金属杂质元素的浸出热力学,为后续常(热)压酸浸提供理论依据;第5~9章详细阐明高纯石英砂制备中的常压酸浸、真空高温焙烧、气氛焙烧、偏析剥蚀纯化、热压酸浸相关的技术及机理。希望本书能够让读者清晰明了地理解高纯石英砂的制备技术与理论基础,帮助读者更全面深入地理解高纯石英砂的制备过程。

本书的研究工作获得了湖北省重点研发计划项目(2021BCA127)的资助,在此表示感谢。另外,在本书撰写过程中,博士研究生裴振宇、马强,硕士研究生林敏、夏章杰、陈坤、肖蕲航等进行了大量文献调研并参与了撰写工作,为本书的成稿及出版奠定良好的基础,在此一并表示感谢。

由于作者水平有限,书中难免存在疏漏或不足之处,敬请读者批评指正。

作　者

2022年11月

目 录

第1章 绪 论

1.1 石英资源概况

硅质原料在自然界分布十分广泛，其矿物成分以石英为主，化学成分主要为 SiO_2，是一大类矿物原料的统称。块状硅质原料在工业上常统称为硅石（石英石），代表性岩石有石英岩、石英砂岩、燧石岩、石英片岩、脉石英和石英砂等；根据不同物理化学特性，可分为岩浆岩型、变质型、热液型、沉积型等[1]。硅石中多含有复杂的伴生杂质矿物、气液包裹体，给硅质资源开发利用，特别是高纯度电子产品的生产带来困难，必须经过精加工方能满足产品要求。岩浆岩型花岗岩中的石英晶粒、变质型元古代相应地层中的石英、热液型早期形成的伟晶岩型石英等纯度高，含气液包裹体少。这些石英经提纯加工后有可能代替高纯水晶[2, 3]。

从不同地区不同类型矿床探明储量来看，我国已探明石英岩储量最多，达 23.1 亿 t，石英砂岩储量次之，达 15.5 亿 t，脉石英储量最少，不到 0.5 亿 t。我国石英岩（砂）资源质量特点鲜明，与国外资源有很大不同。从矿石类型上看，石英岩、海相砂和脉石英质量较好，石英砂岩质量不稳定，波动较大，河相砂和湖相砂质量差；从含矿层位上看，元古宇的石英岩、脉石英、泥盆系的石英砂岩和近代的海相砂质量好；从地域分布上看，北方石英岩、南方石英砂岩和沿海海相砂质量较好。从 SiO_2 含量上看，我国石英岩（砂）资源 SiO_2 含量较低，杂质含量较高，矿床成因复杂多样，且原矿质量差异较大，均一性差，选矿除杂较难。我国硅质原料石英岩（砂）矿区数量和储量分布[4]见表 1-1。

表 1-1 我国硅质原料石英岩（砂）分区情况

地区	矿产地/个	储量/万 t	储量占比/%
华北地区	27	19 786	4.2
东北地区	23	36 559	7.8
华东地区	64	98 336	20.9
中南地区	51	106 620	22.7
西北地区	31	191 691	40.8
西南地区	32	17 074	3.6
全国	228	470 066	100

1.2 石英基本性质

1.2.1 石英矿物学特征

1. 晶体结构[5-8]

石英晶体属于三方晶系三方偏方面体晶类，该晶类对称特点是有 1 个三次对称轴和 3 个与其垂直的二次对称轴，相交 120°，无对称中心，无对称面，对称型为 $L^3 3L^2$，空间群为 D_3^4—P3$_1$21 或 D_3^6—P3$_2$21。晶胞参数为 a_0=4.913 Å，c_0=5.404 Å，z=3，单位晶胞成分为 Si_3O_6[5]。

石英晶体结构单元是 Si—O 四面体(图 1-1)，Si 位于 4 个 O 构成的四面体中心，[SiO$_4$]四面体在 c 轴方向上呈螺旋形排列，沿螺旋轴 3$_1$ 或 3$_2$ 作顺时针或逆时针旋转分成左形或右形，这种结构上的左右形同习惯上的左右形相反，结构上的左形和右形分别相当于形态上和物性上的右形和左形。在石英晶体结构中，[SiO$_4$]四面体以 4 个角顶氧与相邻四面体连接成架状，Si—O—Si 键角为 144°，Si—O 键长为 1.579 Å 和 1.617 Å，O—O 键长为 2.604 Å 和 2.640 Å。石英晶体结构上的各向异性突出地表现在平行 c 轴和垂直 c 轴 2 个方向上，并且明显地反映在晶体物理向量性能上。

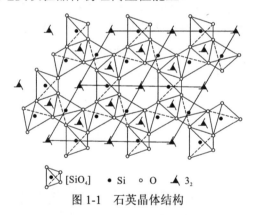

⬙ [SiO$_4$]　• Si　○ O　▲ 3$_2$

图 1-1　石英晶体结构

天然石英常有不同晶体特性，一般以柱状、正菱面体和负菱面体三种单形为主，在产出概率和晶面发育相对大小方面，正菱面体比负菱面体更重要，一般都是两种菱面体呈聚形。正菱面体常以单体存在，负菱面体单独存在并不多见。除上述三种常见单形外，石英尚有多种不常见单形。

2. 左右形[6-8]

石英晶体常发育成柱状晶体，常见单形有六方柱{10$\bar{1}$1}、菱面体{10$\bar{1}$1}和{01$\bar{1}$1}、三方双锥{11$\bar{2}$1}和三方偏方面体{51$\bar{6}$1}等，柱面有横纹。正菱面体一般比负菱面体发育完全，有时正菱面体与负菱面体同等发育，外观上呈假六方双锥。区分石英左右形的标志主要是三方偏方面体位置和三方双锥面上的条纹方向。

3. 同质多象变体[7]

石英在自然界有 8 种同质多象变体，分别是 α-石英、β-石英、α-鳞石英、α-方石英、β-方石英、β-鳞石英、柯石英和斯石英，其中，除斯石英具有金红石型结构、Si 为六次八面体配位外，其他变体中 Si 均为四次四面体配位。每个[SiO₄]四面体的 4 个角顶与相邻四面体共用而连接成架状结构。不同变体中，[SiO₄]四面体位置不同，Si—O—Si 键角也不同。

常压下各变体的转变温度为

$$\text{α-石英} \underset{573℃}{\overset{}{\rightleftharpoons}} \text{β-石英} \underset{870℃}{\overset{}{\rightleftharpoons}} \text{β-鳞石英} \underset{1470℃}{\overset{}{\rightleftharpoons}} \text{β-方石英}$$

β-方石英在 1 720 ℃左右熔融为玻璃态。在低温范围内鳞石英和方石英转变为 α-鳞石英，β-鳞石英于 117～163 ℃转变为 α-鳞石英；β-方石英于 200～270 ℃转变为 α-方石英。

各变体密度和折射率取决于其结构紧密程度。各变体密度和折射率由大到小顺序为斯石英>柯石英>石英>方石英>鳞石英。α-石英转变为 β-石英后，体积可增大 0.86%～1%。因此，采用焙烧法使 α-石英转变为 β-石英，体积会膨胀，易于开裂。

1.2.2 石英物理化学性质

1. 光学性质[7]

石英为无色或白色，常因含杂质而呈紫色、黄色、玫瑰色、茶色、烟色或黑色，如因含鳞片状赤铁矿或云母而呈现出褐红色或微黄色（砂金石）玻璃光泽。

水晶对红外光到紫外光的波段都具有良好的透过率。沿光轴方向，每厘米对 1 000～500 nm 波段的透过率为 90%以上、对 500～250 nm 波段的透过率为 85%～90%。因此，石英是制造紫外光谱仪棱镜和透镜的理想材料。

2. 力学性质[7]

石英的密度为 2 649 kg/m³，具有贝壳状断口。石英的抗压强度在平行于 c 轴方向为 24 500 MPa、垂直于 c 轴方向为 22 560 MPa。

3. 热学性质[7]

石英的熔点为 1 713 ℃，熔化温度为 1 710～1 756 ℃，冷却后即变为石英玻璃[5]。垂直于 c 轴方向的膨胀系数比平行于 c 轴方向的膨胀系数更大。导热系数具有明显的各向异性，平行于 c 轴方向的导热系数远大于垂直于 c 轴的导热系数。导热系数与膨胀系数相反，随温度升高而降低。

4. 化学性质[5-8]

石英的主要化学成分是 SiO_2，含 Si 质量分数为 46.751%、含 O 质量分数为 53.249%。石英化学性质稳定，不溶于酸[除氢氟酸（HF）外]，微溶于氢氧化钾（KOH）溶液。

α-石英化学成分较纯，含有少量其他氧化物。α-石英中常含固态、气态、液态包裹体。呈固态包裹体形式存在的矿物有方铅矿、闪锌矿、黄铁矿、白铁矿、石盐、金红石、板钛矿、锐钛矿、磁铁矿、赤铁矿、针铁矿、菱铁矿、方解石、白钨矿、阳起石、钠长石、钾长石、斜绿泥石、辉沸石等[5-8]。

大多数 α-石英含有 Al、Ti、Na、K、Li、Ca、Mg、Fe、Cr、Ni、Cu 等，还可能有相当量的—OH 存在。石英化学成分改变最重要的机制是 Al^{3+} 以类质同象形式取代 Si^{4+}，造成电荷不平衡，半径较小的碱金属元素离子（Li^+、Na^+、K^+）进入间隙位置进行电荷补偿[9]。石英中各杂质元素的平均质量分数如图 1-2[10]所示。

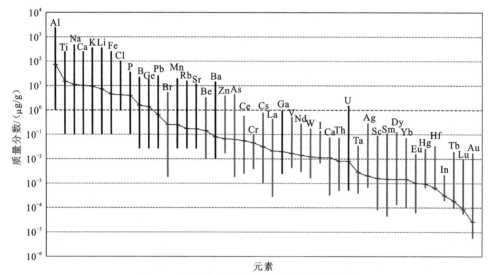

图 1-2　石英中各杂质元素的平均质量分数

1.3　石英中杂质赋存状态

国内外有关石英中杂质赋存状态的研究很多，早在 20 世纪 30 年代，发达国家就开始了石英矿物学研究，我国研究工作开展相对较迟。根据杂质大小、分布、形成特性等，天然石英矿物可分为 4 类：伴生脉石矿物；微细粒矿物、硅酸盐熔体、流体包裹体杂质，粒径大于 1 μm；亚微米级、纳米级包裹体杂质，粒径为 100 nm～1.0 μm；石英晶格结构型杂质，易形成粒径小于 1 nm 的原子簇[11]。

1.3.1　伴生脉石矿物

天然石英晶体常与多种矿物共（伴）生，如金红石、方解石、萤石、赤铁矿、白云母、黑云母、闪锌矿、黄铁矿、堇青石、长石、锡石、石榴石、电气石、辉石、角闪石、黄玉、绿帘石、钛铁矿、绿泥石和黏土矿物等[9]。在地质成矿过程中，这些矿物易成为石英晶体中的固态包裹体，是石英中包裹体杂质的主要来源[9]。

1.3.2 微细粒矿物、硅酸盐熔体、流体包裹体杂质

天然石英通常含有微细粒矿物（粒径>1 μm）、硅酸盐熔体及流体包裹体等，包裹体种类与丰度取决于石英矿物的成岩环境和结晶学变化，包裹体被封存于石英矿物中，很难通过传统选矿分离方法去除，大量包裹体严重影响石英质量[12-14]。

石英中矿物包裹体有很多种，理论上讲，在母岩矿物中出现的各种矿物相，同样能够在石英包裹体中出现。在火成岩石英矿物中，矿物种类主要有长石、云母、金红石、锆石、磷灰石、铁氧化物等[14]。在变质岩石英矿物中，矿物包裹体的光谱学特征主要由变质条件决定，低级变质岩包裹体有绿泥石、云母、角闪石，较高级的变质岩包裹体有蓝晶石、十字石、石榴石。在沉积岩石英矿物中，矿物包裹体常有石膏、杂卤石、方解石，以及几种矿物盐、有机质等[15,16]。

石英中矿物包裹体的形成机制较多，有从熔体和流体结晶生长过程中封闭形成的矿物包裹体，也有变质岩石英在变质作用过程中晶界移动和随后晶格恢复封闭形成的矿物包裹体。此外，还有第三种矿物包裹体形成机制，如含高钛杂质的石英矿物在冷却或减压过程中形成针状金红石包裹体[14]。

含铝杂质主要来自长石、云母和黏土矿物，还有 Al^{3+} 替代 Si^{4+} 存在于石英晶格中，这种异价类质同象常造成碱金属阳离子进入结构空隙，以保持电荷平衡，形成结构杂质。

铁在石英中有如下几种形式：以微细粒状态赋存于黏土或高岭土化的长石中；以氧化铁薄膜形式附着于石英颗粒表面；以独立铁矿物颗粒形式存在。含铁物质在石英颗粒内部呈浸染或透镜状态存在[17]。

石英中的硅酸盐熔体包裹体是被包裹在火成岩和伟晶岩石英矿物中硅酸盐熔体形成的微泡，呈玻璃态或微晶态，相对较罕见[14]。硅酸盐熔体包裹体常结晶形成晶体，并与流体包裹体叠加或被隐藏在其中，难以与侵入岩（如花岗岩、结晶花岗岩等）区分开。硅酸盐熔体包裹体的化学成分与硅酸盐熔体相似，主要元素有 Si、Al、Fe、Ca、Na 和 K，还带入有 F、Cl、B、P、Li、Cs、Rb 等。因此，硅酸盐熔体包裹体是伟晶岩石英生产高纯石英砂时的主要杂质[18]。

流体包裹体是石英晶体生长过程中最常见的包裹体，也包括矿化流体渗透到已成型的石英晶体间裂缝，在其密封过程中形成的流体包裹体（又称次生流体包裹体）[14,19]。流体包裹体按内含物质状态可分为纯气体包裹体、纯液体包裹体和气液混合包裹体三种；按内含物分类，可以分为 $NaCl-H_2O$、H_2O、CO_2-H_2O、CH_4、H_2S 等[15]，其中，H_2O 是最常见的流体包裹体，此外也常包含高沸点碳氢化合物、氮气等。如果流体包裹体中溶解性物质较多，在其至地表的冷却过程中会析出晶体，晶体常呈立方体状，加热易熔解。岩盐是最常见的析出晶体，通常认为其为卤盐，其他盐类或硅酸盐矿物也会以同样方式析出形成包裹体[19]。流体包裹体中含有大量 Na、K 和 Ca 等，是石英中碱金属杂质的主要来源[20]。包裹体捕获的流体属于过饱和溶液，当温度降低时会从溶液中结晶出晶体，形成子矿物，子矿物被封存在包裹体中并与气泡和液体等共存，称为包裹体中的固体相[13]。

1.3.3 亚微米级、纳米级包裹体杂质

石英中微细粒杂质包裹体有微米级、亚微米级、甚至粒径小于 1 nm 的原子簇。亚微米是指 100 nm～1.0 μm 的微细粒亚微米体系粒径，纳米常用来描述 100 nm 以下的纳米尺度空间，小于 1 nm 为原子簇[21]。

天然石英矿物中包裹体粒径远远大于 1 μm，通常是锆石、磷灰石、独居石、长石、云母等矿物质。迄今为止，仅有少数学者对亚微米级天然石英包裹体进行了研究，而这些研究主要集中在彩色石英尤其是蓝色火成岩石英[21-24]。因此，仍然不确定亚微米级固体包裹体是否在天然石英中普遍存在。

研究者观察到石英中亚微米级固体包裹体有金红石、钛铁矿、云母、电气石、铝硅相矿物（如 Al_2SiO_5 同质多形体）、$AlOOH$ 及刚玉等[21-23]。Seifert 等[21]研究蓝色石英中亚微米级固体包裹体发现，云母包裹体在大多数亚微米级固体包裹体中体积最大，云母针状亚微米级固体包裹体长度>1 μm、宽度<100 nm。大多数亚微米级固体包裹体是平均粒径为 500 nm、宽为 50～100 nm 的针铁矿。最小可辨认的亚微米级固体包裹体为自形金红石微晶，平均尺寸约为 50 nm×150 nm，最小尺寸约为 25 nm×50 nm。在背散射图像研究基础上，蓝色石英内亚微米级固体包裹体数量为 5 000～41 500 个/mm^2。通过计算统计多幅蓝色石英背散射图像发现，纳米级包裹体数量为 1.1～1.7 个/μm^3。Müller 等[24]在解释澳大利亚拉克兰褶皱带（Lachlan fold belt）畸形花岗岩矿石的电子探针图谱中 Al-K 峰值时发现类似云母的亚微米级固体包裹体。研究表明，石英的多重变形导致 Al 和 K 在石英晶格中重新分配，并形成了类似云母的亚微米级固体包裹体（<0.5 μm）。而亚微米级固体包裹体常出现在特定地质环境下的天然石英矿物中，是石英矿物中杂质的主要来源。因此，进一步研究石英中亚微米级、纳米级固体包裹体非常重要。

1.3.4 石英晶格结构型杂质

石英晶格结构型杂质主要分为两类[10]。

（1）晶格替代杂质。指 Al^{3+}、Fe^{3+}、B^{3+}、Ti^{4+} 及 P^{5+} 与硅氧四面体中 Si^{4+} 类质同象替代，代替 Si^{4+} 形成新四面体。

（2）电荷补偿杂质。这类结构型杂质发生在间隔通道位置，由于正三价、正五价离子替代 Si^{4+} 形成新四面体，造成晶格内部电荷不平衡，作为电荷补偿的 Li^+、K^+、Na^+、H^+ 及 Fe^{2+}，进入晶格内部成为填隙离子，形成新的电荷平衡。这些离子（Li^+、K^+、Na^+、H^+）的半径大（0.078～0.178 nm），只能赋存于硅氧四面体骨架空隙中，易从石英晶体中扩散出来，也易从外界扩散进入石英晶体中。

石英晶格中结构型杂质出现的形式有很多种，如图[9-11,25,26]1-3 所示。

天然石英矿物晶格内部主要结构型杂质存在如下形式。

（1）Al^{3+} 替代 Si^{4+}。自然界中最常见的晶格替代就是 Si、Al 替代，Al^{3+} 替代硅氧四面体中的 Si^{4+}，形成新铝氧四面体[9]。

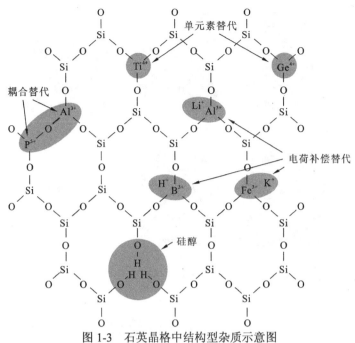

图 1-3　石英晶格中结构型杂质示意图

（2）Al^{3+}、P^{5+}耦合替代 Si^{4+}。Al^{3+}与 P^{5+}同时替代两个 Si^{4+}，作为石英中杂质元素 P 的一种重要存在形式[9]。

（3）B^{3+}替代 Si^{4+}。Müller 等[11]研究表明，B^{3+}也可以替代 Si^{4+}形成新的硼氧四面体。

（4）Fe^{3+}替代 Si^{4+}。Fe^{3+}也能在一定程度上替代 Si^{4+}，形成新的铁氧四面体[26]。

（5）Ti^{4+}、Ge^{4+}替代 Si^{4+}。Ti^{4+}、Ge^{4+}可直接与硅氧四面体中的 Si^{4+}发生晶格替代，形成钛氧四面体及锗氧四面体，后者在天然石英中较少见[9,26]。

（6）4 个 H^+替代 Si^{4+}。

石英晶格常见杂质金属离子的存在形式如图 1-4 所示。

McLaren 等[26]认为石英中还存在 4 个 H^+替代 Si^{4+}，形成一个硅烷醇基组合的杂质缺陷点。Dennen[27]认为在天然石英矿物中（$Al^{3+}+Fe^{3+}$）与（$H^++Li^++Na^++K^+$）原子比例应为 1:1，从而达到电荷中性。而 Müller 等[11]认为石英晶格中（$Al^{3+}+Fe^{3+}+B^{3+}$）与（$P^{5+}+H^++Li^++Na^++K^+$）原子比例为 1:1。这样的原子比例在理论上是可能存在的，如形成晶格空位也能导致电荷平衡。然而，通过实际测定天然石英晶体中（$Al^{3+}+Fe^{3+}+B^{3+}$）与（$P^{5+}+H^++Li^++Na^++K^+$）原子比例后发现，晶格中电子缺陷对电荷平衡贡献很少。

Al 是天然石英中最常见的杂质元素，质量分数甚至接近几千微克每克，且较其他元素更易测定。当有大量杂质 Al 存在时，K、Na、H 含量也较高。Al 含量是石英品质非常重要的一个指标。H 在天然石英中通常不被认为是一种杂质元素，但其与石英中的羟基形成水分子，能够降低石英熔融温度，降低其软化点，影响石英质量。石英矿物中 Al、Fe、Li、K、Na 通常形成原子簇[21]。

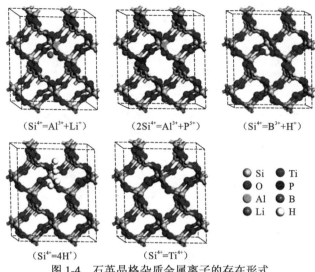

（Si⁴⁺=Al³⁺+Li⁺）　　　　（2Si⁴⁺=Al³⁺+P⁵⁺）　　　　（Si⁴⁺=B³⁺+H⁺）

- ● Si　● Ti
- ● O　● P
- ● Al　● B
- ● Li　○ H

（Si⁴⁺=4H⁺）　　　　（Si⁴⁺=Ti⁴⁺）

图 1-4　石英晶格杂质金属离子的存在形式

1.4　高纯石英砂

1.4.1　石英砂分类及定义

国外按照石英砂杂质含量将其分为超纯石英砂、超高纯石英砂、高纯石英砂、中高等纯度石英砂、中等纯度石英砂和低等纯度石英砂[17,20,28]。

（1）超纯石英砂：杂质（以氧化物计，下同）质量分数为 0.1～1.0 $\mu g/g$，储量极其稀少。

（2）超高纯石英砂：杂质质量分数为 1～8 $\mu g/g$，SiO_2 质量分数大于 99.999%。现已探明能作为超高纯石英砂原料的储量约为 8 万 t。目前，国际市场上仅有美国尤尼明公司生产的 IOTA-8 产品为超高纯石英砂。

（3）高纯石英砂：杂质质量分数为 8～50 $\mu g/g$，SiO_2 质量分数为 99.995%～99.999%，按杂质质量分数又可分为 8～10 $\mu g/g$、10～20 $\mu g/g$、20～50 $\mu g/g$ 级别的高纯石英砂。由于高纯石英砂没有详细的分类标准，目前主要以各企业产品杂质质量分数等级为准。高纯石英砂原矿储量丰富，但随着一二级水晶资源枯竭，部分国家高品质石英原矿限制出口，高纯石英砂依然仅有少数几个发达国家可以生产，国外生产高纯石英砂的厂家主要有美国尤尼明公司、美国颗粒加工与分级公司、日本东芝陶瓷公司、俄罗斯圣彼得堡石英公司、日本星火产业株式会社、日本信越石英公司、英国石英技术公司、德国赫劳斯石英公司、法国圣戈班工业集团等。目前，高纯石英砂市场主要被美国尤尼明公司所垄断，我国仅有江苏太平洋石英股份有限公司、湖北菲利华石英玻璃股份有限公司、江苏凯达石英股份有限公司等为数不多的企业可生产杂质质量分数为 20～50 $\mu g/g$ 的高纯石英砂[28]。

（4）中高等纯度石英砂：杂质质量分数为 50～300 $\mu g/g$，SiO_2 质量分数为 99.97%～99.995%。

（5）中等纯度石英砂：杂质质量分数为 300～5 000 μg/g，SiO$_2$ 质量分数为 99.5%～99.97%。

（6）低等纯度石英砂：杂质质量分数为 5 000～10 000 μg/g，SiO$_2$ 质量分数为 99%～99.5%。

目前，我国高纯石英砂产品还没有统一的国家标准，综合国内学者研究成果及国内高纯石英企业产品标准，将 SiO$_2$ 质量分数为 99.9%～99.999%、Fe$_2$O$_3$ 质量分数小于 10×10^{-6} μg/g 的石英砂称为高纯石英砂，将 SiO$_2$ 质量分数为 99.999 1% 以上的石英砂称为超高纯石英砂。根据产品粒度，国内高纯石英市场有多个产品品种，如 40～70 目产品、70～140 目产品、<140 目产品等，其中 40～70 目产品和 70～140 目产品用途最广泛，是目前国内高纯石英市场的主流产品[28]。

1.4.2　高纯石英砂用途

随着国民经济和科学技术的飞速发展，石英砂的应用已不再局限于玻璃制品、建筑材料等传统领域，并逐渐成为高新技术产业的重要基础功能材料[20,28]。

据世界半导体贸易统计（World Semiconductor Trade Statistics，WSTS）组织、中国建筑材料科学研究总院和建筑材料工业技术情报研究所数据，2019 年全球消费高纯石英砂 121.44 万 t，其中电光源领域消费 4.74 万 t（3.90%）、半导体领域消费 79.30 万 t（65.30%），光伏领域消费 14.52 万 t（11.96%），光通信领域消费 17.97 万 t（14.80%），其他领域消费 4.91 万 t（4.04%），整体而言，半导体、光伏、光通信和电光源等战略性新兴产业领域的消费量约占 96%。中国是全球第一大高纯石英砂进口国，2019 年进口量为 14.45 万 t，占全球进口总量的 70.35%，其次是日本、马来西亚、韩国等。

近年来，全球半导体市场规模增长迅速，2019 年为 4 123 亿美元，2020 年为 4 404 亿美元，2021 年更是达到了 5 559 亿美元。根据我国半导体用高纯石英材料市场规模的保守测算，到 2025 年我国半导体产业将需要消耗近 8 万 t 高纯石英砂（≥4N 级）。据此推算，到 2025 年，国内整个石英玻璃市场将需要消耗近 12 万 t 高纯石英砂。整体而言，我国高纯石英进口量及消费量都逐年增加，预计每年增长幅度达到 10%以上。因此，高纯石英砂的市场应用需求潜力非常大。

近年来，高纯石英砂已成为新能源太阳能、光导纤维、信息技术、激光、航空航天、国防军工、核动力能源储存玻璃（防辐射）、高温玻璃、集成电路、石英坩埚、仪器仪表、化工等高技术领域不可替代的关键原材料。如图 1-5 所示，高纯石英砂制品广泛应用于战略性新兴产业中，更是建设重大工程、改善民生、巩固国防军工的重要保障，在国民经济建设中占有不可替代的重要地位。其在各领域的应用简述如下[28-30]。

1. 在半导体工业中的应用

半导体行业所用石英砂对纯度要求最严格。从提拉法单晶硅生长到切克劳斯基坩埚，以及超净工作室的晶片加工过程，都用到高纯石英砂。熔融石英是半导体工业制品所需的基础材料。因此，半导体工业用高纯石英需要高纯度和优良的耐高温性能（如耐热冲击、热稳定性），使其能够承受晶片制备快速热处理过程中高温度梯度与高传热率。高纯度石英能有效阻止晶片生产过程中的杂质污染。

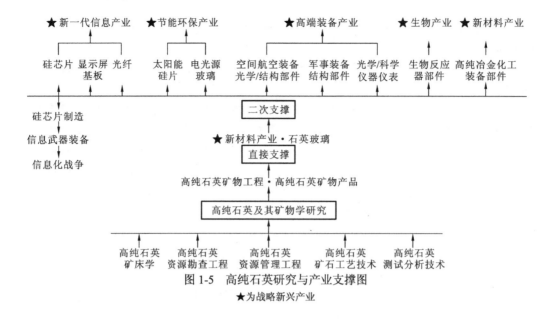

图1-5　高纯石英研究与产业支撑图

★为战略新兴产业

2. 在高温灯管中的应用

高纯石英是生产耐高温石英灯管的基础原材料,高温灯管利用了石英对光线超强的透过性、优异的耐热冲击性及热稳定性。高纯石英砂常用来生产高性能、耐高温灯具,如紫外灯、高温汞灯、氙灯、卤素灯、高强度气体放电灯等。

3. 在通信工业中的应用

高纯石英砂制备得到的高性能石英玻璃制品,是通信工业用光导纤维及附属光电元件生产的基础原料,用来生产单模和多模光纤预制棒及石英套管。石英玻璃材料做成的器件应用尤为广泛,如石英扩散管、大型扩散钟罩、石英清洗槽、石英炉门等多种产品。

4. 在光学工业中的应用

高纯石英砂可应用于高精度显微光学仪器生产,以及高清晰度高透光率光学透镜、准分子激光光学装置、投影仪等其他光学专业仪器的生产中。

5. 在微电子工业中的应用

在微电子工业中,高纯石英砂是半导体行业的主要塑封材料,高纯石英砂制备的球形石英砂能与环氧树脂、固化剂及各种添加剂等复合使用,可以节约封装成本,还可用作电子基板材料等。高纯石英砂是特种石英光学玻璃的基础原料,制备的石英玻璃具有一系列优于普通玻璃的物理化学性能,如非常强的透光性能、良好的电绝缘性,此外其化学惰性极好,还可用于制备耐强酸容器。

6. 作为金属硅的基础原料

金属硅是光伏产业中生产太阳能电池的最常见材料,是高纯度单晶硅与多晶硅的原材料。金属硅还可用于钢铁工业冶炼硅铁合金,作为多种金属冶炼的还原剂,是铝合金中的有用组元；也可用于电子工业作为超纯硅的原料，生产高温电热元件硅钼棒及三氯氢硅、硅树脂、碳化硅等化工产品。

1.4.3　高纯石英砂产品标准

20 世纪 70 年代开始，国外开展了大量石英原矿提纯、加工、检测等技术，以及工艺研究工作。几个发达国家均将高纯石英砂生产加工技术列为高新技术领域，美国、日本、俄罗斯、法国、德国均可采用普通石英砂规模生产高纯石英砂，其中，美国尤尼明公司处于垄断地位，其生产的高纯石英砂系列产品世界市场占有率最高（90%以上），其石英产品纯度被称为"高纯石英砂世界标准纯度"[20,28]，如表 1-2 所示。

表 1-2　美国尤尼明公司高纯石英产品标准　　　　　　（单位：μg/g）

产品名称	元素质量分数														
	Al	B	Ca	Cr	Cu	Fe	K	Li	Mg	Mn	Na	Ni	P	Ti	Zn
IOTA4	8	0.05	0.7	0.007	0.004	0.3	0.4	0.2	0.07	0.013	1.0	0.002	0.1	1.4	0.01
IOTA6	8	0.05	0.7	0.003	0.001	0.2	0.1	0.2	0.07	0.008	0.1	0.002	0.1	1.4	0.01
IOTA6-SV	8	0.05	0.5	0.002	0.001	0.1	0.1	0.2	0.02	0.004	0.05	0.001	0.05	1.3	0.01
IOTA8	8	0.05	0.4	0.001	0.001	0.05	0.05	0.05	0.01	0.001	0.05	0.001	0.05	1.3	0.01
IOTASTD	14	0.10	0.6	0.006	0.028	0.3	0.7	0.5	0.04	0.039	1.0	0.001	0.1	1.2	0.01
IOTACG	14	0.10	0.6	0.007	0.019	0.3	0.7	0.5	0.04	0.029	1.0	0.001	0.1	1.2	0.01
IOTASTD-SV	14	0.10	0.3	0.004	0.003	0.1	0.1	0.5	0.01	0.007	0.05	0.001	0.1	1.1	0.01

我国高纯石英研究工作起步于 20 世纪 90 年代，也取得了一定的研究成果。但我国生产的高纯石英砂纯度仍不能与美国尤尼明公司产品相比，国内部分公司生产的顶级高纯石英砂纯度为 99.995%～99.999%，但产品质量并不稳定。此外，我国并无与高纯石英砂产品相关的国家标准。

1.5　国内外研究现状

1.5.1　国外研究现状

国外早在 20 世纪 70 年代就开始进行高纯石英砂纯化技术的研究工作。目前，美国、挪威、日本、俄罗斯、法国、德国处于世界领先地位，美国在高纯石英砂市场占绝对优势，并长期处于垄断地位，其他几个国家也可以自给自足[17-19]。

20 世纪 80 年代，美国 PPCC 公司采用英国福克斯代尔（Foxdale）地区花岗岩，制备提纯石英砂，其高纯石英砂产品 SiO_2 质量分数达 99.99%，Fe 质量分数小于 1 μg/g。日本东芝陶瓷公司和星火产业株式会社，采用浮选、磁选、光电选、高温氯化处理、化学浸出提纯等综合工艺，获得 SiO_2 纯度 99.995%以上的高纯石英砂。20 世纪 90 年代至今，世界上最大的高纯石英砂供应商为美国尤尼明公司，可规模化生产 SiO_2 质量分数达

99.99%～99.999 2%的系列产品，且仍在研发 99.999 4%的产品。

目前，美国尤尼明公司的高纯石英砂制造技术处于国际领先地位，每年都有定量的战略储备和国际营销策略，只出口高端石英产品，不出口关键生产技术和装备。德国的高纯石英砂生产技术以贺利氏石英公司的技术为代表，德国已将高纯石英原料列为战略物资而限制出口。俄罗斯、日本基本可实现自给。俄罗斯圣彼得堡石英公司和日本信越石英公司的高纯石英砂制造技术都处于世界领先地位。圣彼得堡石英公司早在 20 世纪 80 年代就开始研究超低金属含量高纯石英材料制备技术和关键装备，拥有 70 多个专利技术。2006 年设计了一套产量为 60 kg/h 的方石英化生产设备，2008 年进行了全面改进，2010 年底按新设计方案制造设备并投入超低金属含量的高纯石英生产。该技术装备可生产 SiO_2 质量分数≥99.999%的超低金属含量的高纯功能石英材料。

1.5.2 国内研究现状

20 世纪 90 年代开始，国内开展了大量高纯石英砂研究工作。北京矿冶研究总院、中国建筑材料科学研究总院、南京大学、武汉理工大学等单位共同努力，取得了一些研究成果。目前，我国高纯石英砂 SiO_2 质量分数可达 99.995%以上，Al 质量分数小于 10 μg/g，总杂质质量分数小于 25 μg/g。目前国内高纯石英砂的生产现状为[20,28]：江苏太平洋石英股份有限公司利用东海脉石英矿，综合采用浮选、磁选、化学浸出、高温氯化等选矿提纯技术，可以生产 SiO_2 质量分数达 99.995%高纯石英砂产品；江苏凯达石英股份有限公司与武汉理工大学联合攻关，对安徽凤阳、湖北蕲春等地脉石英原矿进行选矿提纯，可获得 SiO_2 质量分数达 99.996%以上的高纯石英砂产品；南京大学研究的高纯度低羟基石英玻璃管原料项目正在实施；连云港福东石英制品有限公司与中国地质调查局南京地质调查中心联合攻克了用普通石英砾石生产石英玻璃管的技术难题；东海县金孚石英制品有限公司与苏州大学、南京工业大学联合攻克了高纯石英原料生产的关键技术，石英玻璃原料纯度快速提高，13 种有害杂质（Al、B、Ca、Co、Cu、Fe、K、Li、Mg、Mn、Na、Ni、Ti）总质量分数为 15～25 μg/g[29]。

随着太阳能光伏电池、半导体工业及国防军工的发展，高纯石英的需求量越来越大，国内高纯石英砂需求量增加与高纯石英砂产量不足的矛盾更加凸显[30]。

目前，国内高纯石英砂研究工作仍有如下亟待解决的问题。

（1）市场急需的超低金属含量高纯石英材料（SiO_2 质量分数≥99.999%）规模化稳定生产迄今还是空白，而国内国际市场需求强劲。

（2）关键技术与装备研发严重滞后，导致行业整体技术落后，产品质量缺乏国际竞争力。

（3）市场长期被美国尤尼明公司垄断，我国 90%以上的高纯石英砂需求量要靠高价进口。

（4）我国迄今没有超低金属含量高纯石英材料国家标准。

我国石英储量巨大，已探明各类天然石英储量约为 100 亿 t，具有数量优势，但整体质量较差，如广泛存在流体包裹体、矿物包裹体等，这些天然缺陷成为制约我国高纯石英砂生产的瓶颈。此外，企业在高纯石英砂制备领域的研发投入不足，行业技术水平整体较低，不能满足国家高技术产业及国防军工对高纯石英原料的需求。

1.6 高纯石英砂制备方法

1.6.1 破碎与磨矿

磨矿效率取决于矿物入料的尺寸、密度、磨矿介质及被磨物料的硬度，密度较大的磨矿介质比密度小的介质磨矿效率更高。

污染是磨矿过程中很重要的一个问题，在物料被磨碎的过程中，磨机内壁和磨矿介质也受到磨损，采用陶瓷介质或 SiO_2 介质磨 Al_2O_3 物料时，每小时可以带入 0.1%（质量分数）的污染。采用陶瓷球磨机及陶瓷介质研磨 Si_3N_4 粉，72 h 内能增加 6%的污染物，这些杂质降低高温下 Si_3N_4 材料强度，其蠕变阻力下降近一个数量级。

Palaniandy 等[31]采用气流粉碎磨破碎硅粉，并对硅粉破碎过程中给料速度、分级机转速及破碎压力等工艺参数进行了研究，由于气流粉碎是一种高耗能的破碎方式，石英颗粒的机械化学效应很大程度上受气流粉碎磨工艺参数的影响。Moskowitz[32]在 2004 年研发了一种用于制备高纯石英的磨矿设备，此装置将连续氮化硅砌块拼接成一个整体衬里，并以氮化硅球为磨矿介质。该设备可全封闭磨矿，氮化硅内衬及磨矿介质能够有效减少磨矿过程中磨矿机内衬及磨矿介质的污染。为了获得高纯硅微粉，减少磨矿污染，Yildirim 等[29]专门研究了不同磨矿介质的影响，在以燧石为内衬的球磨机中，破碎比从高到低依次设置为陶瓷球、陶瓷柱、燧石鹅卵石。陶瓷内衬球磨机的破碎效率、破碎过程中能量转化效率都低于燧石内衬球磨机；更高的磨矿负荷减小了比磨削能，应用陶瓷球的磨矿能耗、磨耗率和成本最低。

太阳能用单晶硅、多晶硅纯度高，高纯石英是太阳能电池单晶硅、多晶硅的重要原料，高纯石英的纯度直接影响单晶硅、多晶硅的纯度。Dal Martello 等[30]从原矿破碎入手，研究能够选择性破碎石英原矿、暴露石英中包裹体的新破碎方法。采用高压脉冲电气破碎新方法，对破碎后的原矿进行分级、磁选，并应用光学显微镜、X 射线衍射仪和电子探针观察和分析破碎后的矿物碎片晶型颗粒形态、裂缝分布、矿物解离程度。研究表明，破碎后的颗粒具有球状几何形体，且有大量矿物包裹体及气、液包裹体深裂缝。石英原矿中云母包裹体沿其解离面及在晶界处破碎，正长石沿晶体间界面破裂，使包裹体得以暴露，单体解离。破碎后的颗粒经磁选实验，云母能被有效磁选分离。高压脉冲电气破碎能有效增加云母、长石等包裹体的释放，并减少嵌入型包裹体颗粒。

Kovalchuk 等[33]进行了岩石高压脉冲动态破碎研究，设计出一种便携式高压脉冲发生器进行岩石破碎，破碎装置由一台独立电动机，低压、高压装置，同轴传输线，破碎室及控制系统组成。低压发生器模块主要包括一个基础电容器组合（300 μF）、可控硅开关、脉冲能量部分、传送高压模块，基础电容器组合最大充电电压为 2 kV。高压部分由升压变压器、高压电容器、电极气体开关组成。电动机技术参数：输出电压为 300 kV，电压上升时间约为 50 ns，电流振幅约为 6 kA、40 Ω 有效负载和岩石破碎电流约为 20 kA（在岩石-水混合体系中放电）。以 10 Hz 频率的 1 000 次爆发脉冲对岩石进行脉冲破碎是典型破碎操作，该破碎装置经多次测试，破碎效率高，能适应严酷的矿山生产环境。

高压脉冲破碎是一项世界先进的样品破碎技术，瑞士 SelFrag A G 公司利用这项技术制造出了高压脉冲破碎仪（high voltage pulse fragmentor），该仪器能产生 90～200 kV 高压，然后在极短时间内通过高压工作电极放电到水中的固体样品上。这些固体样品会沿着颗粒边界、包裹体、不同物相之间裂解开来，其中岩石中各种矿物（如锆石、磷灰石）会被完全剥离，并且保持完整晶形。目前 SelFrag 高压脉冲破碎仪已在地球科学中用于从岩石中挑选矿物，还应用在电子设备废物回收方面。2011 年，中国地质科学院地质所北京离子探针中心购买的 SelFrag 高压脉冲破碎仪为我国第一台高压脉冲破碎设备，已于 2012 年初安装调试并投入使用[34]。

El-Shall 等[35]研究了添加表面活性剂对矿物湿磨的影响，在一定表面活性剂浓度和 pH 条件下，表面活性剂能显著改善矿物磨矿性能，但不合适的胺类表面活性剂浓度会导致磨矿性能降低。实验通过测定石英-胺系统浮选过程中的絮凝和 Zeta 电位数据来衡量表面活性剂对磨矿性能的影响，使用表面光学显微分析可以清楚观察到磨后矿物颗粒表面形状。当 pH=10 时，石英矿物磨矿效率明显改善；当胺类表面活性剂浓度低于 0.1 mol/L 时，其磨矿效率比在水中的磨矿效率低；当胺类表面活性剂浓度高于 0.1 mol/L 时，随着浓度升高，磨矿效率升高。

表面粗糙度和矿物颗粒形状对浮选过程有重要影响，Rahimi 等[36]研究了不同磨矿方法对石英颗粒表面粗糙度和形状的影响，以及这些参数对颗粒浮选的影响。研究结果表明，与球磨相比，采用棒磨法得到的石英颗粒表面粗糙度、长形颗粒比例高，但矿样球形颗粒比例较低。浮选动力学常数随颗粒表面粗糙度增加而升高，矿粒长形颗粒比例高、球形颗粒比例低可以获得较高的浮动性，且表面粗糙度对浮选过程的影响远大于几何形状的影响。

1.6.2　重选、磁选与浮选

张福忠[37]采用 DG 型磁选机与 SXG 型擦洗机对粉石英进行磁选、擦洗提纯实验，研究表明：磁场强度为 0.8 T 时，石英中铁的去除率可达 70%，当磁场强度增加至 2 T，铁去除率升高不明显；擦洗作业能有效增加粉石英白度；强磁选与擦洗作业联合，能提高粉石英纯度与白度，达到熔融石英原料工业标准。

张宇平等[38]选择油酸作为捕收剂，采用反浮选方法研究粉石英和斜绿泥石浮选分离机理。由于硅酸盐矿物性质相近，二者分离困难。但根据不同捕收剂吸附特性及矿物 Zeta 电位差异，可以将粉石英与斜绿泥石分开。研究表明：当 pH 为 8～10 时，粉石英表面难与金属阳离子缔合，不易吸附油酸根离子；而解离后的斜绿泥石层间存在金属阳离子，能使油酸根离子与之吸附产生疏水作用，阴离子反浮选能有效实现粉石英与斜绿泥石分离，捕收剂油酸钠的作用以化学吸附为主。当 pH 为 9 时，反浮选可获得 SiO_2 纯度为 99.86% 的粉石英，回收率为 35%，此时斜绿泥石的去除率最高。

银锐明等[39]对镁离子活化石英和石英与长石的浮选机理进行了研究，结果表明，在酸性、中性介质中，Mg 主要以 Mg^{2+} 存在，不能与捕收剂十二烷基磺酸钠作用，使其在石英表面吸附，只能少量浮选石英。当 pH 升高至 11.6 时，溶液中 Mg^{2+} 逐渐生成 $Mg(OH)_2$ 沉淀，十二烷基磺酸钠与 $Mg(OH)_2$ 沉淀反应生成 $Mg(OH)RSO_3$，使石英表面吸附捕收剂疏水上浮，石英回收率显著上升。

石云良等[40]探究了活化剂氯化钙和捕收剂油酸钠体系中石英的浮选行为，认为石英矿浆中的吸附与矿浆 pH、Ca^{2+} 浓度、油酸钠浓度关系密切。石英表面双电层在任何 pH 下都能与 Ca^{2+} 吸附，当 pH<10 时，发生 Stern 层内吸附，无法活化石英浮选；当 pH>10 时能够在 Stern 层内生成 $Ca(OH)_2$ 沉淀，活化石英浮选。此外，矿浆中油酸钠浓度是氯化钙的 2 倍时，浮选分离石英的回收率最大。捕收剂油酸根与石英表面 $Ca(OH)_2$ 反应生成油酸钙，包裹在石英颗粒表面，使石英颗粒疏水上浮。

张杰等[41]采用无氟浮选和有氟浮选两种方法，对比锂辉石浮选尾矿中长石与石英的选矿分离。结果表明，与氢氟酸为抑制剂的有氟浮选方法相比，采用硫酸为抑制剂的无氟浮选方法无法有效分离长石与石英矿物，有氟浮选经"一粗二扫一精"闭路流程，获得了回收率为 98.03% 和 98.42% 的长石精矿和石英精矿，能满足玻璃工业标准，实现了尾矿综合利用和无尾矿生产的目标。

于福顺[42]对石英与长石分离的方法及机理进行了综合评述，认为长石与石英在中性、碱性介质中的分离前景优于酸性浮选。酸性浮选是指在 pH 为 2～3 时，采用阴阳离子混合捕收剂，此时长石表面荷负电，胺类等捕收剂优先在长石表面吸附，石英表面不带电，仅吸附少量捕收剂，因此二者可以浮选分离。在中性介质中，石英与长石表面均荷负电，但石英表面捕收剂离子吸附不稳定，长石表面能牢固吸附捕收剂分子，使二者浮选分离。碱性浮选是在 pH 为 11～12 时，活化剂碱土金属阳离子与捕收剂烷基磺酸盐生成中性络合物，这些中性络合物与烷基磺酸盐离子结合，能吸附在石英表面，起到半胶束促进剂的作用，有利于石英与长石的浮选分离。

罗清平[43]认为油酸钠能较好浮选分离石英与红柱石。矿浆溶液中阳离子 Ca^{2+}、Mg^{2+}、Fe^{3+}、Al^{3+} 具有活化石英的作用，使石英与红柱石分选困难，但磷酸氢二钠能选择性抑制 Al^{3+} 活化的石英。当 pH 为 6～8 时，以磷酸氢二钠为抑制剂、油酸钠为捕收剂，石英和红柱石混合矿物能够得到有效的浮选分离。

闫勇等[44]采用阴阳离子混合捕收剂十八胺与十二胺磺酸盐反浮选分离石英与钠长石，当矿浆 pH 为 2 时，混合捕收剂反浮选石英，钠长石的回收率为 80%，远高于单独使用十二胺作为捕收剂时的回收率（40%）。研究表明，十二胺磺酸盐能增加十八胺在长石矿物表面的吸附，抑制石英表面的吸附，使钠长石浮选回收率显著升高。

张予钊等[45]对石英矿进行碱液搅拌擦洗脱泥，碱液能选择性溶解矿物表面的石英与长石，加大二者表面性质差异。此外，石英与碱液反应生成聚合硅酸，能选择性吸附在碱处理后的石英表面，阻止混合阳离子捕收剂吸附，抑制石英浮选，增加长石浮选。无氟反浮选工艺捕收剂采用氮烷丙撑二胺、石油磺酸钠阴阳离子混合捕收剂，在矿浆 pH 为 2.5 时，混合捕收剂通过与聚合硅酸再作用，在长石表面选择性吸附，造成长石与石英的可浮性差异，使二者能在一定程度上得到有效分选，且擦洗条件对长石与石英浮选分离影响较大。

陈雯等[46]采用擦洗-阴阳离子混合捕收剂浮选工艺分离长石与石英，取代以氢氟酸为抑制剂、单一胺类为捕收剂的常规浮选工艺，反浮选长石。"一粗一扫"作业即可将石英砂原矿中质量分数为 86.58% 的 SiO_2 提高至 97%。此外，碱溶液预处理能有效降低药剂用量，提高浮选分离效率。

李萍等[47]采用丁基黄药作为捕收剂，起泡剂为 2# 油，对含有细粒赤铁矿和黄铁矿等有害杂质的四川沐川黄丹石英砂岩进行浮选除铁试验研究，捕收剂用量为 260 g/t，起泡剂用量为 75 g/t，在 pH 为 5 的弱酸性矿浆中，浮选 15 min，能够取得明显的除铁综合效果，可将 Fe_2O_3 质量分数从 0.090%降低至 0.045%，SiO_2 质量分数由 94.020%提高至 98.753%，进而加工得到符合玻璃工业标准的合格石英砂精矿。

丁亚卓等[48]采用脱泥-反浮选-再磨-反浮选工艺，对辽宁朝阳地区 SiO_2 质量分数为 93.01%、Al_2O_3 质量分数为 5.28%的低品位石英原矿进行了选矿分离提纯研究，以油酸钠为活化剂活化长石，以六偏磷酸钠为抑制剂抑制石英，捕收剂为十二胺盐酸盐，在 pH 为 5 左右的弱酸性矿浆中浮选长石，最终获得 SiO_2 质量分数为 99.95%的石英砂精矿。

Malghan[49]早在 1976 年就开展了长石无氟浮选分离试验。通过试验研究了北卡罗来纳长石与石英无氟浮选分离的可行性。研究表明：对于<30 目的球磨产物，Duomeen TDO、硫酸及 H-26 的药剂组合能够获得泡沫产物为高品位长石精矿和高纯度石英尾矿，试验在无 HF 情况下成功分离了长石与石英，降低了环境污染。

Gurpinar 等[50]研究了超声波对方解石、重晶石和石英的单一矿物和混合矿物浮选的影响。对于单一矿物浮选，超声波作用使方解石和重晶石浮选回收率提高约 4%和 13%，提高了对方解石和重晶石的浮选性能。但超声波处理使石英浮选回收减少约 20%，对石英浮选不利。捕收剂在方解石、重晶石矿物表面的吸附是化学吸附，超声波能清洁矿物表面和产生能量，改善气泡与颗粒的碰撞效率，促进捕收剂在矿物表面吸附。而捕收剂在石英表面的吸附是物理吸附，超声波会加快捕收剂在石英表面的脱附。

Çinar 等[51]研究了 Jameson cell 操作模式和设计特性对十二胺浮选石英的影响。Jameson cell 是分离科学的一项新技术，其操作及独特的参数都能影响浮选性能。

Sekuliĉ 等[52]使用不同捕收剂对塞尔维亚布亚诺瓦茨和乌兰巴托两地云母、长石和石英砂进行实验研究。结果表明，浮选长石的捕收剂 Aero 3030C 表现比 Flotigam DAT 好，Aero 3030C 更有选择性，长石的回收率为 19.58%，比采用 Flotigam DAT 时回收率高 7.58%。但不管使用哪种捕收剂，长石精矿的化学组分都变化不大。采用 Aero 3030C 及 R825 与 Armak C 的混合捕收剂浮选石英砂中杂质矿物,石英砂回收率分别为 64.47%、61.72%，Aero 3030C 浮选效率高于混合捕收剂，且获得的石英砂精矿质量及回收率比混合捕收剂高。

Vidyadhar 等[53]采用混合阳离子捕收剂二元烷基胺和阴离子捕收剂磺酸盐或油酸钠，使用 Hallimond 浮选管在酸性条件下进行浮选，研究了石英长石浮选分离过程中混合阴阳离子捕收剂的吸附机理。动力学与红外漫反射研究发现，无论是在阴离子捕收剂还是在二元烷基胺对矿物浮选过程中，浮选结果与 pH、捕收剂浓度密切相关，且磺酸盐能提高二元烷基胺对矿物的捕收效率。当 pH=2、以二元烷基胺和磺酸盐作为混合捕收剂时，矿物表面电位的细微差异是长石从石英与长石混合矿物中优先浮选的基础。此外，还进行了捕收剂 N-油脂-1,3-丙二胺-二油酸酯在石英与钠长石矿物表面吸附的研究[54]，使用 Hallimond 浮选管在 pH=2 时进行实验，双电荷捕收剂在钠长石表面吸附，使其选择性上浮，石英则受抑制。电动电势和红外光谱研究显示，双电荷捕收剂在钠长石与石英表面存在吸附差异，主要影响因素为矿物粒度分布与吸附反应平衡时间。在酸性介质中，捕收剂在石英与钠长石间具有不同的吸附特性，可以认为是铵离子与硅烷醇基之间通过氢键和静电力形成的相互作用。在 pH=2 时，捕收剂硫酸酯-1,3-丙二胺-二油酸酯能成功从天然长石矿物中选择性浮选钠长石，抑制石英矿物。

Birinci 等[55]研究了外部磁场对从磁铁矿中浮选分离石英的影响，采用外加磁场微泡浮选柱，浮选柱外侧夹套放置三个线圈形成一个漏斗状磁场，这是一种采用磁分离技术实现从磁铁矿中浮选分离石英的新技术。实验选用 6×10^{-5} mol/L 十二胺作为捕收剂，进行外加磁场与不加磁场微泡浮选对比，结果表明，未加磁场石英与磁铁矿没有可分选性，分离效率为 0%，外加磁场后二者分离效率提高至 88%，分离效果明显。

Englert 等[56]对细粒石英进行了溶气浮选，选择普通胺类捕收剂，在两种不同浮选设备中进行研究。结果表明，气泡和石英粒度分布符合正态分布。采用微泡浮选法，当捕收剂用量从 0 mg/g 增加至 2 mg/g 时，石英回收率从 6%升高至 53%，通过实验得到捕收剂最佳用量为 1 mg/g。浮选回收率与石英颗粒粒径密切相关，浮选最小粒径在 3～5 μm。

捕收剂与粗粒石英颗粒吸附困难，改性玉米淀粉对微细粒赤铁矿颗粒的抑制作用有限，导致石英与细粒赤铁矿分离成为难题。Vieira 等[57]对石英与赤铁矿颗粒分选过程中胺类捕收剂种类、pH、颗粒粒度分布的影响进行了探究，研究了不同剂量的醚单胺、醚二胺和不同 pH 条件下石英颗粒与赤铁矿的分选效率，发现醚二胺对中粒、粗粒石英颗粒浮选更有效。醚单胺虽然对细粒级石英颗粒浮选效果明显，但也增强了浮选体系中微粒颗粒夹带，使其与细粒赤铁矿的分离效率降低。

Massey 等[58]研究了能量输入对振荡电网浮选机浮选石英的影响。振动网格的振动同向且均匀，能量强度为 0.5～5 W/kg，石英颗粒粒度小于 100 μm，浮选气泡采用 0.13 mm、0.24 mm 和 0.82 mm 三种尺寸。结果表明，能量强度对浮选动力学的影响取决于石英颗粒粒径与气泡尺寸。当使用小直径气泡浮选时，能量输入功率最小，浮选效率最高，且随能量输入功率增加，小粒径石英浮选效率升高；当采用大直径气泡浮选时，随能量输入功率增加，浮选效率升高至最佳。

1.6.3　化学浸出

田金星[59]采用磁选-浮选-两次酸浸工艺，对含 98.97% SiO_2 和 636.0 μg/g Fe 的石英原矿进行提纯研究，设置磁场强度为 1 T，采用石油磺酸钠作为捕收剂在酸性介质中浮选云母及赤铁矿，最终去除 70%云母，Fe_2O_3 质量分数降至 0.013%。酸浸工艺采用 HCl、HNO_3、H_2SO_4 和 HF 混合酸浸出，经酸浸提纯后，20～40 目及 40～80 目粒级石英砂 SiO_2 的质量分数为 99.98%，<80 目粒级石英砂 SiO_2 的质量分数为 99.99%，Fe 的质量分数≤2.35 μg/g。

林康英等[60]采用湿法酸浸与络合相结合的方法，研究酸配比、浓度、反应时间、反应温度、液固比等因素对石英杂质元素 Fe、Al、Ca 和 P 的影响，最佳混合酸用量为 HF 2.0%、$H_2C_2O_4$ 3.0%和 HNO_3 30%（以质量分数计），最终得到杂质元素 Fe、Al、Ca 和 P 去除率分别为 99.99%、14.02%、73.27%、60.00%的石英砂精矿。为提高石英化学浸出提纯效率，以 Al 为研究对象，进一步对实验结果进行动力学模拟[61]，结果表明：石英湿法提纯过程中 Al 的去除符合基于界面反应模型的微粒模型，杂质元素 Al 去除率 x(Al) 与反应时间 t 的关系式为 $1-[1-x(\text{Al})]^{1/3}=kt$（$k$ 为反应速率常数），浸出过程频率因子为

58 204.04 s^{-1}，表观活化能为 44.588 1 kJ/mol，属于化学反应控制。因此，提高混合酸浓度和反应温度、减小石英颗粒粒径可以提高 Al 去除率。

Khalifa 等[62]采用 HF 和 HCl 混合酸溶液化学浸出去除石英中杂质，以制备光伏行业用高纯石英砂原材料，并研究了混合酸对石英砂除杂过程的影响。最佳混合酸为 HF：HCl：H$_2$O（体积比为 1：7：24），化学浸出去除 K 和 Al 效果明显，对 P、B 和 Fe 有一定去除效果。化学浸出提纯精矿采用紫外-可见吸光度和电感耦合等离子体原子发射光谱进行杂质元素含量分析。

Lee 等[63]对 SiO$_2$ 质量分数为 99%的原矿进行混合酸组合化学浸出除杂，设置了 5 种不同混合酸组合：0.2 mol/L 草酸（pH 分别为 1.5 和 2.5）、王水、质量分数为 2.5%的 HCl 与 HF、质量分数为 1%的 HNO$_3$ 与 HF。石英砂原矿中主要杂质元素 Al、K、Fe、Na、Ti、Ca、Mg 和 P，在 2.5%HCl 与 HF 混合酸溶液中的去除率最高。由于高纯石英中杂质元素含量极低，杂质元素测试分析的精确度直接影响高纯石英纯度。研究首次采用中子活化分析（neutron activation analysis, NAA）方法，并以 X 射线荧光光谱（X-ray fluorescence spectrometry, XRF）和电感耦合等离子体质谱（inductively coupled plasma-mass spectrometry, ICP-MS）辅助进行高纯石英砂中杂质元素含量分析。进一步将石英砂中杂质进行分类，认为 Al、K、Fe、Na、Ti、Ca、Mg 和 P 为主要杂质，它们在 99%石英砂和 99.999%石英砂中分别占总杂质元素含量的 99.92%和 90.09%。因此，应以上述几种主要杂质元素为目标去除石英砂杂质元素，可采用多种技术方法逐一去除。

Li 等[64]采用 HCl 与 H$_2$C$_2$O$_4$ 混合酸化学浸出去除石英矿物中 Al 杂质，最佳浸出条件：固液比为 1：1，混合酸组成为 1.0% HCl+0.5%H$_2$C$_2$O$_4$，超声波辅助浸出，频率为 40 Hz，功率为 360 W。实验结果表明，无氟浸出获得石英砂精矿 Al 含量比部分有氟化学浸出低，且反应时间较短，既不生成污染物氟离子，又能节约能源。HCl 与 H$_2$C$_2$O$_4$ 溶液与石英中杂质 Al 化学反应去除机理如下。

$$Al_2O_3 + 6H_2C_2O_4 === 2Al(C_2O_4)_3^{3-} + 6H^+ + 3H_2O \qquad (1\text{-}1)$$
$$Al_2O_3 + 6H^+ === 2Al^{3+} + 3H_2O \qquad (1\text{-}2)$$
$$2Al^{3+} + 3H_2C_2O_4 + 2H_2O === Al_2(C_2O_4)_3 \cdot 2H_2O + 6H^+ \qquad (1\text{-}3)$$
$$2Al_2O_3 + 9H_2C_2O_4 === 2Al(C_2O_4)_3^{3-} + 4H_2O + Al_2(C_2O_4)_3 2H_2O + 6H^+ \qquad (1\text{-}4)$$

超声波在矿物加工过程中有重要应用，可辅助去除表面覆盖的黏土矿物及矿物表面的铁氧化物，主要是因为超声波空化作用能产生较大的局部空化作用力，使表面包覆矿物破碎、剥离、脱落去除。Farmer 等[65,66]研究了超声波辅助草酸去除石英矿物中铁杂质，石英砂中 Fe$_2$O$_3$ 质量分数从 0.025%降低至 0.012%，制备得到高档石英玻璃产品用合格工业原料。

Lee 等[67]研究了草酸去除黏土矿物和硅酸盐矿物中杂质矿物铁氧化物，草酸浸出除铁主要受草酸浓度、pH、温度的影响，杂质矿物物象对浸出反应速率也有重要影响。黏土矿物和硅酸盐矿物中铁主要为赤铁矿、纤铁矿和针铁矿，赤铁矿溶解反应缓慢，但针铁矿和纤铁矿容易分解去除。进一步研究石英砂中铁矿物溶解浸出特性[68]，在 25～60℃，铁氧化物在草酸溶液中溶解速度缓慢，随着温度升高，溶解速度加快，温度高于 90℃时，反应速度增加迅速。在最佳 pH（2.5～3）下，随溶液中草酸浓度升高，铁氧化物的溶解浸出速度增加，105～140 μm 粒径 Fe$_2$O$_3$ 在草酸溶液中的浸出遵循扩散控制理论缩核模型。

Veglio 等[69]在一个鼓形反应器中，采用硫酸和草酸混合酸化学浸出方法，从石英中去除铁氧化物杂质，反应温度为 90 ℃，添加草酸 3 kg/t、硫酸 2 kg/t，反应 4～5 h，铁去除率达到 35%～45%。在同等条件下，没有草酸时，铁去除率仅为 3%～9%。

Veglio 等[70]应用草酸浸出降低石英中铁元素含量以制备光纤用高纯石英砂，研究了不同磨矿方法及工艺条件对铁杂质去除的影响。在 80 ℃、3 g/L 的草酸溶液和 10%（体积分数）矿浆浓度工艺条件下，化学浸出 3 h。原矿铁质量分数为 77 μg/g，未经磨矿铁杂质去除率仅为 45%～50%，磨矿后平均粒径约为 20 μm 的石英砂原矿的铁杂质去除率可升至 80%～90%，铁质量分数为 10 μg/g。

Martínez-Luévanos 等[71]研究了低品位铁浸染高岭土矿物化学浸出除铁，确定了最佳浸出过程中颗粒大小、混合酸浓度、草酸浓度及反应温度等工艺条件。研究表明，铁氧化溶解随草酸浓度升高、反应温度升高和矿物粒径减小而加快，溶解过程符合扩散控制理论缩核模型，表观活化能为 46.32 kJ/mol。

Taxiarchou 等[72]对反应温度、溶液 pH、草酸浓度等工艺参数进行了优化，结果表明，温度为 90～100 ℃时，铁去除率约为 40%，温度低于 80 ℃时，铁去除率为 30%。铁去除率与 pH 有关，但几乎不受草酸浓度、矿浆浓度影响。不加入 Fe^{2+} 时，铁去除率在强酸性溶液中达到最佳；加入 Fe^{2+} 时，去除率在 pH 为 3 时最佳。Panias[73]和 Lalithambika[74]也进行了类似草酸化学浸出除石英砂中铁的研究，均获得了较高的铁去除率。

1.6.4 高温气氛焙烧

石英提纯方法多为物理方法和化学方法。物理方法仅能去除与石英相互伴生并能单体解离或部分单体解离的脉石矿物；简单的化学方法能去除石英表面及裂隙处杂质矿物包裹体。但是这些方法都不能去除石英内部化学键合的杂质。

为了去除化学键合杂质，可采用高温气氛焙烧方法，使石英晶格中杂质在石英晶型转变过程中，晶体结构转换与原晶体结构平衡被破坏，碱金属离子因热运动加剧而扩散至石英晶格表面。高温焙烧过程中的气氛，如 HCl，与石英晶格中的杂质发生化学反应，从而去除杂质。同时，高温焙烧过程中，气液包裹体受热急剧膨胀，并在石英晶型转变或石英软化点温度附近膨胀破裂，使包裹体中的杂质暴露，并气化扩散出石英晶格，杂质得以去除。

Loritsch 等[75]采用物理方法和简单化学方法预处理去除石英砂表面杂质，使用 HCl 为反应气氛，在 800～1 600 ℃下，焙烧去除石英晶格中碱金属杂质。该方法在高温下焙烧几十分钟至若干小时不等，HCl 电离出质子并扩散进入石英晶格，将石英晶格中的碱金属离子置换，并扩散至晶格外部，质子进入晶格内部，保持晶格内部电荷平衡。进一步，采用 Na、K、Fe 和 Li 杂质质量分数分别为 1.3 μg/g、0.9 μg/g、0.4 μg/g 和 0.5 μg/g 的预处理原材料，进行临界反应温度、HCl 气体浓度、含铝杂质原材料、不同反应气氛及反应时间的试验。研究表明，反应温度超过 1 000 ℃，石英原材料中 K 和 Na 杂质含量开始明显降低，Fe 和 Li 杂质变化不大；温度升高至 1 200 ℃时，K 和 Na 杂质质量分数仅为 0.1 μg/g 和 0.03 μg/g。当反应采用不同 HCl 与干空气比例时，各杂质含量均降低。HCl 气氛为 100% 时，Na、K、Fe 和 Li 杂质质量分数可降低至 0.005 μg/g、0.180 μg/g、0.200 μg/g 和 0.300 μg/g，不同气氛组合对杂质元素去除率均不及 HCl 气体。随反应时间增加,杂质去除率逐渐升高,反应时间为 2 h 时去除率最高,杂质元素 Na、K、Fe 和 Li 质量分数仅为 0.05 μg/g、0.03 μg/g、0.20 μg/g 和 0.20 μg/g,碱金属杂质去除效果明显。

目前,国外关于气氛焙烧进行石英提纯的研究并不多,国内在这方面的研究文献报道更少,仅中国科学院物理研究所杜小龙等[76]发明了一种高真空原位精炼炉,可用于高活性、高纯材料的制备。

1.6.5 其他方法

氢气泡浮选石英颗粒是近些年发展起来的新技术,Sarkar 等[77-79]对氢气泡电浮选 3～15 μm 微细粒石英颗粒新技术进行了研究,旨在确定电流强度、颗粒浓度、机械搅拌强度和溶解气体对氢气泡产率的影响。研究发现,采用机械搅拌氢气泡产率增加得不明显,然而在脱气电解质溶液中现象恰好相反。氢气泡在石英颗粒悬浮液中很大程度上是独立的。进一步进行分批浮选实验,测定颗粒粒径及矿浆浓度对回收率的影响,将实验结果代入 Kohp 等[80]研究模型中进行深入分析。结果表明,浮选回收率受控于以下两个条件之一:气泡与颗粒集合体的上浮速率大于 0,或者颗粒与气泡集合体的投影面积小于单独气泡的投影面积。

Aulich 等[81]采用石英颗粒和碳同时热酸处理,并按一定比例混合,在 600 ℃左右碳热还原制备太阳能电池用硅材料,有效降低了石英原料中杂质金属元素进入硅材料中。

Lavender 等[82]在分级、擦洗、浮选预处理石英原矿基础上,将石英砂置于反应器皿中,加入质量分数为 20% 的 HCl 或高浓度强酸溶液,再加入 $Zn(HSO_3)_2$ 水合物,反应温度设置为 110～120 ℃,借助机械搅拌摩擦擦洗作用去除石英表面杂质矿物,可得到 Fe_2O_3 质量分数为 0.03% 的石英产物。

综上所述,国内外高纯石英制备方法仍以物理和化学方法为主,其中,化学方法包括常温常压化学浸出等,能去除石英表面杂质或已暴露矿物包裹体。这些方法处理石英中杂质的能力有限,仅能作为制备高纯石英材料、超高石英材料的预处理方法。随着科技进步,近年来出现了一些用于制备高纯石英的新方法,如高压脉冲破碎方法、高温高压湿法浸出和高温气氛焙烧等方法,但相关研究报道较少。

1.7 偏析剥蚀技术及其设想

1.7.1 扩散与偏析基本理论

1. 扩散的定义

扩散是物质从体系某个位置自发移动到另一位置的过程,是原子、离子等粒子无规则热运动的结果[83]。当体系浓度或化学势不是处处相同时,粒子无规则热运动总体净流量可能不为 0,使物质浓度分布发生改变。当存在浓度梯度时,单个元素粒子无规则运动没有优先方向，单个粒子从高浓度区移动到低浓度区和从低浓度区移动到高浓度区的概率是相同的；但当体积相同时，高浓度区域比低浓度区域有更多粒子，在一定时间内从高浓度区域移动到低浓度区域的粒子比从低浓度区域移动到高浓度区域的粒子多，从而产生从高浓度区到低浓度区的净转移[84]。

扩散现象普遍存在于气体、液体和固体中，且是固体中粒子迁移的主要途径[75]。在气体、液体中，扩散较为常见且容易发生，固体中原子之间内聚力较大，扩散速度比气体和液体慢得多，但只要固体中原子或离子体系内存在化学势或电化学势梯度，原子或离子无规则热运动就会在统计学上体现出定向流动，扩散的结果就是消除化学势或电化学势梯度[85]。

扩散分为体相扩散和晶界扩散。体相扩散是在某一相内由热致无规则运动引起的扩散；晶界扩散是沿相界面的扩散，包括矿物表面、矿物和流体接触界面及同种和异种矿物晶体界面。因为暴露于晶体表面的化学键通常不稳定，晶体表面缺陷浓度远高于晶体内部，所以晶界扩散比体相扩散的速率更大。此外，扩散介质也对扩散速度有很大影响，在不同介质中的典型扩散系数大小相差很大。以氩为例，气体中扩散系数（D_{Ar}）约为 10^{-5} m^2/s（300 K），在溶液中扩散系数约为 10^{-9} m^2/s（300 K），在熔融硅酸盐中扩散系数约为 10^{-11} m^2/s（1 600 K），在天然矿物中扩散系数约为 10^{-17} m^2/s（1 600 K），如图 1-6[75]所示。

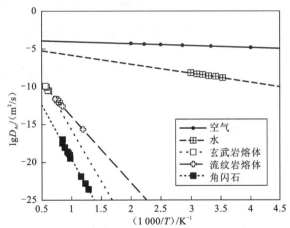

图 1-6　氩在空气、水、玄武岩熔体、流纹岩熔体和角闪石中的扩散速度变化曲线

温度为开尔文温度

体相内扩散机制主要有间隙机理、空位机理、离解机理和环形机理 4 种。间隙机理是氢、锂等填隙型元素受晶格影响较小，在晶格间隙中边做无规则运动边产生位移，按间隙机理扩散的元素运动速度通常比其他机理要快；空位机理是构成晶格的元素与空位交换位置，从而产生位移，空位可由热激发或添加杂质而产生；离解机理是构成晶格的元素从原位置离开，进入晶格间隙中，并产生一个空位，离解机理可以看作特殊的间隙机理和空位机理的联合；环形机理是构成晶格元素与相邻元素交换位置，从而使两个元素同时产生位移的机理[85]。

体相中扩散种类可分为自扩散、示踪扩散和化学势梯度扩散三种[86]。自扩散是在不存在化学势梯度的体系中，由元素各同位素之间比例不同而引起的扩散[87]。示踪扩散是指将低浓度示踪物加入体系中，并观测示踪物扩散情况[88]。化学势梯度扩散是因体系中某一成分和另一成分因存在化学势梯度而产生的扩散，根据存在化学势梯度的成分数量可分为二元扩散、多状态扩散和多成分扩散[89]。二元扩散是二元体系中的扩散，两个成分间可以互相扩散，也可以共同扩散；多状态扩散是扩散组分具有多种状态，例如水分子和羟基[90]；多成分扩散是指体系中有多个组分都参与了扩散[91]。

2. 扩散的量化

菲克（Fick）研究了扩散过程中的物质转移，假设扩散物质转移量与扩散系数成比例，根据傅里叶热传导定律推导了扩散的维象定量公式（菲克第一定律）：

$$J = -D\frac{\partial C}{\partial x} \tag{1-5}$$

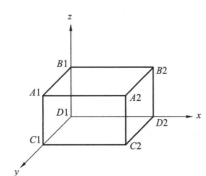

图 1-7　体积元示意图

式中：J 为扩散通量，原子数/m^2；D 为扩散系数，m^2/s；C 为扩散组分的浓度，原子数/m^3；x 为距离，m。扩散系数是扩散的重要性质，是量化扩散的基础。

设有一个长方体形体积元，如图 1-7 所示，长、宽、高分别为 $2x$、$2y$、$2z$，则体积元中心点 P 的坐标为 (x, y, z)。设 P 点在 x、y、z 轴方向的扩散通量为 J_x、J_y、J_z，物质浓度为 C，体积元中物质因 x 轴方向上的扩散而增加的量为 $-8\mathrm{d}x\mathrm{d}y\mathrm{d}z\frac{\partial J_x}{\partial x}$，相应地，在 y 轴和 z

轴上分别为 $-8\mathrm{d}x\mathrm{d}y\mathrm{d}z\frac{\partial J_y}{\partial y}$、$-8\mathrm{d}x\mathrm{d}y\mathrm{d}z\frac{\partial J_z}{\partial z}$，而体积元整体的变化量为 $8\mathrm{d}x\mathrm{d}y\mathrm{d}z\frac{\partial C}{\partial t}$，则有

如下关系[92]：

$$\frac{\partial C}{\partial t} = -\left(\frac{\partial J_x}{\partial x} + \frac{\partial J_y}{\partial y} + \frac{\partial J_z}{\partial z}\right) \tag{1-6}$$

如果扩散系数 D 为常数，将菲克第一定律代入式（1-6）可得三维空间的扩散微分方程：

$$\frac{\partial C}{\partial t} = D\left(\frac{\partial^2 C}{\partial x^2} + \frac{\partial^2 C}{\partial y^2} + \frac{\partial^2 C}{\partial z^2}\right) \tag{1-7}$$

若扩散为一维扩散，微分方程可简化为

$$\frac{\partial C}{\partial t} = D\frac{\partial^2 C}{\partial x^2} \tag{1-8}$$

式（1-8）即为菲克第二定律。

从微观上看，扩散可由粒子随机运动来量化：在一维方向上，设某粒子从初始晶胞迁移到相邻晶胞的距离为 l（m），频率为 f（Hz），则扩散通量和扩散系数分别为

$$J = -\frac{1}{2}l^2 f\frac{\partial C}{\partial x} \tag{1-9}$$

$$D = \frac{1}{2}l^2 f \tag{1-10}$$

由式（1-9）和式（1-10）可知，扩散通量和扩散系数都与粒子迁移频率有关，而粒子迁移频率受温度和缺陷浓度的影响，温度越高，缺陷浓度越高，粒子扩散率越高。

3. 偏析的定义

偏析也称偏聚，是构成体系的某些组分偏离热力学平衡组成，在表面、晶界或晶格缺陷处吸附聚集，而使该组分不均匀分布的现象，与化学吸附有一定相似性[93]。偏析可分为平衡偏析和非平衡偏析。平衡偏析是由体相和表面与溶质原子作用力不同而引起溶质在晶界处的富集或贫化，是一种热力学平衡现象，随系统平衡参数的变化而变化，是可逆的。非平衡偏析是由外界因素如物质流、热量流引起的一种动力学现象[94, 95]。

合金材料中晶界非平衡偏析理论较成熟完整，而且不同领域各有独特的侧重点。钢铁领域从热循环和应力两种成因分析[96, 97]，建立了晶界偏析与脆化关系。合金在高温熔化后的回火处理中，随扩散时间增加，晶界偏析量逐渐增大，晶界浓度升高，达到一定程度时晶界向内部扩散量与内部向晶界扩散量达到平衡，此时晶界浓度为平衡偏析浓度，时间为临界时间[98, 99]。临界时间与合金热处理后的冷却速率有关，冷却速率越快，临界时间越短[100]。半导体领域侧重于掺杂元素的晶界偏析，核能领域则着重研究粒子作用下的非平衡表面偏析。

由于合金材料晶体和石英晶体有显著差异，石英中杂质元素偏析规律可能与合金中有很大不同，需要根据石英晶体自身特点通过理论和试验来分析。

4. 偏析的量化

偏析是杂质元素和晶体缺陷交互作用的结果，可消除晶界畸变，降低体系吉布斯自由能，这也是偏析的驱动力。晶界偏析可用 Mclean 公式来描述：

$$\frac{x^s}{x_0^s - x^s} = \frac{x^e}{1 - x^e} \exp\left(\frac{\Delta G}{kT}\right) \tag{1-11}$$

式中：x^s 为晶体表面浓度，mol%；x^e 为体相浓度，mol%；x_0^s 为饱和表面浓度，mol%；ΔG 为偏析自由能，即体相与表面自由能的差，kJ/mol；T 为温度，K；k 为比例系数，kJ/(mol·K)。

1.7.2 石英纯化中的扩散偏析

1. 石英中元素扩散偏析研究现状

目前，石英中元素扩散研究大多为石英及其伴生矿物在成矿中的结晶及生长过程，以及制造玻璃和熔融石英过程石英熔体中元素的扩散。Götze 等[101]研究了从含铁硅酸盐矿物到石英内一维平板源 Fe 元素扩散，Cherniak 等[102]研究了 Ti 元素在石英中的半无限源扩散规律，Pankrath 等[103]研究了 Al 和 Si 元素的扩散。这些研究证明了金属元素在石英基体中沿浓度梯度扩散的可能性，得到 Ti 元素在石英中的扩散系数为 $10^{-19} \sim 10^{-21}$ m²/s，快于 Si，慢于 Al 和 Ga。Béjina 等[104]提出了用补偿定律来描述 Si 在硅酸盐矿物中的自扩散，其扩散系数与扩散熵的关系式为

$$D^* = fa^2 \bar{v} \exp\frac{\Delta S}{R} \tag{1-12}$$

式中：D^* 为自扩散系数，m²/s；f 为形状系数，次/mol；a 为迁移距离，m；$\bar{v}$ 为硅氧键伸缩振动频率，Hz；ΔS 为扩散熵，J/K；R 为理想气体常数，J/(mol·K)。

石英中元素偏析研究较少，研究重点主要集中在二氧化硅用作集成电路封装材料时，硅材料中的掺杂元素在硅和二氧化硅界面处的偏析。

2. 扩散偏析用于石英纯化的可行性及偏析剥蚀设想

石英中晶格杂质元素被包裹在晶体体相内，散布在石英晶体内部，难以在不破坏石英结构的情况下直接富集和分离，而且晶格杂质元素在石英体相中分布通常较均匀，即使氢氟酸等可破坏石英晶格的浸出剂也无法有效去除，目前仅有氯化焙烧可以降低石英内 Na、K 等碱金属含量，但对于其他杂质元素，特别是 Al 元素则几乎没有效果[105]。为了分离晶格杂质元素，首先要改变晶格杂质元素的分布，使其富集后才能有效分离去除。

扩散是固体中粒子的主要迁移途径，若在特定条件下使晶格杂质元素发生扩散，则可改变晶格杂质元素在石英晶格中的分布；若在此基础上促使晶格杂质元素发生偏析，则有可能实现杂质元素富集，最后根据杂质元素偏析，采取相应分离方法，达到降低石英中晶格杂质元素含量的目的。利用扩散偏析去除晶格杂质元素，首先，杂质元素在石英体相中的扩散速度要足够快；其次，杂质元素要能发生偏析；最后，再根据偏析情况采用相应的方法分离去除，具体分析过程如图 1-8 所示。

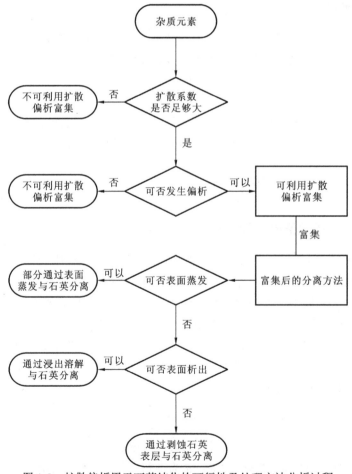

图 1-8　扩散偏析用于石英纯化的可行性及处理方法分析过程

1）扩散系数

由菲克定律可知，扩散系数是扩散通量和驱动力的比例系数，反映了物质的扩散能力，可利用扩散系数估计扩散距离和时间：

$$x^2 \cong Dt \qquad\qquad (1\text{-}13)$$

式中：x 为扩散距离，m；t 为扩散时间，s。

为了在实际可行的扩散时间内让杂质元素从内部扩散至表面，其扩散系数必须足够大。若杂质元素扩散距离要达到 1 μm，当扩散系数为 2.7×10^{-17} m²/s 时，需要 100 h；扩散系数为 2.7×10^{-18} m²/s 时，需要 1 000 h。若扩散系数更小，则利用扩散偏析来去除该元素几乎不具有可行性。某一种矿物中的不同杂质元素、某一杂质元素在不同矿物中扩散系数差别很大，且受结晶程度、晶体各向异性等因素影响。

2）偏析

由 Mclean 公式可知，根据偏析自由能的大小，扩散达到平衡后，晶体表面杂质元素浓度高于体相浓度，发生偏析；晶体表面杂质元素浓度等于体相浓度，不发生偏析；若晶体表面杂质元素浓度低于体相浓度，则称为耗尽[106]。因此利用扩散偏析来分离杂质元素，不仅需要扩散系数足够大，还需要偏析自由能大于 0，促使杂质元素富集在晶体表面和界面。此外，天然石英晶粒表面和界面常含有杂质，若部分区域某种杂质元素含量超过其饱和表面浓度，则会向体相内扩散。

3）表面蒸发

蒸发通常从表面开始[85]，当杂质元素通过扩散偏析在表面附近富集后，若杂质元素可以发生蒸发，则可在焙烧过程中直接转化为气态与石英分离。

4）表面析出

当表面或晶界处偏析的杂质富集到一定程度，可能形成晶界析出物，产生新相，即表面或晶界析出物[106]。析出后的杂质可使用盐酸、硫酸等强酸溶解，不需要使用氢氟酸来侵蚀石英。若偏析后的杂质元素不能在石英表面析出或析出比例很小，则需要使用氢氟酸等可溶解石英的浸出剂剥蚀杂质元素富集的石英表层区域，来溶解分离杂质。

第2章 工艺矿物学分析

石英中的杂质包括伴生杂质脉石矿物、气液固包裹体、晶格杂质元素等，需要对其进行系统的工艺矿物学研究，进而针对性去除。一般而言，采用透（反）光偏光显微镜、X射线粉末衍射等分析方法可以对石英原矿进行物相鉴别；采用电感耦合等离子体质谱可以对石英进行化学元素分析，得到各元素含量；采用电子探针能谱分析方法对矿物薄片进行点、线、面扫描分析，可以研究石英微区内部包裹体、杂质元素成分、含量等；采用激光拉曼光谱、显微镜热台分析等方法对包裹体进行分析，可以得到石英中包裹体丰度、相态类型、大小、分布类型、气液相比例、均一温度等特征。

2.1 化学成分分析

将缩分混匀后的石英样品分别均匀取样，采用ICP-MS进行化学成分分析，依据《黏土化学分析方法》（GB/T 16399—2021），SiO_2含量采用氟硅酸钾容量法单独进行分析，结果如表2-1所示。

表2-1 石英原矿化学成分分析结果

原矿矿样	Al质量分数/(μg/g)	Fe质量分数/(μg/g)	Na质量分数/(μg/g)	K质量分数/(μg/g)	Ca质量分数/(μg/g)	Mg质量分数/(μg/g)	Mn质量分数/(μg/g)	其他元素质量分数/(μg/g)	SiO_2质量分数/%（容量法）
1#样	48.87	151.10	39.44	26.17	30.23	1.08	19.53	5.18	99.53
2#样	120.00	3 094.00	132.70	43.48	54.93	5.13	365.90	158.80	96.41
3#样	87.29	36.17	55.62	31.77	44.59	3.68	1.85	56.21	99.49
4#样	306.30	69.54	231.5	179.63	63.57	7.95	83.24	2739	96.85

表2-1中所列1#、2#、3#和4#石英样品为不同产地4种典型块状样品，取样后随机编号。4种石英样品中：1#样呈白色透明状；2#样为有黄褐色侵染杂质不透明状，多为表层风化侵蚀后的细粒集合体状石英岩；3#样呈乳白色半透明状；4#样呈乳白色半透明状，但多见黑色浸染杂质，含少量采矿围岩。样品中主要金属杂质元素为Al、Fe、Na、K、Ca、Mg和Mn，其中，Mn主要来自磨矿机械污染，可通过预处理工艺去除，因此Al、Fe、Na、K、Ca和Mg是石英纯化过程的研究重点。

2.2 X射线粉末衍射分析

X射线粉末衍射分析是研究物质物相组成、晶胞参数和晶体结构的现代分析手段。任何结晶物质都具有独特的化学成分、晶体结构（包括点阵类型、晶胞大小、晶胞中质点的种类、数目及坐标等），当 X 射线通过晶体时，会产生特定的衍射图谱，对应一系列特定面网间距 d 及相对强度 I/I_1 值。每种结晶物质都有其特有的 d、I/I_1 值，并且不同结晶物质的混合，各自的衍射数据可无干扰地叠加在一起。因此，可通过分析衍射图谱的 d、I/I_1 值，检索粉末衍射标准联合委员会（Joint Committee on Powder Diffraction Standards，JCPDS）卡片，与已知物质的衍射谱图特征峰位及强度值对比，从而最终确定其物相组成[107]。

结晶物质晶体结构的确定，主要是对 X 射线粉末衍射峰强度的理论计算值与试验值进行拟合。确定物质晶体结构的步骤：定性确定矿物物相；将衍射指数指标化并确定点阵类型，精确计算点阵参数，确定化学式，初步推断晶体结构；利用衍射强度计算，当衍射强度实测值与计算值最佳吻合时，最终确定晶胞结构。试验中 X 射线粉末衍射分析用来定性分析石英矿物物相成分、晶胞参数和石英晶体结构等。矿石中石英、脉石矿物衍射图谱可确定矿物主要物相，而晶体结构变化不仅能分析石英同质多象之间的转化温度，还能确定温度、时间、压力、气氛对晶体的结构的影响，从而用来研究不同处理方法下石英中杂质矿物去除的机理。

对石英原矿均匀取样，进行 X 射线衍射（X-ray diffraction，XRD）分析，如图 2-1 所示。由图可知，该样品主要矿物为石英，存在极少量伴生杂质矿物如赤铁矿、长石和云母等，石英中杂质矿物的赋存状态及矿物包裹体物相还需借助其他分析测试方法来进一步确定。

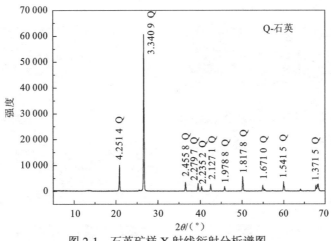

图 2-1　石英矿样 X 射线衍射分析谱图

2.3　岩相学与包裹体显微分析

在矿物鉴定中，晶体光学法，即透光或反射偏光显微镜分析法，是鉴定和研究矿物物理光学性质最基本的技术手段之一。根据矿物在可见光中的晶体光学性质，可将矿物分为透明、半透明和不透明矿物三大类，而石英是典型的透明矿物。

将代表性矿样磨制成厚 0.03 mm 的光学薄片，在透射偏光显微镜下观察石英晶体聚集状态、颗粒大小及分布、矿物包裹体及气液包裹体的分布等。

利用透射偏光显微镜在正交偏光镜下观测磨制的薄片，放大倍数分别为 50 倍、100 倍及 500 倍。

图 2-2 为石英样品放大 50 倍的正交偏光显微图像。在图 2-2 中：（a）和（b）分别为 1#样、2#样，显示该石英岩由细粒他形棱角状石英晶体组成，直径为 50～380 μm，石英晶体呈镶嵌状集合体，其晶界分明；（c）为 3#样，图中干涉色为淡黄色的片状矿物包裹体，为白云母，呈半自形片状；（d）和（e）为 4#样，（d）中干涉色为黄色、黑色相间的片状矿物包裹体，为白云母化黑云母，呈他形-半自形片状；（e）中可见石英岩中大颗粒上的裂纹分布；（f）为破碎后石英粉状样品，部分颗粒表面有红褐色氧化铁薄膜，石英颗粒呈不规则碎屑状，表面有裂纹。

（a）1#样中细粒状集合体　　　　　　　（b）2#样中细粒状集合体

（c）3#样中白云母矿物包裹体　　　　　　（d）4#样中白云母化黑云母包裹体

（e）4#样中石英岩大颗粒裂纹　　　　　　（f）石英粉样颗粒表面氧化铁薄片

图 2-2　石英样品正交偏光显微图像（×50）

图 2-3 为石英样品放大 100 倍的正交偏光显微图像。在图 2-3 中：（a）为 1# 样，石英呈细粒集合体状，石英颗粒内部固体包裹体呈带状或平行条带状分布；（b）为 2# 样，石英呈细粒集合体状，石英晶体内矿物包裹体平行呈线状分布，矿物包裹体为热液成矿过程中随热液流动而形成的杂质；（c）为 3# 样，石英呈细粒集合体状，界面上清晰可见整齐排列的平行带状包裹体；（d）为 4# 样，可见细粒状石英集合体及整齐排列的包裹体，部分包裹体沿晶体裂隙分布。

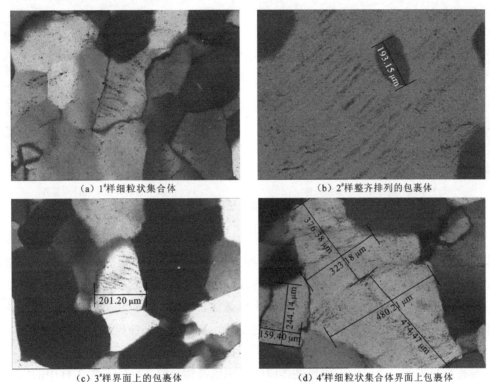

（a）1# 样细粒状集合体　　　　　　　　（b）2# 样整齐排列的包裹体

（c）3# 样界面上的包裹体　　　　　　　（d）4# 样细粒状集合体界面上包裹体

图 2-3　石英样品正交偏光显微图像（×100）

图 2-4 为石英样品薄片放大 500 倍时的正交偏光显微图像。石英岩为细粒状集合体，石英颗粒中微米级包裹体较多，分布集中，部分整齐排列，呈环带状、条状分布；石英晶体呈乳白色，因含气液包裹体较多，晶片略显浑浊。

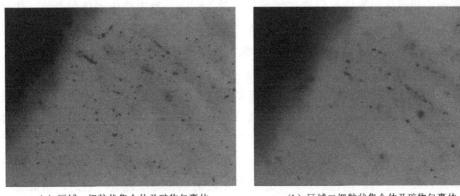

（a）区域一细粒状集合体及矿物包裹体　　　（b）区域二细粒状集合体及矿物包裹体

图 2-4　石英样品正交偏光显微图像（×500）

采用单偏光镜观测，放大倍数为 100 倍时，石英样品显微图像如图 2-5 所示。石英岩中包裹体在单偏光镜下呈现一定分布规律。石英岩晶体呈细粒集合体状，图 2-5（a）中可以清楚地看到石英晶体中包裹体，沿晶界分布，包裹体杂质位于晶体与晶体间隙中，且石英晶体表面分布不规则裂隙，还有一些包裹体均匀分布于石英颗粒晶体内部。图 2-5（b）中石英岩中包裹体呈条带状分布于晶体内部，包裹体多且分布集中。

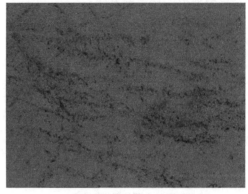

（a）细粒状集合体界面上包裹体　　　　　　（b）界面上包裹体集中且排列整齐

图 2-5　石英样品单偏光显微图像（×100）

石英样品放大 200 倍的单偏光显微图像如图 2-6 所示，可见各石英样品中流体包裹体发育，呈群状、环状及定向线状分布。根据石英矿物中流体包裹体分布特征，如是否呈线性分布、线性分布是否在石英颗粒内部、线性分布是否延伸至石英颗粒晶界处等特性，可将包裹体分为原生包裹体、假次生包裹体、富液相次生包裹体；根据包裹体内部流体相态可分为纯气相包裹体、纯液相包裹体、富液相包裹体、富气相包裹体等。

图 2-6（a）为 1# 样中的固体包裹体，固体包裹体为不规则脉石矿物，粒径较大，分布于石英颗粒内部，为原生矿物包裹体或纯气相包裹体；图 2-6（b）为 2# 样中的固体包裹体，2# 样中固体包裹体多呈条带状及定向线状分布，且部分线性分布延伸至晶界处，为呈线状分布的假次生包裹体；图 2-6（c）为 3# 样区域 1 中固体及流体包裹体，此固体包裹体分布集中于一处，形成一个包裹体集合体；图 2-6（d）为 3# 样区域 2 中固体及流体包裹体；图 2-6（e）为石英岩中原生氧化铁矿物包裹体；图 2-6（f）为石英岩中共存的富液两相流体包裹体与假次生包裹体；图 2-6（g）为 4# 样中固体包裹体，包裹体集中且呈无规则状分布；图 2-6（h）为破碎后石英颗粒中的包裹体，颗粒表面可见贝壳状解离面（或贝壳状断口），颗粒内部假次生包裹体与富液两相包裹体共存。

石英中包裹体一般粒径为 3～10 μm，黑色多为原生、假次生矿物包裹体，仅有少量纯气相包裹体，呈透明状包裹体，多为富液两相或富液相包裹体。包裹体形态多为椭圆状、近圆状及不规则状，且多呈线状、群状分布，形成包裹体集合体。细粒包裹体多，石英中杂质含量较高，难以提纯。

反射偏光显微镜又称矿相显微镜，主要用于半透明或不透明金属矿物研究。对石英晶体中半透明和不透明矿物包裹体，不适合采用透射偏光显微镜进行鉴定，需要将石英样品制成光片在反光显微镜下鉴定，其反光显微图像如图 2-7 所示。图 2-7（a）～（d）

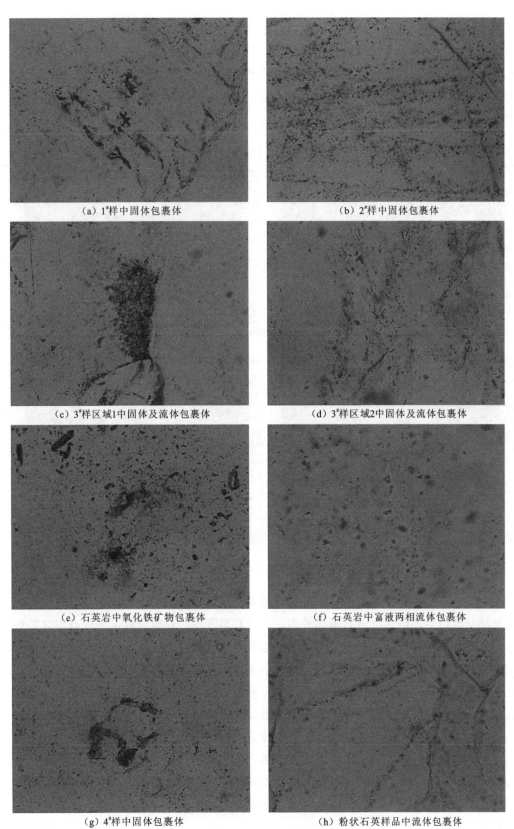

(a) 1#样中固体包裹体 (b) 2#样中固体包裹体

(c) 3#样区域1中固体及流体包裹体 (d) 3#样区域2中固体及流体包裹体

(e) 石英岩中氧化铁矿物包裹体 (f) 石英岩中富液两相流体包裹体

(g) 4#样中固体包裹体 (h) 粉状石英样品中流体包裹体

图 2-6 石英样品单偏光显微图像（×200）

所示为不同采样点试样样品磨制石英光片在反光显微镜下的图像。图中乳白色为石英岩；黑色斑点多数为磨制光学薄片时，磨具磨削、气液包裹体破裂等原因形成的凹坑；图中发亮部分，与石英岩的反光光学性质不同，具有金属光泽、反射率高呈不规则轮廓的粒状为黄铁矿包裹体，其分布较为集中，粒径为 3～28 μm；石英岩切面上可见清晰不规则裂隙。

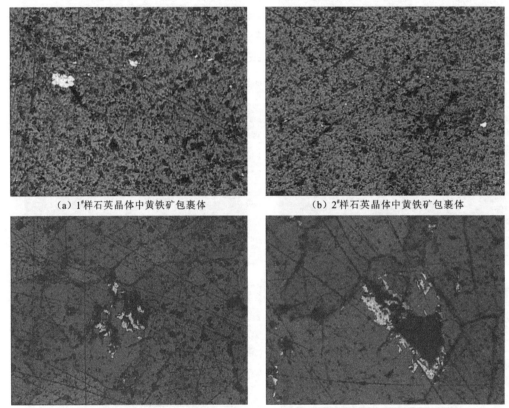

（a）1#样石英晶体中黄铁矿包裹体　　　　　　（b）2#样石英晶体中黄铁矿包裹体

（c）3#样石英晶体中黄铁矿包裹体　　　　　　（d）4#样石英晶体中黄铁矿包裹体

图 2-7　石英样品反光显微图像（×100）

　　综上所述，由透射偏光显微镜、单偏光镜及正交偏光显微镜下的观测结果可知，此石英样品呈乳白色，因含气液包裹体较多，晶片略显浑浊；石英岩样品中含有丰富的包裹体，有固体包裹体、气液包裹体；包裹体形状多呈椭圆形、近圆形，有群状分布，也有整齐排列的条带状、环状分布；包裹体大小不一，有粒径为 8～25 μm 白云母、白云母化黑云母、氧化铁等较大粒径矿物包裹体，有粒径为 2～10 μm 黑色矿物包裹体及气相包裹体，还有大量粒径约 1 μm 的细粒包裹体存在；包裹体成分复杂，多分布在晶体与晶体间隙中，且分布较均匀；部分石英晶体表面有不规则裂纹，裂纹附近富含各种包裹体。反光显微镜分析显示，多数矿物包裹体、脉石矿物反光性质与石英相近，无法确切判断，但可见黄铁矿、赤铁矿等反光性质差异较大的矿物包裹体，图中发亮部分为反射率高的黄铁矿包裹体，其分布较为集中，粒径为 3～28 μm；石英岩切面上可见清晰不规则裂隙。

2.4 电子探针微区分析

电子探针 X 射线显微分析仪（electron probe X-ray micro-analyzer，EPMA）是利用微小电子束轰击固体光学薄片表面，根据微区内发射的特征 X 射线波长及强度进行定性定量分析，主要用于微区（1～5 μm³）化学成分测定。

采用电子探针对石英薄片进行微区分析，将上述不同石英样品（1#样、2#样、3#样、4#样）电子探针光片在电子探针显微镜下观察，对样品光学薄片中发现的缺陷点进行微区能谱分析。将各微区能谱图中不同元素原子质量分数和原子百分数进行统计，并将各元素原子质量分数和原子百分数转化为对应的氧化物和硫化物，可分析判断电子探针能谱图对应的微区矿物包裹体物相组成，其中 Cr 原子为磨料，可不予考虑；SiO_2 含量较高，一般为石英本底。

图 2-8 为石英 1#样薄片中代表性微区电子探针分析显微图片及能谱图，结果分析如表 2-2 所示。图 2-8（a）中微区 1 包裹体物相主要为钠长石及石英（本底）；图 2-8（b）中微区 2 物相为铁铝榴石及赤铁矿；图 2-8（c）中微区 3 物相为铁铝榴石及少量透辉石；图 2-8（d）中微区 4 物相为铁铝榴石及石英（本底）。

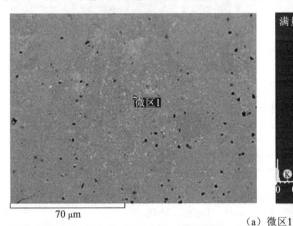
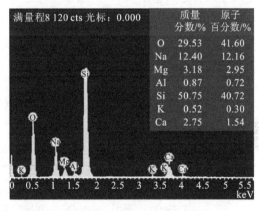

（a）微区1

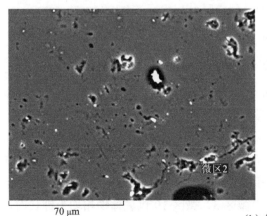
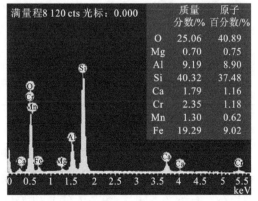

（b）微区2

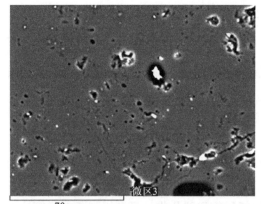

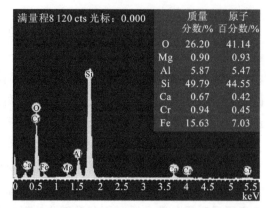

	质量分数/%	原子百分数/%
O	26.20	41.14
Mg	0.90	0.93
Al	5.87	5.47
Si	49.79	44.55
Ca	0.67	0.42
Cr	0.94	0.45
Fe	15.63	7.03

满量程8 120 cts 光标：0.000

（c）微区3

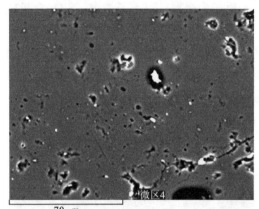

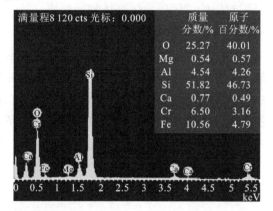

	质量分数/%	原子百分数/%
O	25.27	40.01
Mg	0.54	0.57
Al	4.54	4.26
Si	51.82	46.73
Ca	0.77	0.49
Cr	6.50	3.16
Fe	10.56	4.79

满量程8 120 cts 光标：0.000

（d）微区4

图 2-8　1#样电子探针微区分析

因修约加和可能不为100%，下同

表 2-2　1#样光片微区能谱图分析

微区	质量分数/%								物相成分
	Na₂O	MgO	Al₂O₃	SiO₂	K₂O	CaO	Fe₂O₃	MnO₂	

微区	Na$_2$O	MgO	Al$_2$O$_3$	SiO$_2$	K$_2$O	CaO	Fe$_2$O$_3$	MnO$_2$	物相成分
1#样-微区 1	34.49	2.73	3.39	56.11	1.29	1.99	0	0	钠长石、石英（本底）
1#样-微区 2	0	0.43	25.54	31.78	0	0.92	40.57	0.76	铁铝榴石、赤铁矿
1#样-微区 3	0	0.62	18.27	43.94	0	0.39	36.79	0	铁铝榴石、少量透辉石
1#样-微区 4	0	0	3.04	89.11	0	0	7.86	0	铁铝榴石、石英（本底）

注：因修约加和可能不为100

　　图 2-9 为石英 2#样薄片中代表性微区电子探针分析显微图片及能谱图，结果分析如表 2-3 所示，由此可知石英 2#样中包裹体物相成分。图 2-9（a）中微区 1 包裹体物相为钠长石、石英（本底）；图 2-9（b）和（d）中微区 3、微区 10 包裹体物相均为钾长石、石英（本底）；图 2-9（c）微区 4 包裹体物相为钠闪石及石英（本底）。

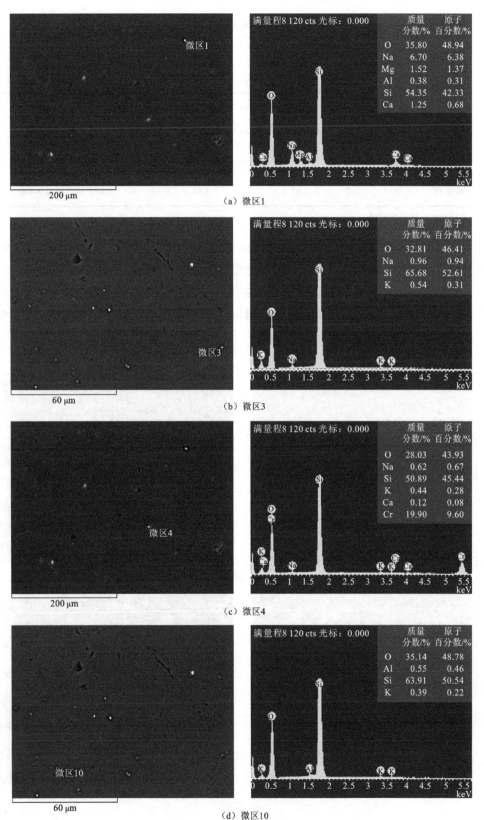

图 2-9 2#样电子探针微区分析

表 2-3   2#样光片微区能谱图分析

微区	质量分数/%						物相成分
	Na₂O	MgO	Al₂O₃	SiO₂	K₂O	CaO	
2#样-微区 1	22.61	1.59	1.80	72.91	0	1.10	钠长石、石英（本底）
2#样-微区 3	3.48	0	0	94.76	1.75	0	钾长石、石英（本底）
2#样-微区 4	2.91	0	0	95.09	1.85	0.15	钠闪石、石英（本底）
2#样-微区 10	0	0	2.91	95.78	1.31	0	钾长石、石英（本底）

注：因修约加和可能不为 100%

图 2-10 为石英 3#样薄片中代表性微区电子探针分析显微图片及能谱图，结果分析如表 2-4 所示，由此可知石英 3#样中包裹体物相成分。图 2-10（a）中微区 1 包裹体物相为石英（本底）、少量黄铁矿及铁铝榴石；图 2-10（b）中微区 3 包裹体物相为石英（本底）、透辉石；图 2-10（c）中微区 6 包裹体物相为石英（本底）、金红石；图 2-10（d）中微区 8 包裹体物相为石英（本底）、钾长石。

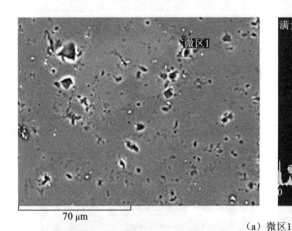
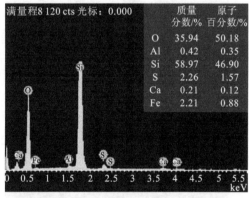

（a）微区1

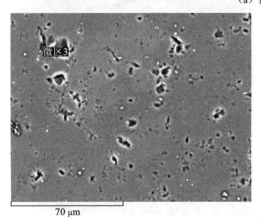
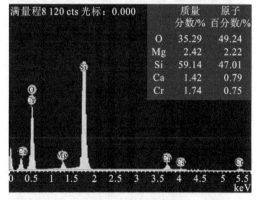

（b）微区3

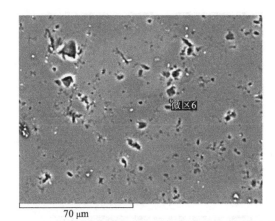
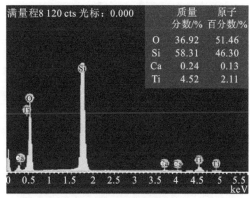

（c）微区6

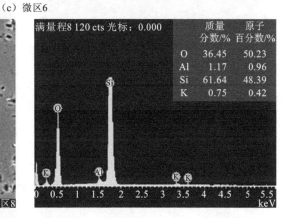

（d）微区8

图 2-10 3#样电子探针微区分析

表 2-4 3#样光片微区能谱谱图分析

微区	质量分数/%								物相成分
	MgO	Al₂O₃	SiO₂	FeS₂	K₂O	CaO	Fe₂O₃	TiO₂	
3#样-微区1	0	2.15	85.79	3.29	0	0.20	8.57	0	石英（本底）、黄铁矿、铁铝榴石
3#样-微区3	3.04	0	95.46	0	0	1.50	0	0	石英（本底）、透辉石
3#样-微区6	0	0	94.08	0	0	0.25	0	5.67	石英（本底）、金红石
3#样-微区8	0	6.12	91.38	0	2.50	0	0	0	石英（本底）、钾长石

注：因修约加和可能不为100%

图 2-11 为石英 4#样薄片中代表性微区电子探针分析显微图片及能谱图，结果分析如表 2-5 所示，由此可知石英 4#样中包裹体物相成分。图 2-11（a）中微区 1 包裹体物相为石英（本底）、钾钠长石固溶体、少量透辉石、黄铁矿；图 2-11（b）中微区 2 包裹体物相为石英（本底）、钠闪石、少量黄铁矿、黄铜矿、氧化铁；图 2-11（c）中微区 5 包裹体物相为石英（本底）、钠闪石、少量透辉石、黄铁矿、黄铜矿；图 2-11（d）中微区 11 包裹体物相为钾钠长石固溶体、铁染石英颗粒。

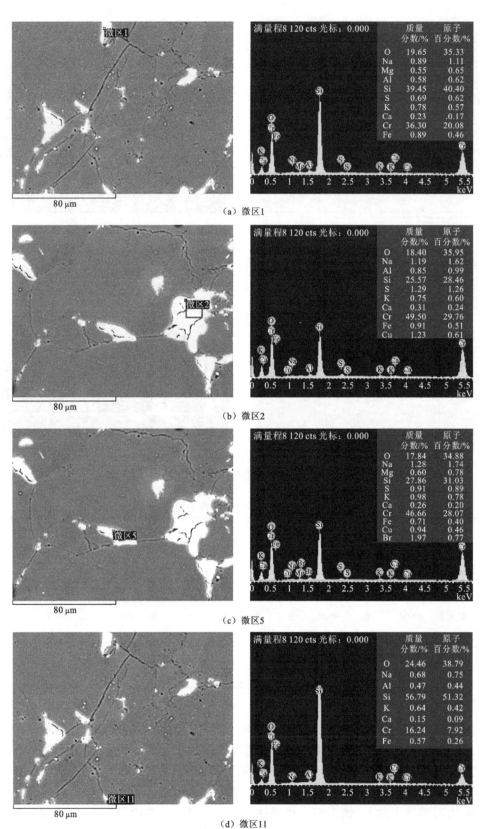

满量程8 120 cts 光标: 0.000

	质量分数/%	原子百分数/%
O	19.65	35.33
Na	0.89	1.11
Mg	0.55	0.65
Al	0.58	0.62
Si	39.45	40.40
S	0.69	0.62
K	0.78	0.57
Ca	0.23	0.17
Cr	36.30	20.08
Fe	0.89	0.46

（a）微区1

满量程8 120 cts 光标: 0.000

	质量分数/%	原子百分数/%
O	18.40	35.95
Na	1.19	1.62
Al	0.85	0.99
Si	25.57	28.46
S	1.29	1.26
K	0.75	0.60
Ca	0.31	0.24
Cr	49.50	29.76
Fe	0.91	0.51
Cu	1.23	0.61

（b）微区2

满量程8 120 cts 光标: 0.000

	质量分数/%	原子百分数/%
O	17.84	34.88
Na	1.28	1.74
Mg	0.60	0.78
Si	27.86	31.03
S	0.91	0.89
K	0.98	0.78
Ca	0.26	0.20
Cr	46.66	28.07
Fe	0.71	0.40
Cu	0.94	0.46
Br	1.97	0.77

（c）微区5

满量程8 120 cts 光标: 0.000

	质量分数/%	原子百分数/%
O	24.46	38.79
Na	0.68	0.75
Al	0.47	0.44
Si	56.79	51.32
K	0.64	0.42
Ca	0.15	0.09
Cr	16.24	7.92
Fe	0.57	0.26

（d）微区11

图 2-11　4#样电子探针微区分析

表 2-5　$4^{\#}$样光片微区能谱谱图分析

微区	质量分数/%									物相成分
	Na_2O	MgO	Al_2O_3	SiO_2	FeS_2	K_2O	CaO	Fe_2O_3	CuS	
$4^{\#}$样-微区 1	4.56	0.87	4.16	80.30	1.40	3.57	0.31	4.83	0	石英（本底）、钾钠长石固溶体、透辉石、黄铁矿
$4^{\#}$样-微区 2	7.87	0	7.88	67.24	3.39	4.44	0.53	6.38	2.26	石英（本底）、钠闪石、黄铁矿、黄铜矿、氧化铁
$4^{\#}$样-微区 5	8.77	1.27	0	75.86	2.48	6.00	0.46	5.16	1.76	石英（本底）、钠闪石、透辉石、黄铁矿、黄铜矿
$4^{\#}$样-微区 11	2.71	0	2.62	89.84	0	2.28	0.16	2.40	0	钾钠长石固溶体、铁染石英

注：因修约加和可能不为 100%

综上所述，石英原矿中，矿物包裹体广泛分布，石英原矿中主要杂质矿物包裹体为钾钠长石固溶体、斜长石、钾长石、钠长石、云母、透辉石、铁铝榴石、钠闪石、金红石、黄铁矿、黄铜矿、赤铁矿及铁污染二氧化硅颗粒。石英中包裹体均匀、广泛分布，石英晶体内部有少量裂隙存在，晶格缺陷处包裹体有聚集现象，大部分矿物包裹体粒径为 5～10 μm，少量矿物包裹体粒径大于 10 μm。

对石英样品 $1^{\#}$样、$2^{\#}$样、$3^{\#}$样、$4^{\#}$样电子探针光学薄片，在电子探针显微镜下进行二次电子形貌图分析，并对石英中出现的杂质缺陷处进行 Al 元素能谱面扫描，结果如图 2-12 所示。

图 2-12（a）、（c）、（e）、（g）、（i）、（k）及（m）为石英电子探针二次电子形貌图。观察发现，石英颗粒内部杂质缺陷较多，且石英晶体缺陷较集中的地方，常常会有较大颗粒杂质矿物包裹体出现，粒径为 5～15 μm。图 2-12（b）、（d）、（f）、（h）、（j）、（l）及（n）为探针二次电子形貌图所对应的电子探针面扫描 Al 元素分布图。图中二次电子形貌图所显示的杂质矿物包裹体形貌，与电子探针面扫描 Al 元素分布图几乎完全吻合。Al 的 X 射线特征光子集中的区域多为铝硅酸盐矿物包裹体。结合电子探针分析结果，可判断图 2-12 中杂质矿物包裹体主要为含 Al 元素的铝硅酸盐矿物包裹体，且主要为长石、云母矿物包裹体。从图 2-12（b）、（d）、（f）、（h）、（j）、（l）及（n）还可以看出，Al 的 X 射线特征光子除在图中较集中区域外，还均匀分布于石英晶体内部，部分在石英晶体内部晶界处有所富集。

石英 $1^{\#}$样、$2^{\#}$样、$3^{\#}$样、$4^{\#}$样中，除上述有 Al 原子分布的杂质缺陷以外，还有部分无 Al 原子分布的杂质缺陷，如图 2-13 所示。其杂质包裹体呈立方体状，在电子显微镜下反射光线较强，且无 Al 元素面分布出现，根据电子探针微区分析结果可判断该杂质矿物包裹体为氯化钾晶体。

从图 2-13（b）中无法看出该杂质矿物包裹体的立体空间结构，且无 Al 元素面分布出现，根据电子探针微区分析结果，可判断杂质矿物包裹体应为硅酸盐矿物包裹体或碳酸盐矿物包裹体，疑为辉石或白云石，若确定其准确物相组成，还需对其进行进一步的分析。

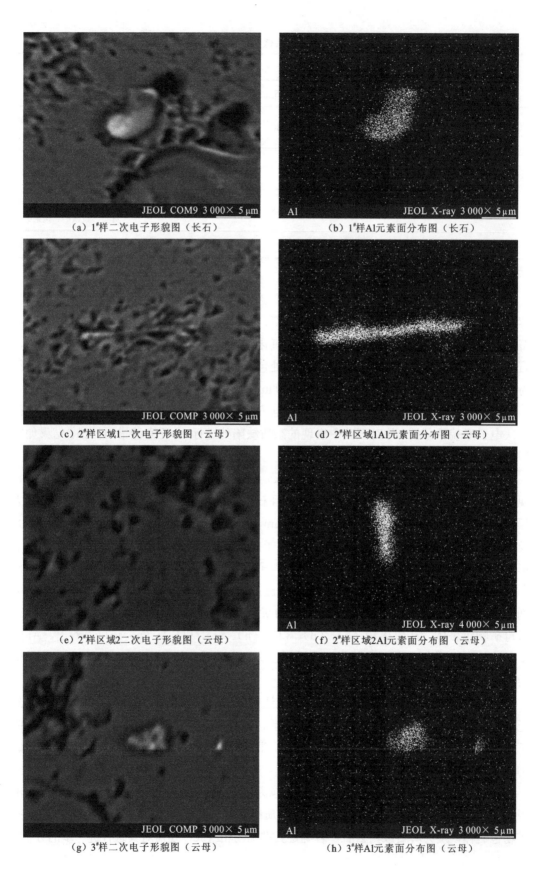

（a）1#样二次电子形貌图（长石）

（b）1#样Al元素面分布图（长石）

（c）2#样区域1二次电子形貌图（云母）

（d）2#样区域1Al元素面分布图（云母）

（e）2#样区域2二次电子形貌图（云母）

（f）2#样区域2Al元素面分布图（云母）

（g）3#样二次电子形貌图（云母）

（h）3#样Al元素面分布图（云母）

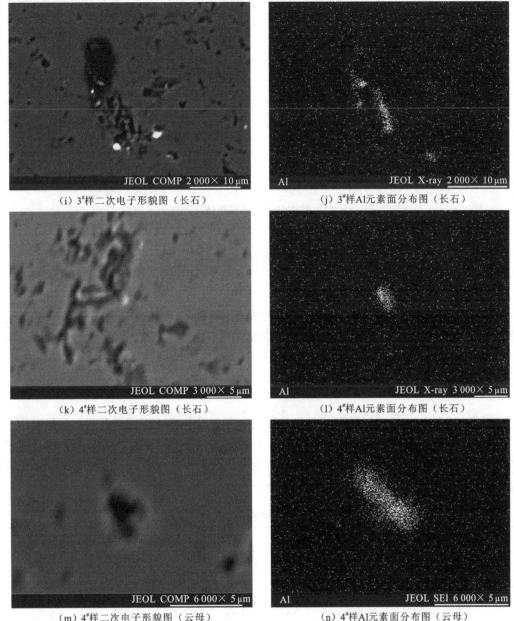

(i) 3#样二次电子形貌图（长石）　　　　　　　(j) 3#样Al元素面分布图（长石）

(k) 4#样二次电子形貌图（长石）　　　　　　　(l) 4#样Al元素面分布图（长石）

(m) 4#样二次电子形貌图（云母）　　　　　　　(n) 4#样Al元素面分布图（云母）

图 2-12　电子探针二次电子形貌及 Al 元素面分布图

　　综上所述，电子探针面分布分析表明，不同采样点代表性石英原矿均含较大颗粒杂质矿物包裹体；大颗粒矿物包裹体多出现在石英晶体缺陷较集中区域；石英中杂质矿物包裹体粒径为 5～15 μm。电子探针 Al 元素面扫描显示，Al 元素在石英晶格中类质同象替代 Si，均匀分布于石英晶体中，但在边缘有所富集。Al 元素集中分布的区域多为铝硅酸盐矿物包裹体，如长石、云母类杂质矿物。此外，Al 元素 X 射线光子均匀分布于晶体内部，部分在晶体内部晶界处富集。石英晶体中偶见氯化钾晶体。

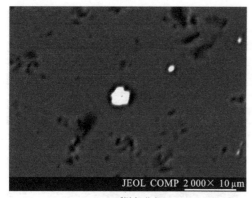
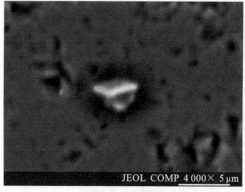

（a）3#样氯化钾　　　　　　　　（b）杂质包裹体

图 2-13　无 Al 元素面分布杂质包裹体二次电子形貌图

2.5　激光拉曼光谱与显微镜热台分析

石英、脉石矿物及包裹体有不同的岩相学及热力学特征，通过对包裹体测温片进行岩相学观察及包裹体均一温度测定，可以获取石英中包裹体丰度、相态类型、大小、分布类型、气液相比例和均一温度等特征。

1. 石英包裹体特征

采用 LinkamMDS600 显微镜热台进行均一温度及包裹体岩相学分析，测温范围为 $-196 \sim 600\,℃$，测温精度为 $\pm 0.1\,℃$。因包裹体清晰度、石英矿物成分、厚度及温度的影响，本试验将不同采样点石英样品磨制加工制成厚度为 80 μm 显微测温片，不同石英样品中流体包裹体特征及均一温度如表 2-6 所示。

表 2-6　流体包裹体特征及其均一温度

石英样品	类型	分布状态	粒径/μm	相组成	相比例	形状	均一温度/℃
1#样	富液两相	群状分布	6	L+V	93:7	不规则	310
	富液两相	群状分布	4	L+V	90:10	不规则	304
	富液两相	群状分布	3	L+V	95:5	椭圆	261
	富液两相	群状分布	4	L+V	90:10	不规则	330
	富液两相	群状分布	10	L+V	90:10	不规则	311
	富液两相	群状分布	6	L+V	95:5	椭圆	254
	富液两相	群状分布	4	L+V	95:5	不规则	235
	富液两相	群状分布	4	L+V	90:10	不规则	375
2#样	富液两相	群状分布	5	L+V	95:5	不规则	354
	富液两相	群状分布	4	L+V	90:10	不规则	246
	富液两相	群状分布	3	L+V	93:7	椭圆	291

石英样品	类型	分布状态	粒径/μm	相组成	相比例	形状	均一温度/℃
	富液两相	群状分布	3	L+V	90:10	椭圆	324
	富液两相	群状分布	2	L+V	95:5	不规则	225
2#样	富液两相	群状分布	2	L+V	95:5	椭圆	254
	富液两相	群状分布	3	L+V	94:6	不规则	293
	富液两相	群状分布	3	L+V	92:8	椭圆	286
	富液两相	群状分布	7	L+V	95:5	不规则	107
	富液两相	群状分布	3	L+V	95:5	椭圆	150
	富液两相	群状分布	3	L+V	95:5	椭圆	101
3#样	富液两相	线状分布	5	L+V	97:3	不规则	129
	富液两相	线状分布	3	L+V	95:5	椭圆	119
	富液两相	群状分布	3	L+V	95:5	近圆	128
	富液两相	群状分布	3	L+V	95:5	近圆	142
	富液两相	群状分布	5	L+V	95:5	不规则	146
	富液两相	群状分布	5	L+V	95:5	不规则	115
	富液两相	群状分布	3	L+V	95:5	椭圆	153
	富液两相	群状分布	3	L+V	95:5	椭圆	106
4#样	富液两相	群状分布	4	L+V	95:5	负晶型	108
	富液两相	群状分布	3	L+V	95:5	椭圆	115
	富液两相	群状分布	3	L+V	95:5	不规则	130
	富液两相	群状分布	3	L+V	97:3	椭圆	90
	富液两相	群状分布	4	L+V	95:5	近正方形	136

注：L为液相，V为气相

分析表 2-6 的气液包裹体形态、分布、大小及均一温度，得到以下结论。

（1）1#样中包裹体多为富液两相型包裹体，液气两相比例 L:V 为 90:10～95:5，呈群状分布，粒径为 3～10 μm，多呈椭圆形或不规则形状，均一温度为 235～375℃。

（2）2#样中包裹体为富液两相型包裹体，液气两相比例 L:V 为 90:10～95:5，多呈群状分布，包裹体粒径为 2～5 μm，呈椭圆形或不规则形状，且较 1#样中椭圆形包裹体多，均一温度为 225～354℃。

（3）3#样中包裹体为富液两相型包裹体，液气两相比例 L:V 为 95:5～97:3，呈群状分布，少量呈线状分布，包裹体粒径为 3～7 μm，部分呈不规则形状，多数呈椭圆形或近圆形，均一温度较 1#、2#样低，为 101～150℃。

（4）4#样中包裹体为富液两相型包裹体，液气两相比例 L:V 为 95:5～97:3，液相明显多于前三个石英样品中包裹体中液相成分，呈群状分布，包裹体粒径为 3～5 μm，且形态各异，有不规则状、椭圆状、近正方形状及负晶型等，均一温度较 1#样、2#样、3#样低，为 90～153℃。

总之，此石英岩中气液包裹体都为富液两相型包裹体，液气两相比例 L:V 为 90:10～97:3，呈群状、线状分布，包裹体粒径为 3～10 μm，形态各异，有不规则状、椭圆状、近圆状、近正方形状及负晶型等，均一温度最低为 90℃，最高均一温度为 375℃。

2. 流体包裹体相态分析

为进一步深入研究石英中流体包裹体相态、形态及分布，采用 Renishaw RM-1000 型显微激光拉曼光谱仪进行激光拉曼光谱显微图像分析，结果如图 2-14 所示。

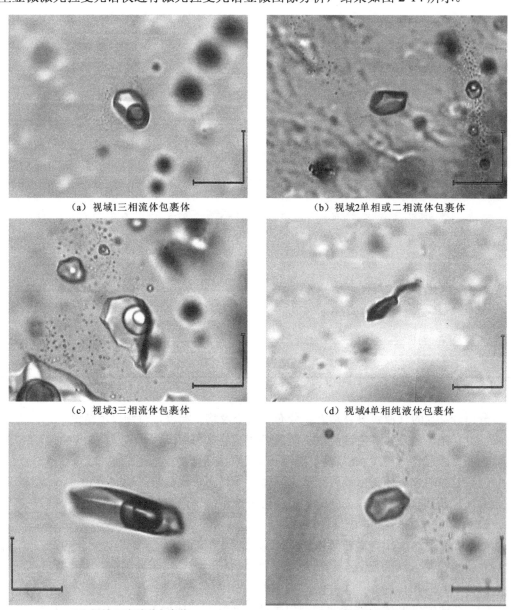

（a）视域1三相流体包裹体　　　　　　　　（b）视域2单相或二相流体包裹体

（c）视域3三相流体包裹体　　　　　　　　（d）视域4单相纯液体包裹体

（e）视域5三相流体包裹体　　　　　　　　（f）视域6单相气液混合包裹体

图 2-14　石英气液包裹体激光拉曼光谱显微图像

石英包裹体相态激光拉曼光谱显微图像分析表明,石英样品广泛存在单相包裹体(纯液体或纯气体)、二相气液包裹体及三相气液包裹体（纯水、纯气、气液）。图2-14（a）、（c）、（e）所示为三相流体包裹体，图2-14（b）、（d）、（f）所示分别为单相或二相流体包裹体。

3. 包裹体成分分析

采用Renishaw RM-1000型显微激光拉曼光谱仪对流体包裹体成分进行分析，激光波长为514.5 nm，激光器输出功率为20 mW，狭缝宽度为25 μm，测试温度为25 ℃，湿度为40%。图2-15为选取的代表性包裹体激光拉曼光谱分析。

图2-15（a）所示为单相包裹体，其拉曼光谱图主峰位移为1 386 cm^{-1}和1 281 cm^{-1}，是CO_2特征振动峰值；图2-15（b）所示的单相包裹体拉曼光谱图主峰位移为2 908 cm^{-1}、2 961 cm^{-1}和3 022 cm^{-1}，为单相烃类流体包裹体；图2-15（c）所示为固体包裹体，呈片状，拉曼光谱图主峰位移为 700 cm^{-1} 和 262 cm^{-1}，判断为固体白云母包裹体；

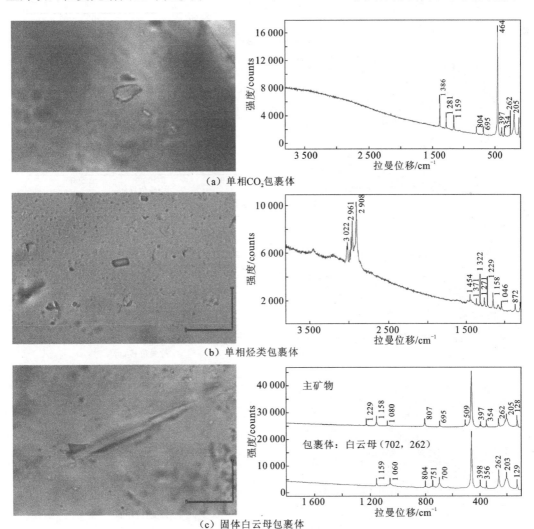

（a）单相CO_2包裹体

（b）单相烃类包裹体

（c）固体白云母包裹体

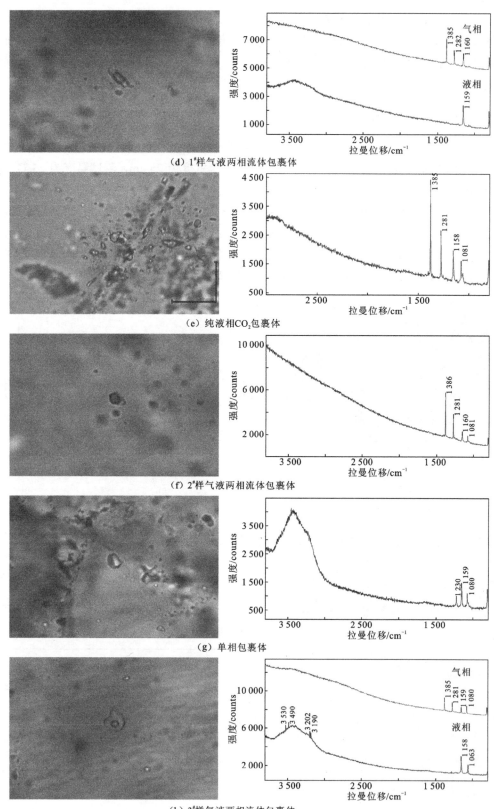

（d）1#样气液两相流体包裹体

（e）纯液相CO₂包裹体

（f）2#样气液两相流体包裹体

（g）单相包裹体

（h）3#样气液两相流体包裹体

图 2-15　石英激光拉曼光谱分析

图 2-15（d）左图所示为 1#样气液两相流体包裹体，包裹体中气相成分拉曼光谱图主峰位移为 1 385 cm^{-1} 和 1 282 cm^{-1}，判断为 CO_2；液相成分拉曼光谱图主峰位移为 3 430 cm^{-1}，判断为 H_2O；图 2-15（e）所示为纯液相包裹体，其拉曼光谱图主峰位移分别为 1 385 cm^{-1} 和 1 281 cm^{-1}，成分为 CO_2；图 2-15（f）中显微图片为 2#样气液两相流体包裹体，拉曼光谱图主峰位移分别为 1 386 cm^{-1}、1 281 cm^{-1}，成分为 CO_2；图 2-15（g）所示为单相包裹体，其拉曼光谱图主峰位移分别为 3 425 cm^{-1}，判断为 H_2O；图 2-15（h）所示为 3#样气液两相流体包裹体，包裹体中气相成分拉曼光谱图主峰位移为 1 385 cm^{-1} 和 1 281 cm^{-1}，判断为 CO_2；液相成分拉曼光谱图主峰位移为 3 430 cm^{-1}，判断为 H_2O。

综上，测试结果表明，石英中有单相、气液两相、多相及固相 4 类包裹体；包裹体成分复杂，单相流体包裹体成分多为 H_2O、CO_2 及 CH_4 等烃类，其中富含纯液相、气相 H_2O、CO_2 包裹体；气液两相包裹体为 H_2O 与 CO_2 混合物包裹体；还可见纯固相白云母包裹体等。

第3章 反浮选除杂技术

由典型石英样品工艺矿物学分析可知，石英主要伴生杂质矿物为赤铁矿、长石、云母等。其中，通过磁选可有效去除赤铁矿等磁性伴生杂质矿物，但无法去除长石、云母等伴生杂质矿物。长石和石英同属架状结构硅酸盐矿物[108]，零电点相似，常用的重选、磁选、电选等选矿方法对二者的分离都难以奏效，浮选是目前大规模生产中最有实用价值的分离方法。此外，浮选也是常用的有效除铁除铝选矿工艺，采用该工艺可以去除石英颗粒内部呈浸染或渗透状态及存在于含铁矿物中的杂质铁，还可以去除来自长石、云母的杂质铝及其他微量矿物。

3.1 预 处 理

首先对块状石英原矿进行破碎筛分处理，原矿经粗碎—细碎—粒度分级，+0.212 mm产物返回再破碎，最终获得+0.106～-0.212 mm 及-0.106 mm 两种粒级产物。目前，国内外高纯石英主流产品粒度范围为 0.106～0.212 mm（70～140 目），其应用范围最为广泛，且工业价值最高[109]。

由于石英原矿中存在赤铁矿等磁性伴生杂质矿物，对+0.106～-0.212 mm 石英砂进行磁选作业，以去除磁性伴生杂质矿物。具体工艺流程如图 3-1 所示。

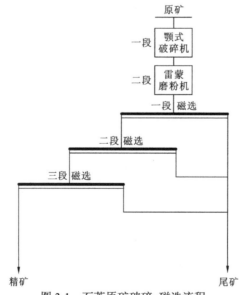

图 3-1 石英原矿破碎-磁选流程

原矿经破碎分级后，经高梯度磁选机进行强磁选作业，在给料粒度为+0.106～-0.212 mm、磁场强度变化范围为 0～1.7 T、脉动频率为 300 r/min、矿浆流速约为 0.5 cm/s、矿浆体积分数为 30%的条件下进行试验。

1. 磁场强度试验

对破碎分级后的石英砂进行磁场强度试验。以细钢棒为磁介质，进行一次磁选试验，磁场强度试验结果见图 3-2。

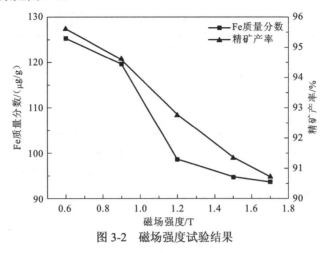

图 3-2　磁场强度试验结果

磁选主要是去除磁性矿物，因此选取精矿中 Fe 含量作为磁选效果评价指标。由试验结果可知，随磁场强度升高，精矿产率呈降低趋势，且石英砂中铁杂质矿物含量降低、SiO_2 品位升高。磁场强度为 1.7 T 的一次磁选试验所得精矿分析结果见表 3-1，Fe 和 Ti 质量分数在磁选后明显降低，分别降至 93.7 μg/g 和 3.3 μg/g，且 Al、Mg 和 K 含量也有一定程度降低。通过肉眼观察可以发现，磁选精矿基本为白色或黄褐色石英砂颗粒和少量云母，而尾矿主要是金云母和红褐色颗粒，可能是含 Fe 和 Ti 的矿物。精矿中 SiO_2 纯度不低于 99.95%，可见磁选对伴生杂质矿物去除效果明显。

表 3-1　一次磁选试验精矿分析试验结果　　　　　　　　　　（单位：μg/g）

磁介质种类	杂质元素质量分数									
	Na	K	Fe	Ca	Mg	Li	Al	Ti	其他	总合
粗钢棒	57.1	66.2	90.1	40.2	2.1	1.5	146.5	3.6	19.8	427.1
细钢棒	48.2	60.5	93.7	41.2	2.3	1.4	142.2	3.3	19.0	411.8
钢网	43.3	59.3	88.3	39.3	2.0	1.5	136.5	3.7	19.2	393.1

2. 磁介质试验

磁介质主要有粗钢棒、细钢棒和钢网，其规格为：粗钢棒截面直径 3 mm，间距 2 mm；细钢棒截面直径 2 mm，间距 2 mm；钢网截面直径 0.5 mm，间距 0.5 mm。由试验结果可知，磁选效果最好的磁介质是钢网，其次为细钢棒，最后是粗钢棒。精矿产率从大到小依次为粗钢棒>细钢棒>钢网。这是因为粗钢棒孔径大，石英颗粒可以轻松通过，而钢网孔隙小，非磁性颗粒夹杂于分选腔内，使钢网易堵塞。因此，综合考虑，可以选取细钢棒作为磁选介质。

3. 磁选次数试验

对 1.7 T 磁场强度、细钢棒介质下的磁选精矿再进行 2 次磁场强度为 1.7 T 的磁选试验，结果见表 3-2。

表 3-2　磁选次数试验精矿中杂质元素分析结果　　　　（单位：μg/g）

磁选次数	杂质元素质量分数									
	Na	K	Fe	Ca	Mg	Li	Al	Ti	其他	总和
1 次	48.2	60.5	93.7	41.2	2.3	1.4	142.2	3.3	19.0	411.8
3 次	47.2	52.3	88.5	38.7	2.0	1.4	140.8	3.2	18.7	392.8

由结果可知，第 3 次磁选主要对 Na、K、Fe、Ca 和 Al 有一定效果，但作用有限，可能是由于第 1 次磁选已将大部分磁性颗粒去除，又由于杂质连生在石英上，磁选不足以将其去除，还需要其他工序处理。综合考虑去除率及产率，该石英砂选择一次磁选作业即可。

3.2　反浮选除杂过程

通常根据"抑多浮少"的原则，石英砂浮选试验工艺流程如图 3-3 所示。采用反浮选法将赤铁矿、云母和长石等有害杂质矿物从泡沫中去除。具体操作方法：将 100 g 石英砂倒入单槽浮选机后加去离子水配置成体积分数为 20%的矿浆，依次加入 pH 调节剂、

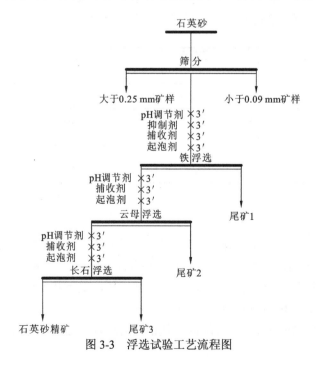

图 3-3　浮选试验工艺流程图

抑制剂、捕收剂和起泡剂，按浮选赤铁矿、长石、云母的顺序对石英砂进行反浮选，然后用去离子水清洗并使用循环水式多用真空泵过滤，最后放入远红外鼓风干燥箱中烘干待分析。其中：粒度>0.25 mm 的矿样占 7.1%，筛分后再用研磨机磨至选矿需要的粒度使用；粒度<0.09 mm 的矿样占 3.2%，筛分后不使用。

石英零电点为 1.7～2.4[108]，云母零电点为 0.8～1.0，长石零电点为 1.7～2.3，赤铁矿零电点为 6.0～6.7。该浮选试验中捕收剂选择[110]：浮选赤铁矿时使用的捕收剂为阴离子捕收剂油酸钠、氧化石蜡皂、石油磺酸钠、辛基羟肟酸；浮选长石时使用的捕收剂为阳离子捕收剂十二胺、氮烷基丙撑二胺和阴离子捕收剂石油磺酸钠；浮选云母时使用的捕收剂为阳离子捕收剂十二胺、醚胺。在使用过程中，捕收剂需要配制成相应溶液。油酸钠和石油磺酸钠可溶于热水中，称取一定质量的油酸钠和石油磺酸钠于烧杯中，再加入一定量热的去离子水搅拌均匀，然后倒入 250 mL 容量瓶中稀释成 2%（体积分数，下同）溶液备用。氧化石蜡皂和辛基羟肟酸不溶于水，需要配制成钠盐，用去离子水将一定质量 NaOH 稀释至 5%～10%溶液，再边搅拌边加入一定量氧化石蜡皂或辛基羟肟酸，待溶于 NaOH 溶液后，倒入 250 mL 容量瓶中稀释成 2%溶液供试验所用。醚胺、十二胺和氮烷基丙撑二胺一般用乙酸中和配制成乳状液体，称取一定量的胺加入装有去离子水的烧杯中，再加入一定量的乙酸中和，最后倒入 250 mL 容量瓶中稀释成 3%溶液备用。

浮选理论研究和实践证明，调节和控制矿浆 pH 非常重要。对于特定矿物，矿浆 pH 对其可浮性存在复杂影响，不仅可以影响矿物表面的吸附或解离性质，进而影响其表面电性；还可以影响矿物表面吸附物的结构和组分，进而影响表面亲水、疏水总效应。因此，只有在较合适的矿浆 pH 条件下，浮选才能获得比较满意的效果。

本节中所用 pH 调节剂为 H_2SO_4、NaOH，抑制剂为硅酸钠（水玻璃），起泡剂为松醇油（2#油）。起泡剂用量为 75 g/t，直接滴加使用。调节剂都可直接溶于水，因此只需加去离子水配制成 5%溶液即可供试验所用。

3.2.1 含铁矿物反浮选

1. 捕收剂种类的影响

分别以油酸钠、氧化石蜡皂、石油磺酸钠、辛基羟肟酸为捕收剂，在矿浆体积分数为 20%、捕收剂用量为 300 g/t、抑制剂用量为 1 500 g/t、起泡剂用量为 75 g/t 的条件下，考察矿浆 pH 对浮选结果的影响规律。试验结果见表 3-3、表 3-4 和图 3-4、图 3-5。

表 3-3　不同浮选条件下精矿和尾矿产率　　　　　　（单位：%）

捕收剂种类	矿样类型	产率						
		pH=4	pH=5	pH=6	pH=7	pH=8	pH=9	pH=10
油酸钠	精矿	97.34	95.87	93.54	91.26	90.62	88.05	91.86
	尾矿	2.66	4.13	6.46	8.74	9.38	11.94	8.14

捕收剂种类	矿样类型	产率						
		pH=4	pH=5	pH=6	pH=7	pH=8	pH=9	pH=10
氧化石蜡皂	精矿	97.21	97.44	97.70	97.50	97.09	96.59	97.84
	尾矿	2.79	2.56	2.30	2.50	2.91	3.401	2.16
石油磺酸钠	精矿	97.10	97.22	97.86	98.61	97.96	97.42	98.18
	尾矿	2.90	2.78	2.14	1.39	2.04	2.58	1.82
辛基羟肟酸	精矿	96.08	96.31	97.61	98.15	98.16	97.99	97.82
	尾矿	3.92	3.69	2.39	1.85	1.84	2.01	2.18

表 3-4　不同浮选条件下石英砂中 Fe 含量测试结果　　　（单位：μg/g）

捕收剂种类	Fe 质量分数						
	pH=4	pH=5	pH=6	pH=7	pH=8	pH=9	pH=10
油酸钠	47.89	45.57	28.92	40.58	40.20	38.89	41.52
氧化石蜡皂	86.93	78.20	80.36	85.98	86.03	82.20	84.47
石油磺酸钠	35.45	27.14	38.85	55.69	56.62	58.55	60.35
辛基羟肟酸	33.96	25.58	37.66	48.87	50.86	52.46	56.65

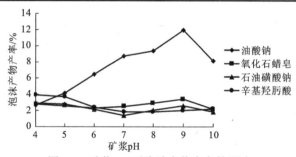

图 3-4　矿浆 pH 对泡沫产物产率的影响

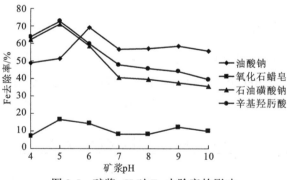

图 3-5　矿浆 pH 对 Fe 去除率的影响

从表 3-3 和图 3-4 可知，捕收剂油酸钠在矿浆 pH 为 4～10 时都有一定的浮选效果，石油磺酸钠和辛基羟肟酸在矿浆 pH 为 4～6 时效果较好，氧化石蜡皂在矿浆 pH 为 4～10 时浮选效果都较差。油酸钠在矿浆 pH 为 6 时浮选效果最好，石油磺酸钠和辛基羟肟酸在矿浆 pH 为 5 时浮选效果最好,浮选后元素 Fe 质量分数分别为 28.92 μg/g、27.14 μg/g 和 25.58 μg/g,与磁选后石英砂相比,Fe 去除率分别为 69.13%、71.03%和 72.70%。但由表 3-3 和图 3-4 发现,油酸钠作为捕收剂反浮选石英砂后精矿产率比石油磺酸钠和辛基羟肟酸作为捕收剂反浮选石英砂后精矿产率小得多,泡沫产物产率也呈曲线上升,在矿浆 pH 为 10 时略有回落,但相对仍高于石油磺酸钠和辛基羟肟酸作为捕收剂反浮选石英砂后的泡沫产物产率,不利于回收率的提高。

综合表 3-3、表 3-4 和图 3-4、图 3-5 可知,当矿浆 pH 为 4~6 时,石油磺酸钠和辛基羟肟酸均表现出相对较好的捕收性能。

2. 捕收剂用量的影响

捕收剂用量对浮选除铁至关重要。研究表明,当矿浆 pH 为 5 时,石油磺酸钠和辛基羟肟酸都有较好的捕收性能。在矿浆体积分数为 20%、矿浆 pH 为 5、抑制剂用量为 1 500 g/t、起泡剂用量为 75 g/t 的条件下,考察石油磺酸钠、辛基羟肟酸用量对 Fe 去除率的影响。表 3-5 为不同用量条件下石油磺酸钠、辛基羟肟酸浮选后石英砂精矿中元素 Fe 含量 ICP 测试结果。石油磺酸钠、辛基羟肟酸用量对铁去除率的影响见图 3-6。

表 3-5　不同用量条件下石油磺酸钠、辛基羟肟酸浮选后石英砂精矿中元素 Fe 含量的 ICP 测试结果

捕收剂用量/（g/t）	浮选后精矿中 Fe 质量分数/(μg/g)	
	石油磺酸钠	辛基羟肟酸
100	48.52	39.69
200	33.96	30.12
300	27.14	25.58
400	27.02	25.20
500	27.11	25.18

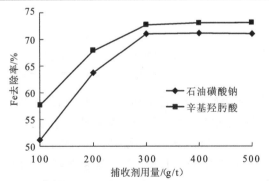

图 3-6　石油磺酸钠、辛基羟肟酸用量对 Fe 去除率的影响

从表 3-5 和图 3-6 可以看出,石油磺酸钠用量在 100~300 g/t 时,Fe 去除率随用量增加而升高,当其用量大于 300 g/t 时,Fe 去除率不再提高。因此,石油磺酸钠用量以 300 g/t 为宜,浮选后精矿中 Fe 质量分数为 27.14 μg/g,与磁选后石英砂相比,Fe 去除率为 71.03%。而辛基羟肟酸作为捕收剂时,Fe 去除率随其用量增加而升高,但其用量大

于 300 g/t 时，Fe 去除率上升比较缓慢。考虑药剂成本问题，辛基羟肟酸用量以 300 g/t 为宜，浮选后精矿中 Fe 质量分数为 25.58 μg/g，与磁选后石英砂相比，Fe 去除率为 72.70%。

3. 组合捕收剂的影响

根据生产实践和混合药剂研究可知[110]，混合用药（也称组合用药）比单一用药效果要好，能够使不同药剂发挥协同作用，提高药效。鉴于石油磺酸钠和辛基羟肟酸均具有较好的选择性，辛基羟肟酸具有较强捕收性能，且石油磺酸钠价格比辛基羟肟酸便宜，进行石油磺酸钠和辛基羟肟酸混合用药配比试验，以提高药剂作用效果。

在矿浆体积分数为 20%、矿浆 pH 为 5、抑制剂用量为 1 500 g/t、起泡剂用量为 75 g/t 条件下，将石油磺酸钠和辛基羟肟酸按不同质量比（$m_{石油磺酸钠}$: $m_{辛基羟肟酸}$ = 9:1、8:2、7:3、6:4、5:5）配药，并按 300 g/t 混合捕收剂用量进行反浮选试验。表 3-6 是不同混合捕收剂配比对石英砂精矿中 Fe 含量的影响结果。混合捕收剂配比对 Fe 去除率的影响见图 3-7。

表 3-6　不同混合捕收剂配比对石英砂浮选精矿 Fe 含量的影响

项目	$m_{石油磺酸钠}$: $m_{辛基羟肟酸}$				
	9:1	8:2	7:3	6:4	5:5
Fe 质量分数/（μg/g）	30.12	24.08	25.65	24.57	25.58

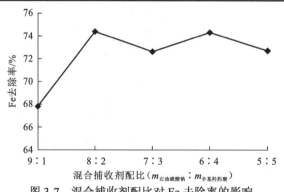

图 3-7　混合捕收剂配比对 Fe 去除率的影响

从表 3-6 可以看出，石英砂中 Fe 含量随混合捕收剂配比的变化而改变，而从图 3-7 可以看出，Fe 去除率呈跳跃函数关系，其中，混合捕收剂配比为 8:2 时除铁效果较好，浮选后精矿中 Fe 质量分数为 24.08 μg/g，去除率为 74.39%。此外还可以看出，混合捕收剂配比从 9:1 到 8:2 时，Fe 去除率呈上升态势，从 8:2 到 7:3 时有下降趋势，但在配比从 7:3 到 6:4 时又小幅上升，最后在 6:4 到 5:5 时呈现下降趋势。因此，较理想的石油磺酸钠与辛基羟肟酸质量配比为 8:2。

在矿浆体积分数为 20%、矿浆 pH 为 5、抑制剂用量为 1 500 g/t、起泡剂用量为 75 g/t 的条件下，石油磺酸钠和辛基羟肟酸按 4:1 配比，取 100 g/t、150 g/t、200 g/t、250 g/t、300 g/t 进行反浮选试验。表 3-7 是不同混合捕收剂用量对石英砂浮选精矿中 Fe 含量的影响结果。混合捕收剂用量对 Fe 去除率的影响见图 3-8。

表 3-7　不同混合捕收剂用量对石英砂浮选精矿中 Fe 含量的影响结果

项目	混合捕收剂用量/(g/t)				
	100	150	200	250	300
Fe 质量分数/(μg/g)	33.78	25.12	24.05	24.01	23.99

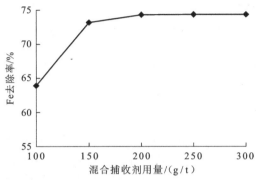

图 3-8　混合捕收剂用量对 Fe 去除率的影响

从表 3-7 和图 3-8 可以看出，混合捕收剂用量在 100～300 g/t 变化时，Fe 去除率随混合捕收剂用量增加而升高，用量达到 200 g/t 后，Fe 去除率升高的幅度很微小。因此，混合捕收剂用量以 200 g/t 为宜，此时，浮选后精矿中 Fe 质量分数为 24.05 μg/g，与磁选后石英砂相比，Fe 去除率为 74.33%。

3.2.2　云母反浮选

1. 矿浆 pH 及捕收剂种类的影响

分别以十二胺、醚胺为捕收剂，在矿浆体积分数为 20%、捕收剂用量为 150 g/t、抑制剂用量为 1 500 g/t、起泡剂用量为 75 g/t 的条件下，考察矿浆 pH 对浮选结果的影响。表 3-8 是不同浮选条件下石英砂中 Al 含量测试结果。矿浆 pH 对 Al 去除率的影响见图 3-9。

表 3-8　不同浮选条件下石英砂中 Al 含量测试结果　　（单位：μg/g）

捕收剂种类	Al 质量分数				
	pH=3	pH=3.5	pH=4	pH=4.5	pH=5
十二胺	99.54	92.89	88.88	89.90	90.12
醚胺	119.45	115.23	113.62	110.98	123.20

从表 3-8 和图 3-9 可以看出，捕收剂十二胺、醚胺在矿浆 pH 为 3～5 时都有一定浮选效果，但十二胺捕收性能优于醚胺。当捕收剂为醚胺、矿浆 pH 为 4.5 时，Al 去除率较好，浮选后精矿中 Al 质量分数为 110.98 μg/g。而当捕收剂为十二胺、矿浆 pH 为 3～4 时，Al 去除率随矿浆 pH 升高而提高，pH>4 时，Al 去除率略有下降，矿浆 pH 为 4 时 Al 去除率较好，浮选后精矿中 Al 质量分数为 88.88 μg/g。因此，捕收剂选择十二胺。

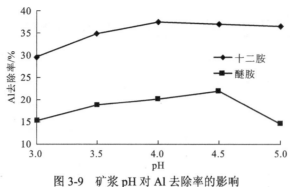

图 3-9 矿浆 pH 对 Al 去除率的影响

2. 捕收剂用量的影响

在矿浆体积分数为 20%、矿浆 pH 为 4、抑制剂用量为 1 500 g/t、起泡剂用量为 75 g/t 的条件下，考察捕收剂十二胺用量对 Al 去除率的影响。表 3-9 是不同十二胺用量浮选后石英砂精矿中 Al 含量测试结果。十二胺用量对 Al 去除率的影响见图 3-10。

表 3-9 十二胺用量对石英砂浮选精矿中 Al 含量的测试结果

项目	十二胺用量/（g/t）				
	50	100	150	200	250
Al 质量分数/（μg/g）	125.14	95.99	88.87	88.85	88.83

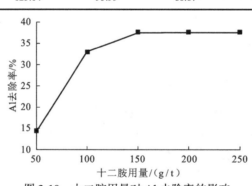

图 3-10 十二胺用量对 Al 去除率的影响

从表 3-9 和图 3-10 可以看出，十二胺用量在 50～250 g/t 变化时，Al 去除率随十二胺用量增加而升高，当用量达到 150 g/t 后，Al 去除率升高的幅度很微小。因此，十二胺用量以 150 g/t 为宜，浮选后精矿中 Al 质量分数为 88.87 μg/g，与磁选后石英砂相比，元素 Al 去除率为 37.50%。

3.2.3 长石反浮选

根据文献[110]可知，石英和长石浮选分离中阴、阳离子混合捕收剂比单一捕收剂具有更好的表面活性，两种药剂配比对浮选具有显著影响。当阴离子捕收剂与阳离子捕收剂混合配比小于 1 时，浮选回收率提高；反之，二者配比大于 1 时，长石浮选受到抑制。

试验采用的阳离子捕收剂有单胺和二胺，单胺是十二胺，二胺是氮烷基丙撑二胺；阴离子捕收剂为脂肪酸、脂肪酸磺酸盐和羧酸衍生物等，考虑药剂成本，试验中阴离子捕收剂选择石油磺酸钠。

1. 捕收剂配比的影响

在矿浆体积分数为20%、矿浆pH为2.5、抑制剂用量为1 500 g/t、起泡剂用量为75 g/t的条件下，将阴离子捕收剂石油磺酸钠与阳离子捕收剂十二胺/氮烷基丙撑二胺按不同质量比（$m_{石油磺酸钠}:m_{十二胺/氮烷基丙撑二胺}$=2:1、1:1、1:2、1:3、1:4）配药，并按200 g/t用量进行反浮选试验，考察阴、阳离子捕收剂配比对Al去除率的影响。表3-10是不同阴、阳离子捕收剂配比对石英砂浮选精矿中Al含量的影响结果、阴、阳离子捕收剂配比对Al去除率的影响见图3-11。

表3-10　阴、阳离子捕收剂配比对石英砂浮选精矿中Al含量的影响结果

捕收剂种类	质量比	Al质量分数/（μg/g）
石油磺酸钠：十二胺	2:1	135.09
	1:1	125.58
	1:2	119.45
	1:3	99.86
	1:4	98.16
石油磺酸钠：氮烷基丙撑二胺	2:1	137.92
	1:1	126.59
	1:2	105.23
	1:3	92.84
	1:4	93.18

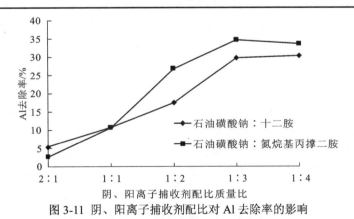

图3-11　阴、阳离子捕收剂配比对Al去除率的影响

从表3-10和图3-11可以看出，Al含量随阴、阳离子捕收剂配比的变化而改变，与云母浮选后结果相比，Al含量均有降低。阴、阳离子捕收剂配比为2:1时，Al去除率很小，随阳离子捕收剂比例增加，Al去除率也随之提高，但石油磺酸钠与氮烷基丙撑二胺配比为1:4时的Al去除率比二者配比为1:3时略有降低。阳离子捕收剂为氮烷基丙

撑二胺时，表现出更好的捕收效果，当阴、阳离子捕收剂配比为1:3时，浮选后精矿中Al质量分数为92.84 μg/g，与磁选后石英砂相比，Al去除率为34.71%。因此，选择阴、阳离子捕收剂为石油磺酸钠与氮烷基丙撑二胺，最优配比为1:3。

2. 矿浆 pH 的影响

在矿浆体积分数为20%、抑制剂用量为1 500 g/t、起泡剂用量为75 g/t的条件下，阴离子捕收剂石油磺酸钠与阳离子捕收剂氮烷基丙撑二胺按质量比1:3配药，并按200 g/t用量进行反浮选试验，考察矿浆pH对Al去除率的影响。表3-11是不同矿浆pH对石英砂浮选精矿中Al含量的影响结果。矿浆pH对Al去除率的影响见图3-12。

表3-11　不同矿浆 pH 对石英砂浮选精矿中 Al 含量的影响结果

项目	pH=1.5	pH=2.0	pH=2.5	pH=3.0
Al 质量分数/（μg/g）	85.32	91.73	92.84	101.52

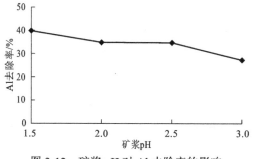

图 3-12　矿浆 pH 对 Al 去除率的影响

从表3-11和图3-12可以看出，在矿浆pH为1.5~3.0时，浮选后精矿中Al含量随矿浆pH降低而下降。但试验过程中，矿浆pH为1.5时，泡沫产物中有大量石英砂，而对比矿浆pH为2.0和2.5可以发现，矿浆pH为2.0时Al去除率并没有大幅提高。因此，从石英产率、药剂成本和环境污染方面考虑，矿浆pH以2.5为宜，浮选后精矿中Al质量分数为92.84 μg/g，与磁选后石英砂相比，Al去除率为34.71%。

3. 捕收剂用量的影响

在矿浆体积分数为20%、矿浆pH为2.5、抑制剂用量为1 500 g/t、起泡剂用量为75 g/t的条件下，阴离子捕收剂石油磺酸钠与阳离子捕收剂氮烷基丙撑二胺按质量比1:3配药，取5个不同用量（50 g/t、100 g/t、150 g/t、200 g/t、250 g/t）进行反浮选试验，考察阴、阳离子捕收剂用量对Al去除率的影响。表3-12是阴、阳离子不同捕收剂用量浮选后石英砂中Al含量测试结果。阴、阳离子捕收剂用量对Al去除率的影响见图3-13。

表3-12　阴、阳离子捕收剂对石英砂浮选精矿中 Al 含量的测试结果

项目	捕收剂用量/（g/t）				
	50	100	150	200	250
Al 质量分数/（μg/g）	132.27	123.71	105.23	92.84	92.16

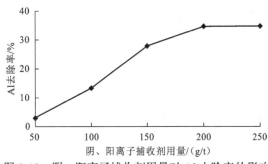

图 3-13   阴、阳离子捕收剂用量对 Al 去除率的影响

由表 3-12 和图 3-13 可以看出，阴、阳离子捕收剂用量在 50～250 g/t 变化时，Al 去除率随捕收剂用量增加而提高，捕收剂用量为 200 g/t 以上时，Al 去除率升高的幅度较小。因此，阴、阳离子捕收剂用量以 200 g/t 为宜，浮选后精矿中 Al 质量分数为 92.84 μg/g，与磁选后石英砂相比，Al 去除率为 34.71%。

3.2.4   抑制剂的影响

根据前人研究[108]，在酸性介质中，多价金属阳离子配合水玻璃及阴离子捕收剂可以分离石英与长石。在该体系中，水玻璃抑制石英，金属离子与 H^+ 共同活化长石表面 Al^{3+}。因此，选择水玻璃作为抑制剂。前文已经讨论了浮选试验中捕收剂种类、用量、矿浆 pH 等因素对结果的影响，得出了较优的含铁矿物、云母和长石的浮选条件：首先，在矿浆体积分数为 20%、矿浆 pH 为 5、水玻璃用量为 1 500 g/t、松醇油用量为 75 g/t 的条件下，石油磺酸钠和辛基羟肟酸按 4:1 配比取 200 g/t，对含铁矿物进行反浮选；然后，用硫酸将矿浆 pH 调至 4，加入 150 g/t 十二胺和 75 g/t 松醇油，对云母进行反浮选；最后，用硫酸将矿浆 pH 调至 2.5，加入 200 g/t 配比为 1:3 的阴、阳离子石油磺酸钠和氮烷基丙撑二胺、75 g/t 松醇油，对长石进行反浮选。

进一步，研究水玻璃用量对浮选试验结果的影响，表 3-13 所示为不同用量水玻璃浮选后精矿和尾矿的产率。可以看出，当水玻璃用量为 0 g/t 时（即试验中不使用抑制剂），会浮出大量石英砂，当水玻璃用量>1 500 g/t 时，尾矿产率稳定。因此，水玻璃用量取 1 500 g/t 为宜。

表 3-13   不同用量水玻璃浮选后精矿和尾矿产率

项目	水玻璃用量/（g/t）				
	0	500	1 000	1 500	2 000
精矿产率/%	80.19	86.63	92.70	95.55	95.39
尾矿产率/%	19.81	13.37	7.30	4.45	4.61

对各试验阶段的石英砂精矿进行多元素分析，结果见表 3-14。

表 3-14　金属多元素分析结果 　　　　　　　　　　（单位：μg/g）

精矿类型	作业产物元素质量分数							
	Al	Fe	K	Na	Ca	Mg	其他	总和
强磁选精矿	142.20	93.70	60.50	48.20	41.20	2.30	23.70	411.80
反浮选精矿	92.84	24.08	30.87	46.83	38.38	2.21	21.86	257.07

3.2.5　推荐的反浮选流程

由试验结果得到反浮选较优的工艺流程：磁选后石英砂先用混合捕收剂反浮选去除 Fe，再用胺类离子反浮选去除 Fe、Al，最后由阴、阳离子捕收剂去除 Al，得到石英精砂。推荐的反浮选流程如图 3-14 所示，其中：粒度大于 0.25 mm 的矿样占 7.1%，筛分后再用研磨磨矿至选矿时需要的粒度使用；粒度小于 0.09 mm 的矿样占 3.2%，筛分后不使用。

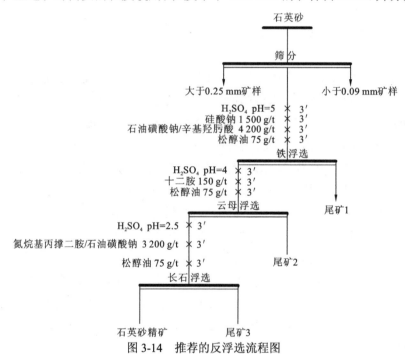

图 3-14　推荐的反浮选流程图

第4章　金属杂质浸出热力学

脉石英原矿物相分析表明，矿物结构主要由石英组成，脉石矿物含量虽低但结构复杂，并以细粒、微细粒矿物包裹体广泛赋存于石英晶体中，也有部分金属原子 Al、Fe、Ti 和 Mn 等以类质同象方式存在于石英晶体结构中，形成晶格型杂质。石英的主要杂质矿物为钾长石（$KAlSi_3O_8$）、钠长石（$NaAlSi_3O_8$）、白云母（$KAl_2(AlSi_3O_{10})(OH)_2$）、透辉石（$CaMg(SiO_3)_2$）、锂辉石（$LiAlSi_2O_6$）、赤铁矿（$Fe_2O_3$）、黄铁矿（$FeS_2$）、铁浸染二氧化硅颗粒及少量黏土矿物；主要金属元素为 K、Na、Li、Ti、Ca、Mg、Al 和 Fe 等。而石英纯化技术关键在于最大限度浸出石英晶体中的金属杂质元素，这些金属杂质元素赋存于不同包裹体中。对石英晶体中含金属元素的杂质矿物浸出反应热力学进行研究，可以为石英浸出纯化技术提供理论支持。

本章主要研究浸出反应进行的可能性、反应限度及浸出热力学条件，从热力学角度探索可能的浸出方案。首先研究浸出反应的标准吉布斯自由能变化、反应平衡常数 K，根据热力学原理及热力学数据绘制 E_h-pH 图和平衡溶液组分图，并通过这些热力学参数和优势区图研究浸出过程的化学反应趋势[111,112]。

4.1　浸出过程的热力学研究方法

混合酸浸出过程的热力学分析，主要通过对热力学参数反应吉布斯自由能、平衡常数 K 等的计算，绘制 E_h-pH 图、组分图等优势区图，研究常温常压、加热常压和高温高压混合酸浸出体系中矿物包裹体浸出反应的可能性、进行的限度、反应热力学条件和浸出体系溶液平衡等，为寻求混合酸浸出最佳工艺条件提供理论依据，并通过混合酸浸出过程热力学计算分析，探寻优化浸出方案。

4.1.1　热力学计算方法

假设浸出反应大多是恒温恒压过程，则采用范托夫等温方程判断发生的反应方向和反应能否自发进行[113]：

$$\Delta G_T = \Delta G_T^{\ominus} + RT \ln J = -RT \ln K + RT \ln J \qquad (4-1)$$

式中：ΔG_T 为任一温度下反应吉布斯自由能；$\Delta G_T^{\ominus}$ 为化合物标准生成吉布斯自由能；R 为气体常数；T 为温度；J 为反应熵；K 为平衡常数。由式（4-1）可知，ΔG_T 负值越大，反应向正方向进行的可能性越大。ΔG_T 为任一温度下反应吉布斯自由能，若求 ΔG_T，必须先计算求得 $\Delta G_T^{\ominus}$。

$\Delta G_T^{\ominus}$ 可以是化合物标准生成自由能变化 $\Delta_f G_T^{\ominus}$，化合物生成吉布斯自由能负值越大，化合物越稳定，也表示标准状态下反应进行的可能性越大；同时，可用 $\Delta G_T^{\ominus}$ 求得反应平衡常数，判断反应进行的程度。

一般来说，$\Delta G_{298}^{\ominus}$ 表示物质标准自由能变化，高于 298 K 的任何温度下，任何反应 $\Delta G_T^{\ominus}$ 计算公式[112]为

$$\Delta G_T^{\ominus} - \Delta G_{298}^{\ominus} = (\Delta H_T^{\ominus} - \Delta H_{298}^{\ominus}) - (T\Delta S_T^{\ominus} - 298\Delta S_{298}^{\ominus}) \tag{4-2}$$

式中：$\Delta H_T^{\ominus}$ 为任一温度下的标准焓变；T 为温度；$\Delta S_T^{\ominus}$ 为任一温度下的标准熵变。

$$\Delta H_T^{\ominus} = \Delta H_{298}^{\ominus} + \int_{298}^{T} \Delta C_p \mathrm{d}T \tag{4-3}$$

$$\Delta S_T^{\ominus} = \Delta S_{298}^{\ominus} + \int_{298}^{T} \frac{\Delta C_p}{T} \mathrm{d}T \tag{4-4}$$

式中：C_p 为比热容。

将式（4-3）和式（4-4）代入式（4-2），整理可得

$$\Delta G_T^{\ominus} = \Delta G_{298}^{\ominus} - (T - 298)\Delta S_{298}^{\ominus} + \int_{298}^{T} \Delta C_p \mathrm{d}T - T\int_{298}^{T} \frac{\Delta C_p}{T} \mathrm{d}T \tag{4-5}$$

式（4-5）中

$$\Delta H_{298}^{\ominus} = \sum v_i \Delta_f H_{298,i}^{\ominus} \tag{4-6}$$

$$\Delta S_{298}^{\ominus} = \sum v_i S_{298,i}^{\ominus} \tag{4-7}$$

$$\Delta C_p = \sum v_i C_{p,i} \tag{4-8}$$

式（4-6）～式（4-8）中，$\Delta_f H_{298,i}^{\ominus}$、$S_{298,i}^{\ominus}$、$C_{p,i} = \varphi(T)$ 可从热力学相关资料[113-117] 中查到，如果反应组分 $C_{p,i} = \varphi(T)$ 已知，则比较容易解决计算问题，但部分离子形态的反应、高温反应 C_p 还很缺乏。在此情况下，C_p 值可取 298 K 与 T 两个温度点的值，取其二者平均值作为替代。

1. 吉布斯自由能二项式 $\Delta G_T = A + BT$ 计算

通过计算得到的 ΔG_T 与 T 的关系式是一个复杂的多项式，如果作 ΔG_T-T 图，得到的是一条近似直线的曲线。在实际应用中，为方便计算，常常采用 ΔG_T 与 T 的二项式 $\Delta G_T = A + BT$ 取代复杂的多项式。采用回归分析法计算二项式：

$$斜率\ B = \frac{\sum x \sum y - n \sum xy}{(\sum x)^2 - n \sum x^2} \tag{4-9}$$

$$截距\ A = \frac{\sum xy \sum x - \sum y \sum x^2}{(\sum x)^2 - n \sum x^2} \tag{4-10}$$

式中：$y = \Delta G_T$；$x = T$，计算时代入各温度值及其对应的吉布斯自由能值即可。

2. 各温度点热力学参数计算

在化学反应过程的热力学计算中，并非所有温度都是 100 的倍数，对于不是 100 整数倍的温度下热力学参数的计算，可根据热力学数据表，用内插值法求得该温度下热力学数据，那么 A 物质在 T 温度时的吉布斯自由能值可由下式计算[115]：

$$\Delta G_{A,T} = \Delta G_{A,T_2} - \frac{\Delta G_{A,T_1} - \Delta G_{A,T_2}}{T_1 - T_2}(T_2 - t) \tag{4-11}$$

式中：T_1、T_2 分别为 T 温度所在 100 整数倍温度区间内上、下限温度值；$\Delta G_{A,T_1}$、$\Delta G_{A,T_2}$ 分别为 T_1、T_2 温度的吉布斯自由能值，可查表得到；其他热力学数据可同用上述方法求得。

3. 发生相变时标准吉布斯自由能函数计算

当参加反应各物质中有一个甚至多个发生相变时，其标准吉布斯自由能函数的计算应按照相变温度点，从低温至高温划分温度段，在相应的温度段内，按上述内插值法一一计算。

4. 反应平衡常数计算

化学反应平衡常数计算公式为

$$\Delta G_T = -RT \ln K \tag{4-12}$$

文献中也常用平衡状态时各生成物平衡浓度与反应物平衡浓度的比值表示。

4.1.2　E_h-pH 图

化学浸出过程与其他化学过程一样，也是用热力学来计算各组分间的平衡条件。E_h-pH 图所示为将水溶液中的基本化学反应作为 E_h、pH 和活度的函数，在指定温度和压力下，将 E_h 和 pH 的关系在二维平面上（或三维、多维空间中）通过计算机作图表示出来，E_h-pH 图能够指明反应自动进行的条件，并且指明物质在溶液中稳定存在的区域和范围，为金属元素浸出过程提供热力学依据。常用的 E_h-pH 图可以分为金属-水系图、金属-络合物-水系图、硫化物-水系图等[118-122]。

E_h 和 pH 是反映金属-水体系和矿物-水体系热力学性质的两个重要的热力学参数，化学浸出中常用的优势区图采用电位 E_h 和 pH，表示出在指定温度压力条件下的 E_h 和 pH 范围内浸出体系的稳定物态或者平衡物态。常用的优势区图可作为改造后的 E_h-pH 图[112]。

优势区图用到的基本热力学平衡式如下，电位 E_h 可由其求得。

$$\Delta G_T^\ominus = -nFE^\ominus \tag{4-13}$$

式中：n 为每摩尔反应转移的电子数；F 为法拉第常数，其值为 96 500 C/mol［一般认为此值是（96 485.3383±0.0083）C/mol，因非特别精确计算，为简化计算过程本书取 96 500 C/mol］；E 为电势或电压。

化学反应通式为

$$b\mathrm{B} + h\mathrm{H}^+ + ne^- \Longrightarrow r\mathrm{R} + w\mathrm{H_2O} \tag{4-14}$$

式中：b、h、r、w 分别为各组分的化学计量系数；n 为参加化学反应的电子数；B 为氧化态物质；R 为还原态物质。

在温度、压力不变时，式（4-13）的吉布斯自由能变化可由下式求得

$$\Delta G_{T,P} = \Delta G_{T,P}^\ominus + RT \ln Q_\alpha = \Delta G_{T,P}^\ominus + RT \ln \frac{\alpha_\mathrm{R}^r \cdot \alpha_{\mathrm{H_2O}}^w}{\alpha_\mathrm{B}^b \cdot \alpha_{\mathrm{H}^+}^h} \tag{4-15}$$

式中：Q_α 为反应物与生成物的活度熵；α_B 为氧化态活度；α_R 为还原态活度。因 pH$=-\lg[\mathrm{H}^+]$，$\alpha_{\mathrm{H_2O}}=1$，根据式（4-13），式（4-15）也可改写为

$$nFE = -\Delta G_{T,P}^\ominus + 2.303RT\lg\frac{\alpha_B^b}{\alpha_R^r} - 2.303RTh\mathrm{pH} \tag{4-16}$$

式（4-16）是计算 E_h-pH 关系式的通式，下面简单介绍几个由式（4-16）得到的计算 E_h-pH 常用的简化关系式。

若已知平衡常数 K，式（4-16）可写成

$$nFE = 2.303RT\lg K + 2.303RT\lg\frac{\alpha_B^b}{\alpha_R^r} - 2.303RTh\mathrm{pH} \tag{4-17}$$

若已知电极电位，式（4-16）可写成

$$nFE = nFE^\ominus + 2.303RT\lg\frac{\alpha_B^b}{\alpha_R^r} - 2.303RTh\mathrm{pH} \tag{4-18}$$

式（4-17）和式（4-18）中：R 为摩尔气体常数，其值为 8.314 J/(K·mol)。在 25 ℃时，将 R、F 值代入式（4-16）可得式（4-19），此式只作为一般计算。

$$nFE = -\Delta G_{T,P}^\ominus + 5\,705.85\lg\frac{\alpha_B^b}{\alpha_R^r} - 5\,705.85h\mathrm{pH} \tag{4-19}$$

若 $n=0$，式（4-16）可写成

$$\mathrm{pH} = \frac{-\Delta G_{T,P}^\ominus}{2.303RTh} + \frac{1}{h}\lg\frac{\alpha_B^b}{\alpha_R^r} = \frac{1}{h}\lg K + \frac{1}{h}\lg\frac{\alpha_B^b}{\alpha_R^r} \tag{4-20}$$

对于已知电极电位的电位 E_h-pH 关系式计算，式（4-20）使用更为简便，由式（4-20）得到的计算电位 E_h-pH 简化关系式有如下几种。

若 $h=0$，式（4-20）可写成

$$E = E^\ominus + \frac{0.059}{n}\lg\frac{\alpha_B^b}{\alpha_R^r} \tag{4-21}$$

若 $n\neq0$，$h\neq0$，式（4-20）可写成

$$E = E^\ominus + \frac{0.059}{n}\lg\frac{\alpha_B^b}{\alpha_R^r} - 0.059\frac{h}{n}\mathrm{pH} \tag{4-22}$$

在绘制 E_h-pH 图时，习惯规定电位使用还原电位，反应方程式左边写氧化态、电子 e^-、H^+，反应方程式右边写还原态。

绘制 E_h-pH 图要先确定体系中可能发生的各类化学反应的化学平衡方程式，再由公式计算出相应的 $\Delta G_T^\ominus$，求出平衡常数 K 或标准电极电位 $E_T^\ominus$；然后，导出各个反应的 $E_T^\ominus$ 与 pH 的关系式；最后，根据 $E_T^\ominus$ 与 pH 的关系式，在指定的离子活度和相应分压下，计算各温度下的 $E_T^\ominus$ 与 pH，在纸上绘制 E_h-pH 图。

4.1.3 络合平衡

络合物的平衡常分为单核络合物平衡及多核络合物平衡，通常单核络合物平衡较多核络合物讨论得更为详细。实际上多核络合物也常出现，但大多数情况下，尤其是在低

浓度的情况下，它是可以忽略的[123,124]。金属络合物的形成可用下式表示：

$$mM + nL \longleftrightarrow M_mL_n \quad \beta_i = \frac{\alpha_{M_mL_n}}{\alpha_M^m \alpha_L^n}$$ （4-23）

式中：M 为金属离子；L 为络合离子；m、n 为化学计量数；α 为活度，用下标表示组分。当温度和压力为常数时，反应热力学常数 β_i 可由式（4-23）求得。通常，在给定的活度系数下，络合物热力学常数可以改写为

$$\beta_{M_mL_n} = \frac{[M_mL_n]}{[M]^m[L]^n}$$ （4-24）

在给定的离子强度下，浓度常数被称为络合物平衡常数（或总稳定常数）。对于反应通式式（4-23），其各步络合反应平衡常数为

$$K_i = \frac{[ML_i]}{[ML_{i-1}][L]}$$ （4-25）

总稳定常数与络合物累计生成常数 β_n、平衡常数 K 之间的关系式为

$$\beta_n = K_1K_2\cdots\cdots K_n = \prod_{i=1}^{n} K_i$$ （4-26）

溶液中金属的物质平衡方程：

$$\begin{aligned}
[M]_T &= [M] + [ML] + [ML_2] + \cdots + [ML_n] \\
&= [M] + \sum_{i=1}^{n}[ML_i] \\
&= [M] \cdot \{1 + \beta_1[L] + \beta_2[L]^2 + \cdots + \beta_n[L]^n\} \\
&= [M] \cdot \sum_{i=0}^{n}\beta_i[L]^i
\end{aligned}$$ （4-27）

同理可求阴离子物质平衡方程：

$$\begin{aligned}
[L]_T &= [L] + [ML] + 2[ML_2] + \cdots + n[ML_n] \\
&= [L] + \sum_{i=1}^{n}i[ML_i] \\
&= [L] \cdot \{1 + \beta_1[M][L] + 2\beta_2[M][L]^2 + \cdots + n\beta_n[M][L]^n\} \\
&= [L] + [M] \cdot \sum_{i=1}^{n}I\beta_i[L]^i
\end{aligned}$$ （4-28）

用络合平衡原理去处理问题时要遵循两项原则：①在水溶液中，各种可能的水溶物种总是同时存在的，在平衡态下，它们都互相平衡；②平衡态时，溶液中的金属或化合物只有一个平衡电位值，且这一电位可用任一种溶解物种来表述，无论用哪一物种表述，其值都相等。

4.1.4 组分图

在络合平衡中，根据式（4-23）～式（4-28），可以计算得到各金属离子、络合物离子的摩尔分布分数 $\sigma_{[ML_i]}$、平均配位体数 $\bar{n}$：

$$\sigma_{[ML_i]} = \frac{[ML_i]}{[M]_T} \tag{4-29}$$

$$\bar{n} = \frac{[L]_T - [L]}{[M]_T} \tag{4-30}$$

根据式（4-29）和式（4-30）绘制络合物组分分布图、络合物摩尔分数对配位体浓度对数关系图，可以直观地反映溶液中平衡组分之间的关系。

通常根据化学反应方程式和平衡常数推导用于描述溶液平衡状态的表达式，用这些方程计算溶液中物质时必须满足质量平衡和化学平衡两个条件。要求所考虑的体系处于最稳定的平衡状态。

4.2 硅酸盐矿物包裹体分解热力学

目前，对石英岩中矿物包裹体（如钾钠长石、白云母、透辉石、赤铁矿、黄铁矿、铁浸染二氧化硅颗粒及少量黏土矿物）去除方法的研究仅处于简单、初级的选矿提纯、化学除铁/钛/锰等阶段。进一步借助湿法冶金原理制备高纯石英的技术，特别是去除脉石矿物中的 K、Na、Ca、Mg、Al、Fc 和 Li 等杂质元素或石英晶体结构中的替代元素专业化技术的研究极少[125,126]。脉石英矿物中，除石英外，常规硅酸盐脉石矿物大多含有 Si、Al、K、Na、Ca 和 Mg 等金属元素，其化学性质及混合酸溶液中的溶解性能与石英差别较大，根据这些差异[127]，可以采用湿法冶金等方法，通过化学反应去除脉石矿物，这是脉石英湿法冶金除杂提纯的技术核心。

石英常与硅酸盐矿物伴生，其空间晶体结构、理化性质接近，石英中伴生的硅酸盐杂质矿物，多含有 K^+、Na^+、Ca^{2+}、Mg^{2+} 和 Al^{3+} 等阳离子，是影响高纯石英性能的主要杂质元素，研究脉石英中杂质金属元素的去除，必须考虑石英中含金属阳离子的杂质硅酸盐矿物酸分解热力学。本节对长石、白云母、辉石等硅酸盐矿物在混合酸浸出体系中的分解进行热力学研究。

4.2.1 硅酸盐矿物酸浸分解过程

1. HF 的分解与缔合平衡

HF 为弱电解质、弱酸，能在水溶液中电离形成多种电离平衡。当 H^+ 存在时，HF 溶液中的 HF 分解与缔合反应存在以下电离平衡[128]。

HF 的分解与缔合：

$$HF \rightleftharpoons H^+ + F^-, \quad K_{F1} = 6.85 \times 10^{-4} \tag{4-31}$$

$$HF + F^- \rightleftharpoons HF_2^-, \quad K_{F2} = 4.3 \tag{4-32}$$

$$2HF \rightleftharpoons (HF)_2, \quad K_{F3} = 2.7 \tag{4-33}$$

为方便计算，式（4-33）可以用式（4-34）来表达：

$$2HF \rightleftharpoons HF_2^- + H^+, \quad K'_{F2} = 2.9 \times 10^{-3} \tag{4-34}$$

由式（4-31）～式（4-34）可知，混合酸溶液体系中，HF 分解缔合得到的各组分：HF、H^+、F^-、HF_2^-、$(HF)_2$ 平衡时平衡浓度为

$$[F^-] = K_{F1} \cdot [HF] \cdot [H^+]^{-1}$$

$$[HF_2^-] = K'_{F2} \cdot [HF]^2 \cdot [H^+]^{-1}$$

$$[(HF)_2] = K_{F3} \cdot [HF]^2$$

根据体系中[HF]平衡浓度，可计算出 F^-、HF_2^-、$(HF)_2$ 平衡浓度，借助 Visual Basic for Applications（VBA）语言实现，计算结果见附录 A 表 A-1，进一步绘出 HF 电离平衡各组分分布图，如图 4-1 所示。

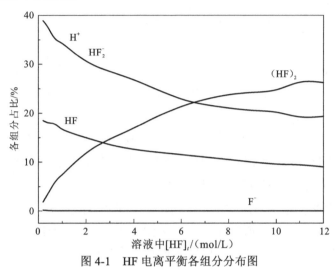

图 4-1　HF 电离平衡各组分分布图

此外，当[HF]>1 mol/L 时，HF 分子在溶液中以氢键结合，溶液中还存在以下缔合形式：

$$(HF)_n + F^- \rightleftharpoons (HF)_n F^- \tag{4-35}$$

HF 的水溶液中，当[HF]≤1 mol/L 时，溶液中存在 HF、H^+、F^-、HF_2^-、$(HF)_2$；当[HF]>1 mol/L 时，溶液中除存在 HF、H^+、F^-、HF_2^-、$(HF)_2$ 外，还有$(HF)_n F^-$存在。一般情况下，溶液中$(HF)_n F^-$不予考虑[128]。

2. $SiF_m^{+(4-m)}$ 及电离平衡

HF 能与石英及铝硅酸盐矿物晶格中的硅原子反应，生成复杂的氟硅酸络合物 $SiF_m^{+(4-m)}$，如式(4-36)所示，其化学反应电离方程式如式(4-37)～式(4-39)所示[127,129-131]。

$$2SiO_2 + 8HF \rightleftharpoons 2SiF_4(aq) + 4H_2O \tag{4-36}$$

$$SiF_6^{2-} \rightleftharpoons SiF_4(aq) + 2F^- \tag{4-37}$$

$$SiF_5^- \rightleftharpoons SiF_4(aq) + F^- \tag{4-38}$$

$$SiF_6^{2-} \rightleftharpoons SiF_5^- + F^- \tag{4-39}$$

为方便计算，式（4-37）～式（4-39）可以分别用下式表示：

$$SiF_4(aq) + 2HF \Longrightarrow SiF_6^{2-} + 2H^+, \quad K'_{Q2} \tag{4-40}$$

$$SiF_4(aq) + HF \Longrightarrow SiF_5^- + H^+, \quad K'_{Q3} \tag{4-41}$$

$$SiF_5^- + HF \Longrightarrow SiF_6^{2-} + H^+, \quad K'_{Q4} \tag{4-42}$$

$$SiF_4(aq) + 4H_2O \Longrightarrow H_4SiO_4 + 4HF, \quad K_{Q5} = 9.3 \times 10^{-10} \tag{4-43}$$

式（4-40）～式（4-42）对应的平衡常数如下：

$$K'_{Q2} = K_{F1}^2 \cdot K_{Q2}^{-1} = 0.72$$

$$K'_{Q3} = K_{F1} \cdot K_{Q3}^{-1} = 1.80 \times 10^4$$

$$K'_{Q4} = K_{F1} \cdot K_{Q3} \cdot K_{Q2}^{-1} = 4.0 \times 10^{-5}$$

$$K_{Q1} = 1.0 \times 10^8, \quad K_{Q2} = 0.65 \times 10^{-6}, \quad K_{Q3} = 3.8 \times 10^{-8}$$

混合酸溶液体系中，HF 与石英、各种硅酸盐和铝硅酸盐矿物反应，生成的复杂的氟硅酸络合物 $SiF_m^{+(4-m)}$ 的组分为 SiF_4、SiF_5^-、SiF_6^{2-}，各组分平衡浓度表达式为

$$[SiF_4] = K_{Q1} \cdot [HF]^4$$

$$[SiF_5^-] = K'_{Q3} \cdot [SiF_4] \cdot [HF] \cdot [H^+]^{-1} = K_{F1} \cdot K_{Q3}^{-1} \cdot K_{Q1} \cdot [HF]^4 \cdot [HF] \cdot [H^+]^{-1}$$

$$[SiF_6^{2-}] = K'_{Q2} \cdot [SiF_4] \cdot [HF]^2 \cdot [H^+]^{-2} = K_{F1} \cdot K_{Q3} \cdot K_{Q2}^{-1} \cdot K_{Q1} \cdot [HF]^6 \cdot [H^+]^{-2}$$

$$[H_4SiO_4] = K_{Q5} \cdot [SiF_4] \cdot [HF]^{-4}$$

由上述各组分平衡浓度表达式可知，已知混合酸浸出体系各反应式对应常数 K_{Qn}、K'_{Qn}、H^+ 和 HF 平衡浓度，根据混合酸浸出体系中 H^+ 和 HF 平衡浓度，可计算出 SiF_4、SiF_5^-、SiF_6^{2-} 的平衡浓度。同时，还可计算溶液中各组分所占百分数。

3. $AlF_n^{+(3-n)}$ 及电离平衡

HF 可以溶解黏土、长石类、辉石类及云母类等铝硅酸矿物，与矿物晶格中铝原子产生多种氟铝络合物，铝离子与 HF 反应生成多种氟铝络合物 $AlF_n^{+(3-n)}$，其离子反应方程式[127,129-132]为

$$Al^{3+} + F^- \Longrightarrow AlF^{2+} \tag{4-44}$$

$$Al^{3+} + 2F^- \Longrightarrow AlF_2^+ \tag{4-45}$$

$$Al^{3+} + 3F^- \Longrightarrow AlF_3 \tag{4-46}$$

$$Al^{3+} + 4F^- \Longrightarrow AlF_4^- \tag{4-47}$$

$$Al^{3+} + 5F^- \Longrightarrow AlF_5^{2-} \tag{4-48}$$

$$Al^{3+} + 6F^- \Longrightarrow AlF_6^{3-} \tag{4-49}$$

式（4-44）～式（4-49）可用下列通式表示：

$$Al^{3+} + nF^- \Longrightarrow AlF_n^{+(3-n)}, \quad \beta_{An} = \frac{[AlF_n^{+(3-n)}]}{[Al^{3+}] \cdot [F^-]^n} \tag{4-50}$$

查表可得，各络合物累计生成常数值[133]为

$$\lg\beta_{A1} = 6.16, \quad \lg\beta_{A2} = 11.2, \quad \lg\beta_{A3} = 15.1$$

$$\lg\beta_{A4} = 17.8, \quad \lg\beta_{A5} = 19.2, \quad \lg\beta_{A6} = 19.24$$

氟铝络合物逐级生成离子反应方程式为

$$AlF^{2+} \rightleftharpoons Al^{3+}+F^- \tag{4-51}$$

$$AlF_2^+ \rightleftharpoons AlF^{2+}+F^- \tag{4-52}$$

$$AlF_3 \rightleftharpoons AlF_2^+ +F^- \tag{4-53}$$

$$AlF_4^- \rightleftharpoons AlF_3 +F^- \tag{4-54}$$

$$AlF_5^{2-} \rightleftharpoons AlF_4^- +F^- \tag{4-55}$$

$$AlF_6^{3-} \rightleftharpoons AlF_5^{2-} +F^- \tag{4-56}$$

式（4-51）～式（4-56）可用下列通式表示：

$$AlF_n^{+(3-n)} \rightleftharpoons AlF_{n-1}^{+(4-n)}+F^-, \quad K_{An}=\frac{[AlF_{n-1}^{+(4-n)}]\cdot[F^-]}{[AlF_n^{+(3-n)}]} \tag{4-57}$$

查表可得，式（4-51）～式（4-56）的平衡常数为

$$K_{A1}=7.4\times10^{-7}, \quad K_{A2}=9.7\times10^{-6}, \quad K_{A3}=1.4\times10^{-4}$$

$$K_{A4}=1.8\times10^{-3}, \quad K_{A5}=2.4\times10^{-2}, \quad K_{A6}=0.34$$

为方便计算，式（4-44）～式（4-49）可以分别用下式表示：

$$Al^{3+}+HF \rightleftharpoons AlF^{2+}+H^+ \tag{4-58}$$

$$AlF^{2+}+HF \rightleftharpoons AlF_2^+ +H^+ \tag{4-59}$$

$$AlF_2^+ +HF \rightleftharpoons AlF_3 +H^+ \tag{4-60}$$

$$AlF_3 +HF \rightleftharpoons AlF_4^- +H^+ \tag{4-61}$$

$$AlF_4^- +HF \rightleftharpoons AlF_5^{2-} +H^+ \tag{4-62}$$

$$AlF_5^{2-} +HF \rightleftharpoons AlF_6^{3-} +H^+ \tag{4-63}$$

式（4-58）～式（4-63）可用下列通式表示：

$$AlF_{n-1}^{+(4-n)} + HF \rightleftharpoons AlF_n^{+(3-n)} + H^+, \quad K'_{An}=\frac{[AlF_n^{+(3-n)}]\cdot[H^+]}{[AlF_{n-1}^{+(4-n)}]\cdot[HF]}=\frac{K_{F1}}{K_{An}} \tag{4-64}$$

根据平衡常数关系式，计算得到式（4-58）～式（4-63）对应的平衡常数为

$$K'_{A1}=925.68, \quad K'_{A2}=70.62, \quad\quad K'_{A3}=4.89$$

$$K'_{A4}=0.38, \quad K'_{A5}=2.85\times10^{-2}, \quad K'_{A6}=2.01\times10^{-3}$$

由式（4-58）～式（4-63）及平衡常数之间的关系可知，混合酸溶液体系中，各氟铝络合物 $AlF_n^{+(3-n)}$ 组分平衡浓度的表达式为

$$[AlF^{2+}] = K'_{A1}\cdot[Al^{3+}]\cdot[HF]\cdot[H^+]^{-1}$$

$$[AlF_2^+] = K'_{A1}\cdot K'_{A2}\cdot[Al^{3+}]\cdot[HF]^2\cdot[H^+]^{-2}$$

$$[AlF_3] = K'_{A1}\cdot K'_{A2}\cdot K'_{A3}\cdot[Al^{3+}]\cdot[HF]^3\cdot[H^+]^{-3}$$

$$[AlF_4^-] = K'_{A1}\cdot K'_{A2}\cdot K'_{A3}\cdot K'_{A4}\cdot[Al^{3+}]\cdot[HF]^4\cdot[H^+]^{-4}$$

$$[AlF_5^{2-}] = K'_{A1}\cdot K'_{A2}\cdot K'_{A3}\cdot K'_{A4}\cdot K'_{A5}\cdot[Al^{3+}]\cdot[HF]^5\cdot[H^+]^{-5}$$

$$[AlF_6^{3-}] = K'_{A1}\cdot K'_{A2}\cdot K'_{A3}\cdot K'_{A4}\cdot K'_{A5}\cdot K'_{A6}\cdot[Al^{3+}]\cdot[HF]^6\cdot[H^+]^{-6}$$

由上述各组分平衡浓度表达式可知，已知混合酸浸出体系各反应式对应常数 K'_{An}、H^+ 和 HF 平衡浓度，可计算得到溶液中各氟铝络合物平衡浓度。

4.2.2 迭代法计算酸浸体系溶液平衡

在石英浸出体系中，实际的化学反应往往具有多种物质和多步反应，涉及的溶液平衡组分的计算也很复杂。这些复杂的化学平衡计算，在原理上多属于迭代法和最小自由能法，均须借助计算机完成[112]。

在脉石英混合酸浸出过程中，硅酸盐矿物包裹体分解反应涉及的反应物及产物在4.2.1 小节中做了详细介绍，并列出相应反应的平衡常数、络合物逐级生成常数和平衡浓度表达式等。根据质量守恒定律，该浸出体系中各含氟化合物组分、强酸及 H^+电离/生成平衡分别符合 HF 及总 H^+浓度的质量平衡[127]。

脉石英混合酸浸出体系异常复杂，需针对实际情况分别进行讨论计算，可分为未进行浸出反应时 HF 反应平衡系统、硅酸盐矿物分解反应平衡系统、铝硅酸盐矿物分解反应平衡系统。在混合酸溶液中加入石英矿石后，硅酸盐矿物与铝硅酸盐矿物在混合酸中发生不同的化学反应，达到平衡状态，形成不同的反应平衡系统。

1. 硅酸盐矿物分解反应平衡系统

硅酸盐矿物混合酸体系中的分解反应包括 HF 的分解及缔合反应和 $SiF_{(4-m)}^{m+}$ 的形成及电离平衡反应两部分，分别如式（4-31）～式（4-34）和式（4-40）～式（4-43）所示。根据各平衡组分的平衡关系及质量守恒定律可知，浸出体系中 Si 物质的量守恒。设混合酸分解的矿物物质的量一定，为 n（如 0.5 mol 透辉石），混合酸溶液为 v，则溶液中 Si 的物质的量 n_{Si} 一定，由式（4-65）计算其总物质的量：

$$\sum n_{Si} = \{[SiF_4] + [SiF_5^-] + [SiF_6^{2-}] + [H_4SiO_4]\} \cdot v \tag{4-65}$$

浸出体系中 HF 反应前后质量守恒，则有

$$[HF] = [HF]_t - \sum_{i=1}^{2} i \cdot [H_{i-1} F_i]^- - \sum_{m=2}^{3} 2m \cdot [SiF_{2m}]$$
$$= [HF]_t - \{[F^-] + 2[HF_2^-]\} - \{4[SiF_4] + 6[SiF_6^{2-}]\} \tag{4-66}$$

采用迭代法，设[HF]=x、[H^+]=y，使用计算机辅助计算。此处迭代法计算借助 Excel 软件中的 VBA 语言实现。求出的平衡状态溶液各组分平衡浓度，如附录 B 中表 B-1 所示。

2. 铝硅酸盐矿物分解反应平衡系统

铝硅酸盐矿物混合酸分解反应要比硅酸盐矿物分解反应复杂得多，是 HF 的分解及缔合、$SiF_{(4-m)}^{m+}$ 的形成及电离平衡、$AlF_n^{+(3-n)}$ 的形成及电离平衡三部分反应的总和。

在铝硅酸盐矿物混合酸分解反应体系中，考虑 HF 消耗对 HF、HCl 浓度的依赖程度、氟络合物的浓度、用于计算并作为矿物溶解量的函数的化学计量系数不同等问题的复杂程度，所用方法介绍如下[127,130-132]。

首先，反应溶液原始 HF 和 HCl 浓度、矿石类型、温度参数是指定的，矿物溶解数量一定，因此矿物溶解释放的 Al 和 Si 浓度一定。此时，反应平衡时溶液中酸浓度和氟络合物离子浓度可通过各平衡反应方程式估算，这些浓度最终符合式（4-67）和式（4-68）

的平衡浓度方程。使用这些新的酸浓度，可以计算得到各氟络合物及其他溶液组分的平衡浓度。然后，调整 HF 和 HCl 浓度继续计算，直到酸浓度在两个确定值之间连续迭代收敛。使用收敛的 HF 和 HCl 浓度、适当的氟络合物浓度、H^+ 平衡及各矿物溶解平衡方程，估算反应方程式中的计量系数。

$$[HF]=[HF]_t - \sum_{n=1}^{6} n \cdot [AlF_n] - \sum_{i=1}^{2} i \cdot [H_{i-1}F_i]^- - \sum_{m=2}^{3} 2m \cdot [SiF_{2m}]$$

$$=[HF]_t - \{[AlF^{2+}] + 2[AlF_2^+] + 3[AlF_3] + 4[AlF_4^-] + 5[AlF_5^{2-}] + 6[AlF_6^{3-}]\}$$ $\qquad$ (4-67)

$$- \{[F^-] + 2[HF_2^-]\} - \{4[SiF_4] + 6[SiF_6^{2-}]\}$$

$$[H^+]=[HCl]_t + \sum_{i=1}^{2} [H_{i-1}F_i]^- + 2SiF_6^{2-} + \sum_{n=1}^{6} n \cdot [AlF_n]$$

$$=[HCl]_t + \{[F^-] + [HF_2^-]\} + 6[SiF_6^{2-}]$$ $\qquad$ (4-68)

$$+ \{[AlF^{2+}] + 2[AlF_2^+] + 3[AlF_3] + 4[AlF_4^-] + 5[AlF_5^{2-}] + 6[AlF_6^{3-}]\}$$

在实际脉石英混合酸浸出体系中，向混合酸体系中加入混合酸溶液为 $[HF]_t=$ 1.0 mol/L、$[HCl]_t=2.5$ mol/L、$[HNO_3]_t=0.5$ mol/L，HCl 和 HNO_3 是强酸，强酸电离的 $[H^+]_t=3.0$ mol/L。用于制备高纯石英的脉石英原矿的 Al、Fe、K、Na、Ca 和 Mg 元素杂质总质量分数通常低于 10 mg/g，SiO_2 质量分数多为 95%，因此设脉石英中各杂质矿物物质的量不超过 0.25 mol；设 $[HF]=x$、$[H^+]=y$，将浸出体系中各浓度表达式代入式（4-67）和式（4-68），可计算得到各平衡组分的平衡浓度[127,130-132]。

计算过程采用迭代法，迭代法计算异常复杂，借助计算机辅助计算，能提高计算效率，并减少计算误差。此处迭代法计算借助微软 Excel 软件中的 VBA 语言代码，可以计算得到溶液中各组分平衡浓度，并可由各组分平衡浓度确定各化学反应新的化学计量系数的数值。不同类型的铝硅酸矿物分解反应计算结果分别如附录 C 中表 C-1、表 C-3 和表 C-5 所示。

根据上述溶液中的各项平衡，可以通过平衡关系，利用迭代法计算得到平衡时各溶液组分的平衡浓度，如附录 A、附录 B、附录 C 所示。混合酸浸出体系中各平衡组分平衡浓度已知，可以解决混合酸浸出体系中的几个问题：①根据混合酸浸出体系化学反应平衡、溶液平衡及质量平衡等，计算平衡状态各组分平衡浓度；②根据平衡状态各组分平衡浓度，可得知各 Si 和 Al 组分分布，绘制其组分分布图；③根据实际溶液平衡情况，确定各杂质矿物混合酸分解化学反应方程式；④通过确定的化学反应方程式，计算反应热力学参数，判断反应进程；⑤计算各含铁矿物组分分布，绘制 E_h-pH 图。

4.2.3 硅酸盐矿物酸浸分解热力学

透辉石为硅酸盐矿物，根据第 3 章工艺矿物学研究，可知透辉石是脉石英中常见的脉石、矿物包裹体，其所含 Ca、Mg 是脉石英中杂质 Ca、Mg 的主要来源。硅酸盐矿物可溶解于 HF 溶液中，反应产物中往往形成多种氟硅络合物，而这些氟硅络合物会进一步与混合酸中其他成分反应，形成一系列溶液平衡[127,129-131]。

透辉石（$CaMg(SiO_3)_2$）在混合酸中分解的化学反应通式为

$$CaMg(SiO_3)_2 + 2mHF + (12-2m)H^+ \Longrightarrow Ca^{2+} + Mg^{2+} + 2SiF_m^{+(4-m)} + 6H_2O \qquad (4-69)$$

不同[HF]$_t$、[H$^+$]$_t$体系中，反应平衡时各组分平衡浓度见附录 B 中表 B-1。

不同浓度[HF]$_t$的混合酸体系中，硅酸盐矿物分解产物 SiF$_m^{+(4-m)}$ 中 m 计算方法见式（4-70），计算得到 $m=4$，可知透辉石（CaMg(SiO$_3$)$_2$）在混合酸中分解主要生成 SiF$_4$。

$$m = \frac{\sum\limits_{i=4}^{6} i \cdot [\text{SiF}_i]}{\sum\limits_{i=4}^{6} [\text{SiF}_i]} \qquad (4\text{-}70)$$

透辉石反应方程式为

$$\text{CaMg(SiO}_3)_2 + 8\text{HF} + 4\text{H}^+ =\!= \text{Ca}^{2+} + \text{Mg}^{2+} + 2\text{SiF}_4 + 6\text{H}_2\text{O} \qquad (4\text{-}71)$$

混合酸溶液中 SiF$_4$ 会继续反应，形成新的反应产物，如式（4-41）～式（4-43）所示。硅酸盐矿物在 HF 溶液中分解生成 SiF$_4$ 后，SiF$_4$ 继续反应生成 H$_4$SiO$_4$。因此，在混合酸溶液中，SiF$_6^{2-}$ 浓度很低，约为 1.0×10^{-6} mol/L，很难与溶液中的 Ca^{2+}、Mg^{2+}、Fe^{2+}、Cu^{2+} 形成 CaSiF$_6$、MgSiF$_6$、FeSiF$_6$、CuSiF$_6$ 沉淀而附着在脉石英颗粒表面。

4.2.4　铝硅酸盐矿物酸浸分解热力学

1. 铝硅原子比 1:3 型铝硅酸盐矿物

钾长石、钠长石是典型的 Al、Si 原子比值为 1:3 的铝硅酸盐矿物，国内外学者对长石矿物的溶解开展了大量的研究工作，这些研究主要集中在三个方面：①非溶性钾长石酸分解溶出钾，制备钾肥、氧化钾、碳酸钾等[133-137]；②砂质岩中长石等硅酸矿物与酸的化学溶解作用机理研究，应用于油气田增产[138,139]；③成岩作用期碎屑岩中长石骨架颗粒溶解，在碎屑岩储层次生发育研究中的地质学意义[140-143]。

脉石英岩中 Al、Si 原子比值为 1:3 的铝硅酸盐类杂质矿物主要有斜长石、钾长石、钠长石，其中斜长石可以看作钠长石与钾长石的固溶体，钾长石和钠长石理论化学式分别为 KAlSi$_3$O$_8$ 和 NaAlSi$_3$O$_8$。钾长石、钠长石矿物在 HF、HCl 和 HNO$_3$ 混合酸溶液中的分解过程不是一个简单的一次反应，而是异常复杂的多次反应过程。王宝峰等[144,145]将 HF 的强酸性混合液与铝硅酸盐矿物的分解反应视为三次反应。Fogler 等[127]和 Dietzel[132]认为钾长石、钠长石在 HF、HCl 和 HNO$_3$ 混合酸溶液中发生分解反应，生成氟硅络合物、氟铝酸络合物离子等复杂中间体，长石在混合酸溶液中的分解反应可用下列通式表示。

钾长石分解：

$$\text{KAlSi}_3\text{O}_8 + (n+3m)\text{HF} + (16-n-3m)\text{H}^+ =\!= \text{K}^+ + \text{AlF}_n^{+(3-n)} + 3\text{SiF}_m^{+(4-m)} + 8\text{H}_2\text{O} \qquad (4\text{-}72)$$

钠长石分解：

$$\text{NaAlSi}_3\text{O}_8 + (n+3m)\text{HF} + (16-n-3m)\text{H}^+ =\!= \text{Na}^+ + \text{AlF}_n^{+(3-n)} + 3\text{SiF}_m^{+(4-m)} + 8\text{H}_2\text{O} \qquad (4\text{-}73)$$

SiF$_m^{+(4-m)}$、AlF$_n^{+(3-n)}$ 表示一系列氟硅络合物、氟铝络合物及离子的通式[132]，式（4-72）和式（4-73）中氟硅络合物、氟铝络合物中的未知数 m、n 可通过混合酸浸出体系中各氟硅络合物、氟铝络合物及离子平衡浓度进行估算，其值由混合酸组成中 HCl 与 HF 的比值确定，m、n 表达式如式（4-70）和式（4-74）所示。

$$n = \dfrac{\sum\limits_{i=0}^{6} i \cdot [\text{AlF}_i]}{\sum\limits_{i=0}^{6} [\text{AlF}_i]} \qquad (4\text{-}74)$$

在不同$[\text{HF}]_t$、$[\text{H}^+]_t$体系中,化学反应平衡时,计算得到各组分平衡浓度见附录 C 中表 C-1。根据式(4-70)和式(4-74),不同$[\text{HF}]_t$/$[\text{H}^+]_t$比值的混合酸体系中,铝硅比 1:3 型铝硅酸盐矿物分解产物$\text{SiF}_m^{+(4-m)}$、$\text{AlF}_n^{+(3-n)}$中的m、n计算值见附录 C 中表 C-2。

在 1.0 mol/L HF、2.5 mol/L HCl、0.5 mol/L HNO$_3$混合酸体系中,$[\text{HF}]_t = 1.0$ mol/L、$[\text{H}^+]_t = 3.0$ mol/L。设 100 mL 混合酸溶液,完全分解 0.25 mol 钾长石、钠长石,溶液中$[\text{Al}^{3+}] = 0.25$ mol/L、$[\text{Si}] = 0.75$ mol/L,如附录 C 中表 C-2 所示,计算可得$n = 1.13$、$m = 4.00$。此时,钾长石、钠长石分解产物$\text{SiF}_m^{+(4-m)}$、$\text{AlF}_n^{+(3-n)}$的表达式为SiF_4、$\text{AlF}_{1.13}^{1.87+}$。

设分解 1 mol 钙长石,得到$[\text{Al}^{3+}] = 0.3$ mol/L、$[\text{Si}^{4+}] = 0.3$ mol/L,计算可得$n = 1.1$、$m = 4.0$。钙长石分解产物$\text{SiF}_m^{+(4-m)}$、$\text{AlF}_n^{+(3-n)}$的化学式为SiF_4、$\text{AlF}_{1.10}^{1.90+}$。长石混合酸分解化学反应方程式如下。

钾长石分解:

$$\text{KAlSi}_3\text{O}_8 + 13.13\text{HF} + 2.87\text{H}^+ == \text{K}^+ + \text{AlF}_{1.13}^{1.87+} + 3\text{SiF}_4 + 8\text{H}_2\text{O} \qquad (4\text{-}75)$$

钠长石分解:

$$\text{NaAlSi}_3\text{O}_8 + 13.13\text{HF} + 2.87\text{H}^+ == \text{Na}^+ + \text{AlF}_{1.13}^{1.87+} + 3\text{SiF}_4 + 8\text{H}_2\text{O} \qquad (4\text{-}76)$$

式(4-75)和式(4-76)中,生成各络合物$\text{SiF}_m^{+(4-m)}$、$\text{AlF}_n^{+(3-n)}$组分所占比例$\delta_{\text{A}i}$、$\delta_{\text{Q}i}$可根据附录 C 中表 C-1 所列计算结果,由如下公式计算:

$$\delta_{\text{A}i} = \dfrac{[\text{AlF}_i]}{\sum\limits_{i=0}^{6} [\text{AlF}_i]}, \quad i = 1,2,3,4,5,6 \qquad (4\text{-}77)$$

$$\delta_{\text{Q}i} = \dfrac{[\text{SiF}_i]}{\sum\limits_{i=4}^{6} [\text{SiF}_i]}, \quad i = 4,5,6 \qquad (4\text{-}78)$$

溶液中反应达到平衡时,从各 Si、Al 组分的平衡组分分布图中可以直观看出各平衡组分$[\text{HF}]_t$、$[\text{H}^+]_t$的变化规律。根据式(4-77)和式(4-78),由附录 C 中表 C-1 所列数据,可以得到随$[\text{HF}]_t$/$[\text{H}^+]_t$值的变化,各$\text{SiF}_m^{+(4-m)}$、$\text{AlF}_n^{+(3-n)}$离子平衡组分分布。铝硅原子比 1:3 型矿物分解各$\text{SiF}_m^{+(4-m)}$、$\text{AlF}_n^{+(3-n)}$离子平衡组分分布图如图 4-2、图 4-3 所示。

随着$[\text{HF}]_t$/$[\text{H}^+]_t$值增加,钾长石、钠长石矿物在混合酸中分解,长石矿物晶格中 Si 与 F 离子形成氟硅络合物($\text{SiF}_m^{+(4-m)}$)及水合二氧化硅(H_4SiO_4)。反应平衡时,溶液中SiF_5^-、SiF_6^{2-}浓度很低,主要生成SiF_4和H_4SiO_4。由此可见,长石矿物混合酸分解主要生成SiF_4和H_4SiO_4。当 HF 用量较少,$[\text{HF}]_t$/$[\text{H}^+]_t \leqslant 1:4$时,生成的$\text{H}_4\text{SiO}_4$体积分数大于 60%;增加 HF 用量,当 $1:3 \leqslant [\text{HF}]_t/[\text{H}^+]_t \leqslant 1:1$时,生成的$\text{H}_4\text{SiO}_4$体积分数约为 60%,生成的$\text{SiF}_4$体积分数约为 40%;增加 HF 用量至$[\text{HF}]_t$/$[\text{H}^+]_t \leqslant 1:4$时,$\text{H}_4\text{SiO}_4$逐渐分解,直至全部生成$\text{SiF}_4$,$\text{SiF}_4$生成量与$\text{H}_4\text{SiO}_4$减少量一致。

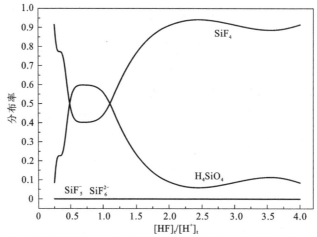

图 4-2　铝硅原子比 1:3 型矿物分解各 $SiF_m^{+(4-m)}$ 离子平衡组分分布图

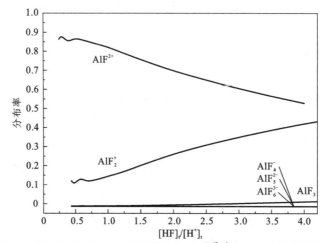

图 4-3　铝硅原子比 1:3 型矿物分解各 $AlF_n^{+(3-n)}$ 离子平衡组分分布图

钾长石、钠长石矿物的混合酸分解过程中，晶格中 Al 原子与 F 离子形成复杂的氟铝络合物。当 $[HF]_t/[H^+]_t \leqslant 1:3$ 时，主要生成 AlF^{2+} 及 AlF_2^+；当 $[HF]_t/[H^+]_t \geqslant 1:3$ 时，生成的 AlF^{2+} 和 AlF_2^+ 逐渐转化为 AlF_3、AlF_4^-、AlF_5^{2-} 和 AlF_6^{3-}。

2. 铝硅原子比 1:2 型铝硅酸盐矿物

锂辉石属于铝硅原子比 1:2 型的铝硅酸盐矿物，常在脉石英中以矿物包裹体存在，锂辉石在混合酸中分解的化学反应通式为

$$LiAlSi_2O_6+(n+2m)HF+(12-n-2m)H^+ \Longrightarrow Li^++AlF_n^{+(3-n)}+2SiF_m^{+(4-m)}+6H_2O \quad (4\text{-}79)$$

在不同 $[HF]_t$、$[H^+]_t$ 体系中，化学反应平衡时，计算得到各组分平衡浓度见附录 C 中表 C-3。根据式（4-70）和式（4-74），可计算得到不同比值 $[HF]_t/[H^+]_t$ 的混合酸体系中，铝硅原子比 1:2 型铝硅酸盐矿物分解产物 $SiF_m^{+(4-m)}$、$AlF_n^{+(3-n)}$ 中 m、n 值，计算结果见附录 C 中表 C-4。

在 1.0 mol/L HF、2.5 mol/L HCl、0.5 mol/L HNO$_3$ 混合酸体系中，$[HF]_t$=1.0 mol/L、$[H^+]_t$=3.0 mol/L。设 100 mL 混合酸溶液，完全分解 1 mol 锂辉石，溶液中 $[Al^{3+}]$=0.315 mol/L、

[Si]=0.625 mol/L，如附录 C 中表 C-4 所示，$n=1.10$、$m=4.00$。此时，钾长石、钠长石分解产物 $SiF_m^{+(4-m)}$、$AlF_n^{+(3-n)}$ 的化学式为 SiF_4、$AlF_{1.10}^{1.90+}$。

锂辉石混合酸分解反应方程式如下：

$$LiAlSi_2O_6+9.1HF+2.9H^+ \Longrightarrow Li^++AlF_{1.10}^{1.90+}+2SiF_4+6H_2O \tag{4-80}$$

根据式（4-77）和式（4-78），由附录 C 中表 C-3 所列数据，可以得到随 $[HF]_t/[H^+]_t$ 比值变化的各 $SiF_m^{+(4-m)}$、$AlF_n^{+(3-n)}$ 离子平衡组分分布。铝硅原子比 1:2 型矿物分解各 $SiF_m^{+(4-m)}$、$AlF_n^{+(3-n)}$ 离子平衡组分分布如图 4-4、图 4-5 所示。

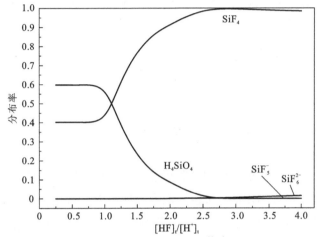

图 4-4 铝硅原子比 1:2 型矿物分解各 $SiF_m^{+(4-m)}$ 离子平衡组分分布图

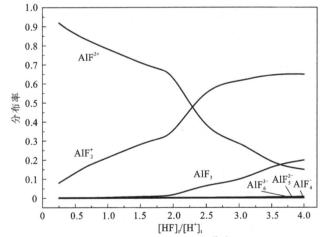

图 4-5 铝硅原子比 1:2 型矿物分解各 $AlF_n^{+(3-n)}$ 离子平衡组分分布图

随 $[HF]_t/[H^+]_t$ 值的增加，锂辉石矿物在混合酸中分解，反应平衡时溶液中 SiF_5^-、SiF_6^{2-} 浓度很低，主要生成 SiF_4 和 H_4SiO_4。当 HF 用量较少，$[HF]_t/[H^+]_t \leqslant 1:1$ 时，生成的 H_4SiO_4 体积分数约为 60%，生成的 SiF_4 体积分数约为 40%；增加 HF 用量至 $1:1 \leqslant [HF]_t/[H^+]_t \leqslant 2.5:1$ 时，生成的 H_4SiO_4 沉淀逐渐分解生成 SiF_4，直至几乎全部生成 SiF_4；SiF_4 生成量与 H_4SiO_4 减少量分布曲线呈对称分布；增加 HF 用量至 $[HF]_t/[H^+]_t \geqslant 2.5:1$ 时，几乎全部生成 SiF_4。

锂辉石矿物混合酸的分解过程中，晶格中 Al 原子与 F 离子形成复杂的氟铝络合物，不同 $[HF]_t/[H^+]_t$ 时，反应主要生成 AlF^{2+}、AlF_2^+ 和 AlF_3，几乎不生成 AlF_4^-、AlF_5^{2-} 和 AlF_6^{3-}。当 $[HF]_t/[H^+]_t \leqslant 2:1$ 时，主要生成 AlF^{2+} 和 AlF_2^+；当 $[HF]_t/[H^+]_t \geqslant 2:1$ 时，生成的 AlF^{2+} 和 AlF_2^+ 逐渐转化为 AlF_3、AlF_4^-、AlF_5^{2-} 和 AlF_6^{3-}。

3. 铝硅原子比 1:1 型铝硅酸盐矿物分解

云母为典型层状铝硅酸盐矿物，常在石英中以矿物包裹体存在，表现为长条状规则的层状包裹体，在显微镜下较易区别。所用脉石英原矿中云母主要为白云母，其在混合酸中分解的化学反应通式如下。

钙长石：

$$CaAl_2Si_2O_8 + (2n+2m)HF + (16-2n-2m)H^+ \!=\!=\! Ca^{2+} + 2AlF_n^{+(3-n)} + 2SiF_m^{+(4-m)} + 8H_2O \tag{4-81}$$

白云母：

$$KAl_2(AlSi_3O_{10})(OH)_2 + (3n+3m)HF + (22-3n-3m)H^+ \!=\!=\! K^+ + 3AlF_n^{+(3-n)} + 3SiF_m^{+(4-m)} + 12H_2O \tag{4-82}$$

铝硅原子比 1:1 型铝硅酸盐矿物分解溶液平衡计算结果见附录 C 中表 C-5。根据式（4-70）和式（4-74），不同 $[HF]_t/[H^+]_t$ 值的混合酸体系中，铝硅原子比 1:1 型铝硅酸盐矿物分解产物 $SiF_m^{+(4-m)}$、$AlF_n^{+(3-n)}$ 中的 m、n 计算值如附录 C 中表 C-6 所示。

在 1.0 mol/L HF、2.5 mol/L HCl、0.5 mol/L HNO_3 混合酸体系中，$[HF]_t = 1.0$ mol/L、$[H^+]_t = 3.0$ mol/L。设 100 mL 混合酸溶液，完全分解 1 mol 白云母，得到 $[Al^{3+}] = 0.3$ mol/L、$[Si^{4+}] = 0.3$ mol/L。由附录 C 中表 C-6 可知，$n = 1.10$、$m = 4.00$。此时，钙长石、白云母分解产物 $SiF_m^{+(4-m)}$、$AlF_n^{+(3-n)}$ 的化学式为 SiF_4、$AlF_{1.10}^{1.90+}$。其各自混合酸分解化学反应方程式如下。

钙长石：

$$CaAl_2Si_2O_8 + 10.2HF + 5.8H^+ \!=\!=\! Ca^{2+} + 2AlF_{1.10}^{1.90+} + 2SiF_4 + 8H_2O \tag{4-83}$$

白云母：

$$KAl_2(AlSi_3O_{10})(OH)_2 + 15.3HF + 6.7H^+ \!=\!=\! K^+ + 3AlF_{1.10}^{1.90+} + 3SiF_4 + 12H_2O \tag{4-84}$$

根据式（4-77）和式（4-78），由附录 C 中表 C-5 所列数据，可以得到随 $[HF]_t/[H^+]_t$ 比值变化的各 $SiF_m^{+(4-m)}$、$AlF_n^{+(3-n)}$ 离子平衡组分分布。铝硅原子比 1:1 型矿物分解各 $SiF_m^{+(4-m)}$、$AlF_n^{+(3-n)}$ 离子平衡组分分布如图 4-6、图 4-7 所示。

白云母、钙长石矿物混合酸中分解反应达到平衡时，随着 $[HF]_t/[H^+]_t$ 值的增加，白云母、钙长石矿物晶格中的 Si 与 F 离子形成氟硅络合物（$SiF_m^{+(4-m)}$）及水合二氧化硅（H_4SiO_4），溶液中 SiF_5^-、SiF_6^{2-} 浓度很低，主要生成 SiF_4 和 H_4SiO_4。当 HF 用量较少，$[HF]_t/[H^+]_t \leqslant 1:1$ 时，生成 H_4SiO_4 体积分数高于 60%，SiF_4 体积分数低于 40%；增加 HF 用量至 $[HF]_t/[H^+]_t \geqslant 2.5:1$ 时，H_4SiO_4 逐渐分解，直至全部生成 SiF_4，SiF_4 生成量与 H_4SiO_4 减少量呈对称分布。

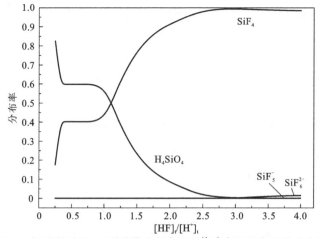

图4-6 铝硅原子比1:1型矿物分解各 $SiF_m^{+(4-m)}$ 离子平衡组分分布图

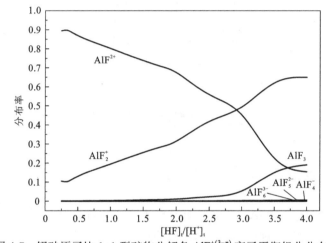

图4-7 铝硅原子比1:1型矿物分解各 $AlF_n^{+(3-n)}$ 离子平衡组分分布图

白云母、钙长石矿物在混合酸中分解,当$[HF]_t/[H^+]_t≤3:1$时,主要生成AlF^{2+}及AlF_2^+,且二者呈对称分布;当$[HF]_t/[H^+]_t≥3:1$时,生成的AlF^{2+}、AlF_2^+逐渐转化为AlF_3;反应过程中AlF_4^-、AlF_5^{2-}和AlF_6^{3-}生成量极少。

4.3 含铁杂质矿物酸浸分解热力学

铁杂质是脉石英中最常见也是最有害的杂质之一,其在脉石英中有三种常见赋存状态,即赤铁矿、黄铁矿包裹体、氧化铁薄膜、铁浸染二氧化硅颗粒,以及Fe取代石英晶格中硅氧四面体$[SiO_4]$中Si。国内外学者开展了大量有机酸或无机酸除铁研究工作。工业上常用硫酸及其他无机酸的混合酸溶液除铁[70-73],却缺乏系统深入的混合酸去除杂质铁矿物机理研究。本节从化学反应热力学、溶液平衡、络合反应及优势区图等角度对铁矿物分解去除热力学进行研究。

在HF、HCl、HNO_3的混合酸溶液中,Fe元素在氧化性强酸溶液中以Fe^{3+}形式存在。

赤铁矿（Fe_2O_3）、氧化亚铁（FeO）、磁铁矿（Fe_3O_4）、黄铁矿（FeS_2）等杂质矿物混合酸分解反应方程式如下。

赤铁矿：

$$Fe_2O_3 + 6H^+ == 2Fe^{3+} + 3H_2O \qquad (4-85)$$

氧化亚铁：

$$FeO + HNO_3 + 3H^+ == Fe^{3+} + NO_2\uparrow + 2H_2O \qquad (4-86)$$

磁铁矿：

$$Fe_3O_4 + HNO_3 + 9H^+ == 3Fe^{3+} + NO_2\uparrow + 5H_2 \qquad (4-87)$$

黄铁矿：

$$FeS_2 + 5HNO_3 + 3H^+ == Fe^{3+} + 2H_2SO_4 + 5NO\uparrow + 2H_2O \qquad (4-88)$$

尽管含铁矿物在混合酸体系中发生的化学反应远不及硅酸盐矿物、铝硅酸盐矿物复杂，但由于有 HF 存在，溶液中 Fe^{3+} 与 F^- 发生络合反应，生成氟铁络合物离子：

$$Fe^{3+} + HF == FeF^{2+} + H^+ \qquad (4-89)$$

$$FeF^{2+} + HF == FeF_2^+ + H^+ \qquad (4-90)$$

$$FeF_2^+ + HF == FeF_3 + H^+ \qquad (4-91)$$

4.4　脉石英酸浸过程热力学

4.4.1　脉石英酸浸反应吉布斯自由能

脉石英原矿 XRD、EPMA、拉曼光谱分析表明，脉石英中主要脉石矿物及包裹体物相的主要杂质矿物为钾长石（$KAlSi_3O_8$）、钠长石（$NaAlSi_3O_8$）、白云母（$KAl_2(AlSi_3O_{10})(OH)_2$）、透辉石（$CaMg(SiO_3)_2$）、锂辉石（$LiAlSi_2O_6$）、赤铁矿（$Fe_2O_3$）、黄铁矿（$FeS_2$）、铁氧化物（FeO、$Fe_3O_4$）浸染二氧化硅颗粒及少量黏土矿物。杂质金属元素 Al、Fe、K、Na、Li、Ca 和 Mg 等占总杂质元素85%以上，主要以脉石矿物及包裹体的形式存在；少量杂质元素 Al、Fe 和 P 参与晶格取代形成晶格型杂质，并伴随 K、Na 和 Li 等填隙原子存在于晶格内部。

杂质包裹体矿物在混合酸溶液中发生分解反应，通过对混合酸体系中杂质矿物分解反应平衡研究，可确定各分解反应的反应物与生成物、各平衡组分分布和化学反应方程式等，最终确定该体系下反应的始态与终态，这是反应热力学研究的基础。各反应方程式汇总如下。

钾长石：

$$KAlSi_3O_8 + 13.13HF + 2.87H^+ == K^+ + AlF_{1.13}^{1.87+} + 3SiF_4 + 8H_2O$$

钠长石：

$$NaAlSi_3O_8 + 13.13HF + 2.87H^+ == Na^+ + AlF_{1.13}^{1.87+} + 3SiF_4 + 8H_2O$$

白云母：

$$KAl_2(AlSi_3O_{10})(OH)_2 + 15.3HF + 6.7H^+ == K^+ + 3AlF_{1.10}^{1.90+} + 3SiF_4 + 12H_2O$$

透辉石：

$$CaMg(SiO_3)_2 + 12HF = Ca^{2+} + Mg^{2+} + 2SiF_4 + 3H_2O + 4F^-$$

锂辉石：

$$LiAlSi_2O_6 + 9.1HF + 2.9H^+ = Li^+ + AlF_{1.10}^{1.90+} + 2SiF_4 + 6H_2O$$

钙长石：

$$CaAl_2Si_2O_8 + 10.2HF + 5.8H^+ = Ca^{2+} + 2AlF_{1.10}^{1.90+} + 2SiF_4 + 8H_2O$$

赤铁矿：

$$Fe_2O_3 + 6H^+ = 2Fe^{3+} + 3H_2O$$

黄铁矿：

$$FeS_2 + 5HNO_3 + 3H^+ = Fe^{3+} + 2H_2SO_4 + 5NO\uparrow + 2H_2O$$

氧化亚铁：

$$FeO + HNO_3 + 3H^+ = Fe^{3+} + NO_2\uparrow + 2H_2O$$

磁铁矿：

$$Fe_3O_4 + HNO_3 + 9H^+ = 3Fe^{3+} + NO_2\uparrow + 5H_2O$$

石英与 HCl 的反应

$$SiO_2 + 4HCl = SiCl_4 + 2H_2O \tag{4-92}$$

石英与 HF 的反应

$$SiO_2 + 4HF = SiF_4\uparrow + 2H_2O \tag{4-93}$$

通过上述溶液平衡计算确定化学反应方程式，但对上述化学反应能否自动进行、反应进行的限度等，需要通过热力学参数方能判断。反应能否自动进行、反应进行的限度是两个相对独立的概念，一般通过热力学方法计算标准吉布斯自由能 ΔG_T，通过标准或非标准状态吉布斯自由能 ΔG_T 的正负来判断反应能否自动进行。同时：

$$\Delta_r G_T = \Delta_r G_T^{\ominus} + RT\ln Q_\alpha = -RT\ln K + RT\ln Q_\alpha \tag{4-94}$$

式中：$Q_\alpha = \dfrac{\alpha_R^r \cdot \alpha_{H_2O}^w}{\alpha_B^b \cdot \alpha_{H^+}^h}$。

根据式（4-94）及热力学判断定律，在反应温度为 T、反应压力 P 时，$\Delta_r G_T < 0$，即 $K > Q_\alpha$，表示反应向正方向进行；$\Delta_r G_T = 0$，即 $K = Q_\alpha$，表示反应至平衡状态；$\Delta_r G_T > 0$，即 $K < Q_\alpha$，表示反应向反方向进行。ΔG 值越低，说明过程发生趋势越大[113]。

查阅热力学相关资料[113-117]，获取溶液中化学反应各组分热力学数据，上述反应各组分反应吉布斯自由能数据见附录 D 的表 D-1～表 D-3。根据式（4-1）～式（4-12）可计算得到各分解反应 $\Delta_r G_T$、K 值，如表 4-1 所示。

表 4-1　各杂质矿物分解反应吉布斯自由能及平衡常数

杂质矿物		温度/℃						
		25	75	100	150	175	200	225
钾长石	$\Delta_r G_T$	−403.20	−451.86	−474.98	−517.36	−536.08	−548.79	−583.72
	K	1.18	1.17	1.17	1.16	1.15	1.15	1.15

杂质矿物		温度/℃						
		25	75	100	150	175	200	225
钠长石	$\Delta_r G_T$	−409.22	−455.41	−477.36	−517.61	−535.37	−547.16	−581.23
	K	1.18	1.17	1.17	1.16	1.15	1.15	1.15
钙长石	$\Delta_r G_T$	−539.45	−571.71	−586.77	−614.89	−628.75	−635.14	−660.45
	K	1.24	1.22	1.21	1.19	1.18	1.18	1.17
透辉石	$\Delta_r G_T$	−676.42	−663.01	−637.67	−619.14	−595.78	−566.82	−556.92
	K	1.31	1.26	1.23	1.19	1.17	1.16	1.14
白云母	$\Delta_r G_T$	−704.97	−768.97	−799.71	−858.27	−886.61	−905.49	−954.70
	K	1.33	1.30	1.29	1.28	1.27	1.26	1.26
锂辉石	$\Delta_r G_T$	−1 015.60	−1 060.20	−1 078.30	−1 108.40	−1 123.00	−1 124.50	−1 145.10
	K	1.51	1.44	1.42	1.37	1.35	1.33	1.32
赤铁矿	$\Delta_r G_T$	−86.59	−80.44	−77.14	−72.39	−72.92	−68.75	−67.38
	K	1.04	1.03	1.03	1.02	1.02	1.02	1.02
黄铁矿	$\Delta_r G_T$	−161.69	−187.38	−203.87	−241.16	−260.40	−285.45	−307.56
	K	1.07	1.07	1.07	1.07	1.07	1.08	1.08
氧化亚铁	$\Delta_r G_T$	−111.77	−110.56	−110.09	−103.65	−105.58	−105.20	−106.15
	K	1.05	1.04	1.04	1.03	1.03	1.03	1.03
磁铁矿	$\Delta_r G_T$	−179.71	−172.36	−168.59	−164.20	−166.58	−161.95	−161.44
	K	1.08	1.06	1.06	1.05	1.05	1.04	1.04
石英与HCl	$\Delta_r G_T$	217.79	226.33	214.51	187.14	171.63	154.88	138.00
	K	0.92	0.92	0.93	0.95	0.95	0.96	0.97
石英与HF	$\Delta_r G_T$	−72.21	−84.68	−90.54	−100.73	−104.59	−107.28	−117.01
	K	1.03	1.03	1.03	1.03	1.03	1.03	1.03

注：$\Delta_r G_T$ 为各矿物与混合酸反应吉布斯自由能，单位为 kJ/mol；K 为反应平衡常数。

脉石英浸出过程中，各杂质矿物在混合酸浸出剂中发生分解反应。由表 4-1 可知，各杂质矿物分解反应 $\Delta_r G_T$ 值均小于 0，K 值均在 1.0～1.5。可见，各杂质矿物均能在混酸溶液中分解，分解沿反应正方向自发进行，反应平衡常数较小，反应进行的程度较低，浸出除杂过程较缓慢。

钾长石、钠长石、钙长石、白云母、锂辉石及黄铁矿与混合酸分解反应的 $\Delta_r G_T$ 随反应温度升高而降低，表明升高反应温度，这几种杂质矿物分解的可能性增大，有利于脉石英中杂质元素的纯化。仅透辉石、赤铁矿、氧化亚铁及磁铁矿与混合酸分解反应的 $\Delta_r G_T$ 随反应温度升高而升高，表明升高反应温度对透辉石、赤铁矿、氧化亚铁及磁铁矿分解反应不利,反应可能性降低,降低反应温度有利于这几种杂质矿物的分离提纯。石英与 HF 反应吉布斯自由能 $\Delta_r G_T^\ominus$ 值小于 0,且均随温度升高逐渐减小,表明石英与 HF 反应能自发向正方向进行,随着温度升高,反应可能性逐渐增大。石英与 HCl 反应的 $\Delta_r G_T >$ 0,与 HF 反应的 $\Delta_r G_T < 0$,表明石英与 HCl 反应不能自发进行,但与 HF 的反应能自发进行。K 值均约为 1,可见反应进行程度较低。

综上,脉石英中杂质矿物钾长石、钠长石、钙长石、白云母、锂辉石、黄铁矿和铁氧化物与混合酸分解反应,反应发生的难易度由易到难依次为:锂辉石>白云母>钙长石>钠长石>钾长石>磁铁矿>黄铁矿>氧化亚铁>赤铁矿。此外,石英只能与 HF 反应,不与 HCl 和 HNO_3 反应。因此,杂质矿物较石英更易与混合酸反应,HF、HCl、HNO_3 混合酸浸出体系能够选择性浸出杂质矿物,使脉石英砂得以纯化。

4.4.2 脉石英酸浸反应埃林厄姆图

根据式(4-9)和式(4-10),将 4.4.1 小节计算得到各杂质矿物、石英混合酸分解反应吉布斯自由能值与对应的温度值代入,可计算得到各反应 $\Delta_r G_T = A + BT$ 关系式,如表 4-2 所示。根据各反应吉布斯自由能与温度二项式,可绘制脉石英混合酸浸出纯化过程各反应的埃林厄姆(Ellingham)图,如图 4-8 所示。

表 4-2　各杂质矿物与混合酸分解反应 $\Delta_r G_T = A + BT$ 关系式的系数值

化学反应方程式	$A/(\mathrm{kJ/mol})$	$B/(\mathrm{kJ/mol})$
$KAlSi_3O_8 + 13.13HF + 2.87H^+ = K^+ + AlF_{1.13}^{1.87+} + 3SiF_4 + 8H_2O$	-0.86	-149.43
$NaAlSi_3O_8 + 13.13HF + 2.87H^+ = Na^+ + AlF_{1.13}^{1.87+} + 3SiF_4 + 8H_2O$	-0.82	-167.85
$CaAl_2Si_2O_8 + 10.2HF + 5.8H^+ = Ca^{2+} + 2AlF_{1.10}^{1.90+} + 2SiF_4 + 8H_2O$	-0.58	-369.76
$CaMg(SiO_3)_2 + 12HF = Ca^{2+} + Mg^{2+} + 2SiF_4 + 3H_2O + 4F^-$	0.64	-880.83
$KAl_2(AlSi_3O_{10})(OH)_2 + 15.3HF + 6.7H^+ = K^+ + 3AlF_{1.10}^{1.90+} + 3SiF_4 + 12H_2O$	-1.20	-349.98
$LiAlSi_2O_6 + 9.1HF + 2.9H^+ = Li^+ + AlF_{1.10}^{1.90+} + 2SiF_4 + 6H_2O$	-0.62	-840.45
$Fe_2O_3 + 6H^+ = 2Fe^{3+} + 3H_2O$	0.09	-113.07
$FeO + HNO_3 + 3H^+ = Fe^{3+} + NO_2\uparrow + 2H_2O$	0.04	-123.09
$Fe_3O_4 + HNO_3 + 9H^+ = 3Fe^{3+} + NO_2\uparrow + 5H_2O$	0.09	-202.88
$FeS_2 + 5HNO_3 + 3H^+ = Fe^{3+} + 2H_2SO_4 + 5NO\uparrow + 2H_2O$	-0.73	65.36
$SiO_2 + 4HCl = SiCl_4 + 2H_2O$	-0.41	354.81
$SiO_2 + 4HF = SiF_4\uparrow + 2H_2O$	-0.21	-10.90

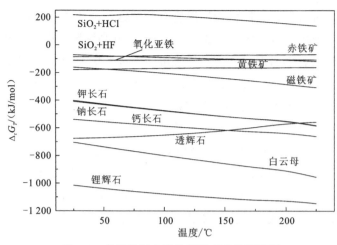

图 4-8　各矿物混合酸分解反应埃林厄姆图

从表 4-2 及图 4-8 看出，在脉石英混合酸浸出反应过程中，除石英与 HCl 的化学反应无法自发进行外，其他化学反应均能在混合酸溶液中自发进行。氧化亚铁、赤铁矿、黄铁矿混合酸分解反应吉布斯自由能，随反应温度升高几乎没有变化，说明反应温度对 Fe 去除影响不大。透辉石分解反应吉布斯自由能随反应温度升高而增加，表明升高反应温度对去除透辉石包裹体中的 Ca、Mg 杂质元素不利，但在常压浸出及热压浸出温度范围内，透辉石能发生分解反应而被去除。钾长石、钠长石、白云母、锂辉石分解反应吉布斯自由能随反应温度升高而减小，升高反应温度有利其反应分解。

第 5 章 常压酸浸技术及机理

非金属矿物中杂质金属元素的提取属于湿法冶金研究范畴[146]。根据非金属矿中有价成分不同，可将湿法冶金在非金属矿物分离提纯过程中的应用分为两类：一类是有价金属提取冶金，例如从锂辉石、锂云母中提取有价元素锂，从钾长石中提取有价金属钾等[147,148]；另一类是非金属矿提纯降杂，如高岭土、伊利石等除铁、钛，石墨、金刚石提纯等[149,150]。

本章介绍常温常压下晶体石英中杂质金属元素化学浸出分离提纯工艺技术及反应机理。对磁选−浮选处理后的试验样品，探究常温常压酸浸的最佳工艺参数；对杂质金属元素溶出、石英纯化过程进行化学平衡和浸出反应热力学理论计算与机理分析；进而建立石英酸浸提纯宏观动力学模型。

5.1 常压酸浸试验及表征方法

5.1.1 常压酸浸试验方法

常压酸浸反应在特制聚四氟乙烯三口烧瓶中进行，装置示意如图 5-1 所示。称取一定量石英焙烧水淬样，加入混合酸溶液，在聚四氟乙烯三口烧瓶中进行常压恒温浸出试验。浸出反应结束后，在洁净通风橱中，将石英砂冲洗转移至洁净聚四氟乙烯烧杯中，采用二次去离子水充分洗涤浸出后的石英砂至中性，对反应过程中产生的废水进行金属离子吸附净化处理，以免造成环境污染[151]。试验过程中须佩戴手套，防止酸液灼伤皮肤，同时避免皮肤表面汗液等不小心溅入洗净的石英产物中，造成样品污染。使用的聚四氟乙烯制品包括聚四氟乙烯烧杯、三口烧瓶、搅拌棒、搅拌桨、玻璃培养皿等，在试验前

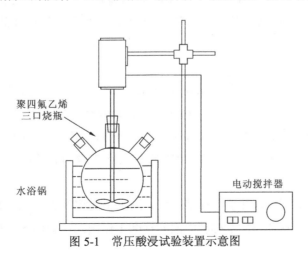

聚四氟乙烯
三口烧瓶

水浴锅

电动搅拌器

图 5-1 常压酸浸试验装置示意图

洗净且置于稀硝酸溶液中浸泡 5 h，试验时取出洗净，并用二次去离子水润洗 5～8 遍，避免仪器中杂质带入浸出洗涤至中性的石英产物中。洗涤至中性的石英样品在转移至另一仪器设备时，应特别小心，杜绝杂质进入样品。样品烘干、冷却后，在超净工作台中，将其迅速转移至洁净的样品袋中，置于干燥皿中保存，待测试分析。

5.1.2　常压酸浸表征方法

纯度较高、经过严格处理过的高纯石英砂试验样品，杂质元素种类多、测试精度高。高纯石英砂中杂质元素含量较低，国内外学者尝试了多种测试方法与手段，力求进行准确、科学的测定。采用火焰原子吸收光谱、石墨炉火焰原子吸收光谱、离子色谱（ion chromatography，IC）、电感耦合等离子体质谱（ICP-MS）、电感耦合等离子体原子发射光谱（inductively coupled plasma-atomic emission spectrometry，ICP-AES）、激光剥蚀电感耦合等离子体质谱（laser ablation inductively coupled plasma mass spectrometry，LA-ICP-MS）等测试方法[152-158]。

1. 溶样方法

石英砂样品化学组分不能直接进行分析测试，采用火焰原子吸收测试之前需进行溶样，测试液体样品中杂质元素的浓度，并将其转换成固体样品杂质元素含量。溶样步骤：准确称取干燥皿中石英砂样品（1.0000±0.0002）g，放入洗涤干净、去离子水润洗后烘干待用的带盖聚四氟乙烯坩埚中；加入 5 mL HF、3 mL HCl、2 mL HNO_3，对固体样品采用纯 HF、HCl、HNO_3 混合酸在聚四氟乙烯坩埚中溶解，并将坩埚置于恒温水浴锅内恒温反应 12 h，过程中注意杜绝外界杂质的污染；石英砂样品溶解完全后，取出坩埚并置于电加热板上加热。若有样品未完全溶解，可加入少许上述酸液，直至其溶解完全；将坩埚中混合酸溶液蒸至近干，然后加入 1:1 盐酸 5 mL，蒸煮至近沸，冷却；最后将液体样品准确转移至 10 mL 容量瓶中，聚四氟乙烯烧杯及搅拌棒用二次去离子水多次冲洗并转移至容量瓶中，定容。定容后的液体样品待检测。

2. 测试方法

采用火焰原子吸收光谱（flame atomic absorption spectrometry，FAAS）、石墨炉原子吸收光谱（graphite furnace atomic absorption spectrometry，GFAAS）和电感耦合等离子体质谱（ICP-MS）等方法综合测定石英砂样品中 Fe、K、Na、Ca、Mg 和 Mn 元素。采用测试方法借鉴国家标准《电感耦合等离子质谱法检测石英砂中痕量元素》（GB/T 32650—2016）等。

测试前配制标准溶液，并绘制标准曲线。测定不同浓度 Al、Fe、K、Na、Ca 和 Mg 标准溶液，可绘制出各杂质元素标准溶液的标准工作曲线，如图 5-2 所示。

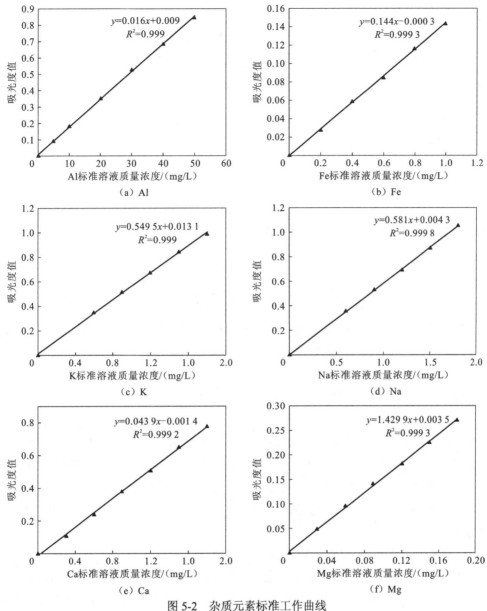

图 5-2 杂质元素标准工作曲线

3. 试验指标及计算公式

1）原子吸收光谱测试杂质元素含量

$$\rho(元素) = X \cdot \frac{(A_s - A_{s0} - b) \cdot V_m}{a \cdot V_p} \tag{5-1}$$

式中：A_s 为待测样品溶液吸光度；A_{s0} 为空白溶液吸光度值；X 为稀释倍数；a 为按线性回归计算标准曲线斜率的数值，L/mg；b 为按线性回归计算标准曲线截距的数值，L/mg；V_p 为用于制备试验溶液的水样体积，mL；V_m 为试样溶液体积，mL。

2）选矿去除率

$$去除率(氧化物) = \left(1 - \frac{试验样品杂质氧化物含量}{原样杂质氧化物含量}\right) \times 100\% \qquad (5\text{-}2)$$

式（5-2）所示的去除率为选矿处理过程中杂质氧化物去除率，与制备高纯石英砂过程杂质元素去除率不同。

3）杂质元素去除率

$$去除率(元素) = \left(1 - \frac{试验样品杂质元素含量}{原样杂质元素含量}\right) \times 100\% \qquad (5\text{-}3)$$

式（5-3）所示的去除率为制备高纯石英砂试验过程中杂质元素去除率，与选矿去除率不同，应注意区分。

4）SiO_2 纯度（以%为单位）

$$SiO_2纯度 = \left(1 - \sum 杂质元素含量 \times \frac{杂质元素对应氧化物分子量}{杂质元素原子量}\right) \times 100\% \qquad (5\text{-}4)$$

式中：杂质元素含量为实测值，$\mu g/g$；杂质元素为石英样品中 Al、Fe、K、Na、Ca、Mg、Mn、Ti、Li、B、Cu、Cr 及 Ni 共 13 种；杂质元素对应的氧化物具有多种价态，其对应氧化物为高价态常见氧化物。

据报道[109,159,160]，国际高纯石英砂行业对石英砂 SiO_2 纯度计算有两种方式：一种是对杂质元素含量进行计算；另一种是对杂质元素对应氧化物的含量进行计算。此外，选取多少种、哪些杂质元素参与 SiO_2 纯度计算，也有两种方式：一种是采用所有杂质元素参与 SiO_2 纯度计算；另一种是只选取高纯石英砂产品质量必须控制的 13 种主要杂质金属元素参与 SiO_2 纯度计算。高纯石英砂行业占据垄断地位的美国尤尼明公司选择了后者，本书产品标准 SiO_2 纯度计算与其保持一致，此方法也是目前国内外普遍的计算方法。

目前并无相应的国际、国内或行业标准对石英砂、高纯石英砂产品质量标准进行定义，各国各企业都有自己的产品标准。公认高纯石英砂产品质量优劣的评判标准：①13种主要杂质金属元素 Al、Fe、K、Na、Ca、Mg、Mn、Ti、Li、B、Cu、Cr 及 Ni 的含量（单位为 $\mu g/g$，而非氧化物含量）；②每平方厘米气液包裹体数量/羟基自由基的含量等。无特殊强调时，本书表述杂质含量均指杂质元素含量。

5.2　不同种类酸对石英砂酸浸的影响

石英砂酸浸采用盐酸、硫酸、硝酸、草酸、高氯酸及氢氟酸等常见无机、有机酸作为浸出剂，使氢离子、酸根离子沿石英焙烧水淬样品裂隙扩散进入石英晶体晶界处，与杂质矿物发生化学反应，金属离子溶解扩散进入溶液，固液分离后石的英砂得到纯化。纯化效率受浸出剂酸种类、浓度、反应温度、时间等条件影响。

混合酸分解石英中硅酸盐、铝硅酸盐、黄铁矿等杂质矿物的化学反应，在常温常压、高温高压下均能自发进行。本节对比不同无机酸及其组合，通过试验验证热力学计算结果，寻找最佳浸出工艺条件。

准确称取粒度为 0.106～0.212 mm 的石英砂原样 100 g，反应温度为 25℃，液固比为 1:1，搅拌速度为 200 r/min，浸出 6 h。采用 8 mol/L 单一盐酸、硫酸、硝酸及氢氟酸进行浸出试验。反应结束后样品全元素分析结果如表 5-1 所示。

表 5-1 单一酸对石英砂原矿常温化学浸出纯化结果 （单位：μg/g）

样品	杂质元素质量分数								
	Al	Fe	Na	K	Ca	Mg	Mn	其他	总和
原样	221.93	188.6	56.21	71.53	52.46	3.82	6.73	24.21	625.49
盐酸浸出样	54.78	7.24	38.4	26.71	29.57	1.17	1.07	8.20	167.14
硫酸浸出样	42.18	7.11	39.6	23.25	33.15	1.01	1.11	6.65	154.06
硝酸浸出样	62.74	6.17	41.52	27.37	34.22	2.31	1.94	17.32	193.59
氢氟酸浸出样	44.80	6.60	39.23	19.99	34.36	4.28	1.08	16.34	166.68

如表 5-1 所示，各无机酸对石英原矿均具有一定纯化效果，对 Fe、Mn 去除效果最佳，对杂质 Al、K 去除效果次之，对 Ca、Na 去除效果最差；4 种单一无机酸中，杂质去除效率最佳为 H_2SO_4，HF、HCl 次之，最差为 HNO_3。但杂质 Al、Fe、Mn、Ca、Mg、K、Na 去除率不高，总杂质元素含量很高，因此需要对石英砂原样进行磁选-浮选-焙烧水淬后再进行浸出试验。其中磁选-浮选作业按第 3 章最优条件进行，得到的反浮选石英砂烘干后进行焙烧-水淬作业。焙烧-水淬作业最佳工艺条件：反浮选石英砂精矿在 900℃下，于马弗炉中焙烧 4 h，取出后立即置于冰水中骤冷水淬，过滤，烘干，所得焙烧水淬样的 ICP 测试结果如表 5-2 所示。

表 5-2 焙烧水淬样 ICP 测试结果 （单位：μg/g）

样品	杂质元素质量分数							
	Al	Fe	Na	K	Ca	Mg	其他	总和
焙烧水淬样	42.22	24.08	18.40	38.69	28.06	2.21	21.86	175.52

5.2.1 盐酸

盐酸用量对石英砂提纯影响非常显著。称取 100 g 焙烧水淬样置于聚四氟乙烯三口烧瓶中，反应温度为 60℃，电动搅拌浸出，搅拌速度为 200 r/min，液固比为 2.5:1，反应时间为 8 h，进行不同盐酸用量试验，试验所用盐酸浓度分别为 1 mol/L、2 mol/L、3 mol/L、4 mol/L、5 mol/L 及 6 mol/L，浸出反应结束后，试验样品清洗至中性，烘干后分析，盐酸用量对金属元素去除率的影响如图 5-3 所示。

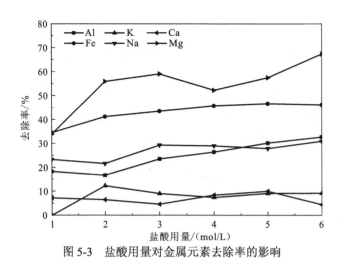

图 5-3 盐酸用量对金属元素去除率的影响

从图 5-3 看出，当盐酸用量增加时，杂质元素去除率整体呈缓慢上升趋势。盐酸用量为 1 mol/L 时，杂质元素去除率均低于 35%，Mg、Fe 去除率相对较高。盐酸用量增至 3 mol/L 时，Fe、Ca 和 Na 去除率曲线变化趋缓，Al 去除率随盐酸用量增加而缓慢升高，K 和 Mg 去除率波动较大。综合考虑，选取盐酸用量为 3 mol/L。

5.2.2 氢氟酸

氢氟酸用量是影响石英砂提纯的另一关键因素。试验采用 3 mol/L 盐酸与不同用量 HF 作为浸出剂，其他试验条件不变。氢氟酸用量对金属元素去除率的影响如图 5-4 所示。

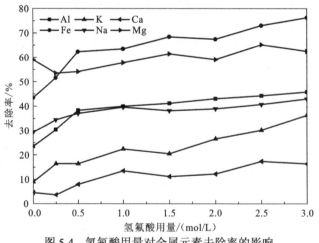

图 5-4 氢氟酸用量对金属元素去除率的影响

从图 5-4 看出，氢氟酸对 6 种元素的去除都有明显影响，去除率均随氢氟酸用量增加而升高，去除率从高到低依次为 Fe、Mg、Al、Na、K、Ca。从用量趋势看，1.0 mol/L 是氢氟酸的一个临界量，大于 1.0 mol/L 时，元素去除率升高幅度不大，因此，再增加氢氟酸用量既无技术经济意义也无环境意义。

5.3 浸出条件对酸浸的影响

称取焙烧水淬样 100 g，在反应温度为 25 ℃，液固比为 1∶1，搅拌速度为 200 r/min，反应时间为 6 h 的条件下进行试验。为方便比较，选择最佳无机酸组合，溶液中总 H^+ 相等，分别采用 7 种无机酸组合（A、B、C、D、E、F、G）：A 为 4.0 mol/L 单一 HCl；B 为 2.0 mol/L 单一 H_2SO_4；C 为 4.0 mol/L 单一 HF；D 为 2.0 mol/L HCl 与 1.0 mol/L H_2SO_4 的混合酸；E 为 1.0 mol/L HF 与 3.0 mol/L HCl 的混合酸；F 为 1.0 mol/L HF 与 1.5 mol/L H_2SO_4 的混合酸；G 为 1.0 mol/L HF、3.0 mol/L HCl 及 0.75 mol/L H_2SO_4 的混合酸。浸出试验结束后，试验样品分析结果如表 5-3 所示。7 种不同无机酸浸出剂组合对杂质元素的去除效果如图 5-5 所示。

表 5-3 不同无机酸对焙烧水淬样浸出的影响 （单位：μg/g）

编号	浸出剂	杂质元素质量分数					
		Al	Fe	K	Na	Ca	Mg
A	HCl	40.17	19.69	18.09	33.48	26.62	1.07
B	H_2SO_4	37.23	17.64	18.56	29.14	25.24	1.11
C	HF	28.68	20.45	16.41	25.05	25.12	1.08
D	HCl+H_2SO_4	38.56	18.29	18.31	34.30	26.02	1.274
E	HF+HCl	31.07	13.08	17.04	27.48	25.72	1.06
F	HF+H_2SO_4	35.72	17.29	18.34	33.61	27.84	1.97
G	HF+HCl+H_2SO_4	32.41	16.86	16.32	29.23	26.51	1.51

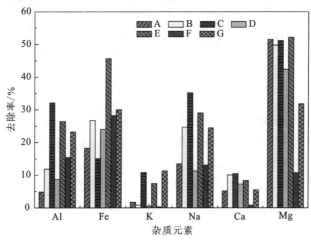

图 5-5 7 种不同无机酸对杂质元素的去除效果

从表 5-3 和图 5-5 看出，杂质金属元素浸出分离效率的高低顺序为 Mg>Fe>Na>Al>Ca>K。无机酸浸出剂组合选择试验研究表明：相同浸出剂浓度情况下，单一 HF 及有 HF 的无机酸组合（C 及 E、F、G）杂质元素去除率整体高于单一 HCl、H_2SO_4 及 HCl+H_2SO_4 组合；HF 作为浸出剂对杂质 Al 去除率较高；HCl 对杂质元素的去除效果略低于 H_2SO_4，但 HF+HCl 组合浸出效率远高于 HF+H_2SO_4 组合；HF+HCl 无机酸组合对杂质元素去除最有效，同时可降低 HF 用量，减少 HF 对设备和环境的不利影响。综上，采用 HF+HCl 的混合酸浸出效果最好。

5.3.1 氧化剂

石英矿物学研究表明，Fe 杂质主要以铁氧化物浸染石英颗粒、以黄铁矿包裹体为主。常见方法是采用络合浸出工艺，将草酸作为络合剂，与 Fe 离子形成铁的草酸络合物分离去除，该工艺具有良好的去除效果。但由于石英中含有黄铁矿包裹体，需将黄铁矿氧化才能有效浸出。草酸为还原性酸，会在强氧化性溶液中分解并失去络合能力，因此需对氧化浸出和还原浸出工艺及氧化剂和还原剂种类用量进行对比试验，利于选择合理的浸出工艺。

在 0.5 mol/L HF、3.0 mol/L HCl 混合酸溶液中分别加入 1 mol/L 氧化剂，其他试验条件同前文。选用的氧化剂有 HClO、$HClO_4$、Cl_2、$FeCl_3$、HNO_3 及 H_2O_2。在 60 ℃下，以 200 r/min 搅拌浸出 8 h，试验结果如图 5-6 所示。

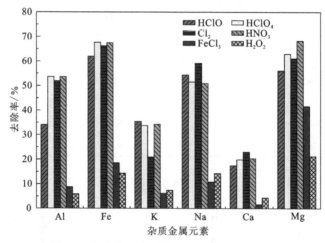

图 5-6 氧化剂对杂质金属元素去除率的影响

从图 5-6 看出，氧化剂不同，杂质金属元素 Al、Fe、K、Na、Ca 和 Mg 的去除率差异较大。氧化剂 H_2O_2 和 $FeCl_3$ 对杂质金属元素的去除率远低于 HClO、$HClO_4$、Cl_2 和 HNO_3。虽然 $HClO_4$ 和 Cl_2 具有较高的浸出去除率，但是它们属于强氧化剂，也有安全隐患，因此不宜采用[160]。氧化剂 HClO 对 Al、Fe、Mg 及总杂质去除率低于 HNO_3，因此，选择 HNO_3 作为化学浸出氧化剂。

5.3.2 络合剂

在同样试验条件下，采用不同络合剂进行还原浸出试验，试验结果如图 5-7 所示。选用的络合剂有柠檬酸、草酸、乙酸、乙二胺四乙酸（ethylene diamine tetraacetic acid，EDTA）、硫脲及腐殖酸[161-163]。

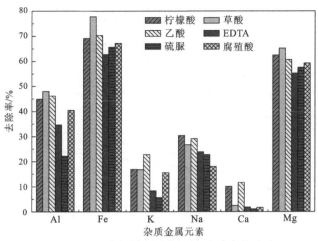

图 5-7 络合剂对杂质金属元素去除率的影响

从图 5-7 看出，采用不同络合剂，杂质金属元素 Al、Fe、K、Na、Ca 和 Mg 的去除率差异不大。络合剂 EDTA、硫脲及腐殖酸对杂质金属元素的去除率低于柠檬酸、草酸及乙酸，其中草酸对 Fe、Al 和 Mg 的去除率最高。

将图 5-6 与图 5-7 进行比较可以发现，草酸对 Fe 元素去除率高达 77.1%，高于所有氧化剂及络合剂；氧化剂 HClO、$HClO_4$、Cl_2 和 HNO_3 对 Fe 元素去除率接近 70%，与采用柠檬酸、乙酸络合剂的还原浸出时 Fe 去除率相差不大。

除 H_2O_2 与 $FeCl_3$ 外，氧化剂 HClO、$HClO_4$、Cl_2 和 HNO_3 的氧化浸出对杂质金属元素 Al、K、Na 和 Ca 的去除率均高于柠檬酸、草酸、乙酸、EDTA、硫脲及腐殖酸络合剂的还原浸出。对于 Mg 的去除，HNO_3 的去除效果最好，HClO、$HClO_4$、Cl_2 与柠檬酸、草酸、乙酸、EDTA、硫脲及腐殖酸基本持平或略高。

5.3.3　辅助浸出剂

综合考虑 6 种主要杂质金属元素的去除效果，氧化浸出工艺优于还原浸出工艺，还原浸出工艺中草酸对 Fe 的去除效率最高；同时，HNO_3 作为氧化剂辅助浸出对杂质金属元素的去除率显著高于 HNO_3 作为主浸出剂的去除率。

采用 HNO_3 作为氧化剂辅助浸出，探索其最佳用量，试验结果如图 5-8 所示。当 HNO_3 作为辅助浸出剂时，随 HNO_3 浓度的升高，杂质金属元素去除率整体呈上升趋势。在 HNO_3 浓度为 0.5 mol/L 时，Fe、Mg、Al 和 Na 去除率较高，且去除率曲线出现明显拐点。当 HNO_3 浓度大于 0.5 mol/L 时，杂质金属元素去除率增幅不大，K 和 Ca 的去除率随 HNO_3 浓度持续升高，但整体去除率较低。因此，选取 HNO_3 最佳浓度为 0.5 mol/L，此时 Fe、Mg、Al 和 Na 去除率分别可达 67.03%、58.82%、49.10% 和 47.61%，K 和 Ca 去除率仅为 19.78% 和 15.11%。

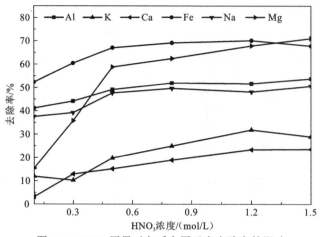

图 5-8 HNO₃ 用量对杂质金属元素去除率的影响

5.3.4 搅拌速度

在 0.5mol/L HF、3.0 mol/L HCl、0.5 mol/L HNO₃ 的混合酸溶液中,加入焙烧水淬样 100 g,液固比为 3:1,反应温度为 60 ℃,反应 8 h。进行不同搅拌速度(100 r/min、200 r/min、300 r/min、400 r/min 和 500 r/min)的杂质金属元素去除试验,结果如图 5-9 所示。

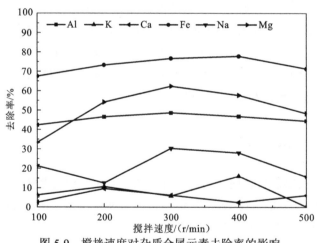

图 5-9 搅拌速度对杂质金属元素去除率的影响

从图 5-9 可以看出,搅拌速度对石英砂纯化有影响,随搅拌速度增加,各杂质去除率先升高后降低,基本在 300 r/min 时达到最大,但影响并不十分显著。中等搅拌速度(200～400 r/min)对石英砂浸出影响不大,但搅拌速度过小(<200 r/min)和过大(>400 r/min)时,对石英砂浸出不利。

5.3.5 液固比

取焙烧水淬样 100 g,混合酸溶液为 0.5 mol/L HF、3.0 mol/L HCl、0.5 mol/L HNO₃,

在液固比分别为 1:1、2:1、2.5:1、3:1、4:1、5:1 条件下，考察液固比对浸出效果的影响，试验结果如图 5-10 所示。

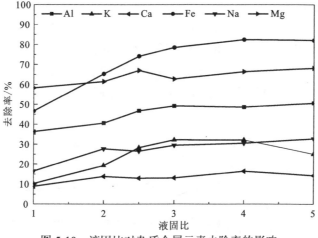

图 5-10　液固比对杂质金属元素去除率的影响

从图 5-10 可以看出，液固比从 1:1 增大至 3:1 时，各金属元素去除率都呈升高趋势，去除率升高幅度依次为 Fe>K>Al>Mg>Na>Ca；液固比大于 3:1 后，杂质金属元素去除率略有升高。综合考虑杂质金属元素去除率、酸用量、石英处理量及环境处理等因素，采用液固比为 3:1。

5.3.6　反应温度

取混合酸溶液 300 mL 于 500 mL 聚四氟乙烯三口烧瓶中，加入 100 g 焙烧水淬样，设置反应温度分别为 25℃、40℃、60℃、80℃、90℃ 和 100℃，探究反应温度对杂质金属元素去除率的影响，试验结果如图 5-11 所示。

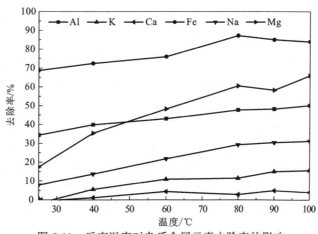

图 5-11　反应温度对杂质金属元素去除率的影响

从图 5-11 可以看出，反应温度对杂质金属元素去除率影响显著。随反应温度升高，各杂质金属元素去除率都相应升高。反应温度高于 80℃ 后增幅趋于平缓，去除率升高幅度依次为 Fe>Mg>Al>Na>Ca>K。因此，反应温度以 80 ℃为宜。

5.3.7 反应时间

取混合酸溶液 300 mL 于 500 mL 聚四氟乙烯三口烧瓶中，加入 100 g 焙烧水淬样，于 80 ℃恒温水浴，在相同试验条件下搅拌浸出。分别于反应 2 h、4 h、6 h、8 h、10 h、12 h 和 24 h 后，从烧瓶取样口取样，洗涤烘干。反应时间对杂质金属元素去除率的影响如图 5-12 所示。

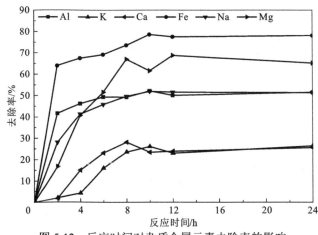

图 5-12 反应时间对杂质金属元素去除率的影响

从图 5-12 可以看出，随反应时间增加，各杂质金属元素去除率稳定升高后基本保持不变。混合酸浸出过程中，反应前 4 h 内，杂质金属元素去除率增幅较大；4～8 h 内，去除率增幅变缓；反应 8～10 h，Al、Na、K、Fe 去除率略有升高，但增幅不大，Ca、Mg去除率略有降低；反应超过 10 h，各杂质元素去除率近乎不再升高。因此，最佳反应时间为 8 h。此时，溶液中石英颗粒扩散层杂质经反应完全去除，随着无机酸离子扩散进入石英晶格的速度变缓，去除率不再升高。

综上所述，常压下混合酸浸出最佳工艺参数：主浸出剂 HF 浓度为 0.5 mol/L、HCl浓度为 3.0 mol/L；采用氧化浸出工艺，氧化剂 HNO_3 为辅助浸出剂，浓度为 0.5 mol/L；反应温度为 80 ℃；反应时间为 8 h；搅拌强度为 300 r/min；液固比为 3:1。此时杂质金属元素的含量如表 5-4 所示。

表 5-4 石英杂质金属元素含量比较

项目	Al	Fe	K	Na	Ca	Mg
焙烧水淬样杂质元素质量分数/（μg/g）	42.22	24.08	18.40	38.69	28.06	2.21
4 mol/L HF 浸出后杂质元素质量分数/（μg/g）	28.68	20.45	16.41	25.05	25.12	1.08
最佳工艺参数下杂质元素质量分数/（μg/g）	21.42	6.37	14.07	19.48	20.16	0.73
最佳工艺参数下杂质元素较焙烧水淬样的去除率/%	49.27	73.55	23.53	49.65	28.15	66.97

将最佳工艺参数下常压浸出样品与反应前的焙烧水淬样比较，Al、Fe、K、Na、Ca 和 Mg 质量分数分别降低了 20.80 μg/g、17.71 μg/g、4.33 μg/g、19.21 μg/g、7.90 μg/g 和 1.48 μg/g。与焙烧水淬样比较，常压浸出金属杂质 Al、Fe、K、Na、Ca 和 Mg 去除率分别为 49.27%、73.55%、23.53%、49.65%、28.15% 和 66.97%。

5.4 浸出颗粒形貌分析

5.4.1 石英颗粒表面形貌

石英经混合酸浸出后，杂质金属部分得到去除。采用扫描电子显微镜（scanning electron microscope，SEM）表征常温常压浸出后的石英颗粒表面形貌，有助于浸出机理分析。浸出后石英颗粒表面形貌如图 5-13 所示。

如图 5-13（a）和（b）所示，石英颗粒表面裂隙无规则，且沿断面及石英晶体之间的界面分布，可以判断石英表面裂缝为物理方法所致，而非混合酸化学作用导致。石英原样经选矿预处理后，进行活化焙烧-水淬，高温活化焙烧使石英颗粒表面形成裂缝。焙烧水淬样为常温常压浸出入料，在常温常压浸出过程中，混合酸沿裂缝扩散进入石英颗粒内部，使杂质元素得到去除。常温常压浸出后，裂隙并无明显增大、腐蚀的痕迹。

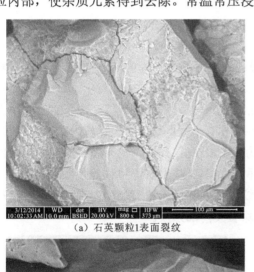
（a）石英颗粒1表面裂纹

（b）石英颗粒2表面裂纹

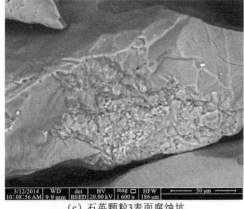
（c）石英颗粒3表面腐蚀坑

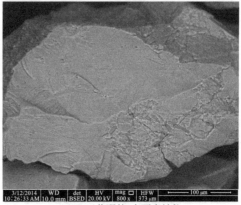
（d）石英颗粒4表面腐蚀坑

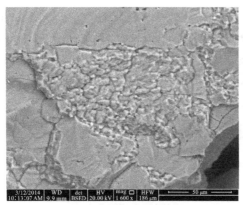
(e) 石英颗粒5表面腐蚀坑

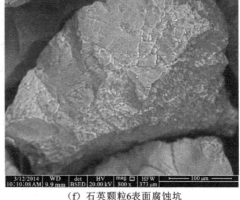
(f) 石英颗粒6表面腐蚀坑

图 5-13　常压浸出后石英颗粒表面形貌

因混合酸作用，石英表面形成大量三角形腐蚀坑，如图 5-13（c）～（f）所示。经常温常压浸出后，石英颗粒表面的 Me—O 键（Me 表示金属，如 Al、Fe、K、Na、Ca、Mg、Mn、Cu、Ti、Li 等，下同）、石英晶格表面的亲水 Si—O 键及焙烧-水淬形成的裂缝处新鲜断面等活性位点，能迅速吸附—OH，吸附—OH 的活性位点能吸附大量混合酸中 HF 分子和 H^+，并发生化学反应，置换金属离子裂解 Me—O 键，使石英表面杂质得到去除。

5.4.2　石英颗粒剖面形貌

为深入探究石英焙烧-水淬活化过程形成的裂纹对浸出过程的活化作用，对石英颗粒剖面进行扫描电镜形貌分析，如图 5-14 所示。

由图 5-14 可知，石英颗粒在焙烧-水淬活化过程中，部分裂纹能延伸入石英颗粒内部。石英颗粒剖面形貌清晰可见，部分颗粒外部具有丰富的裂纹，但颗粒内部未见裂纹，如图 5-14（a）～（e）所示，裂纹分布深度为 5～20 μm；同时，也有裂纹深入颗粒内部甚至贯穿石英颗粒，如图 5-14（c）和（f）所示。石英焙烧水淬过程能使颗粒表面 5～20 μm 层形成较丰富的裂纹，并能使部分裂纹沿晶界延伸入石英颗粒内部，形成浸出剂分子进入石英颗粒内部的通道，从而部分去除石英内部杂质。

（a）视域1颗粒剖面外边缘裂纹

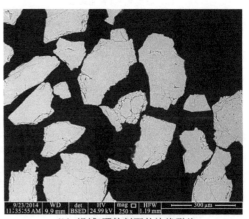
（b）视域2颗粒剖面外边缘裂纹

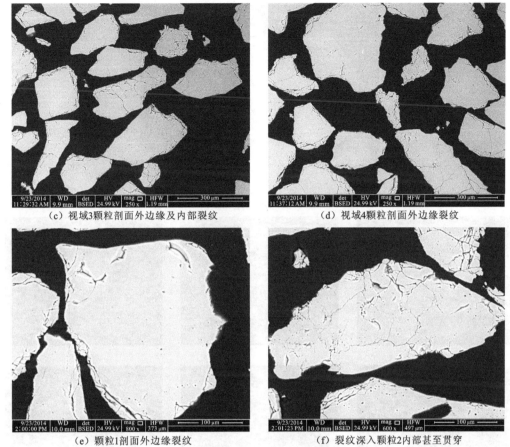

(c) 视域3颗粒剖面外边缘及内部裂纹　　　　　(d) 视域4颗粒剖面外边缘裂纹

(e) 颗粒1剖面外边缘裂纹　　　　　(f) 裂纹深入颗粒2内部甚至贯穿

图 5-14　常压浸出石英颗粒剖面 SEM 图像

　　将最佳酸浸工艺条件下石英试验样品制备成树脂二次成型切片，对石英颗粒剖面进行杂质元素 Al、Fe、K、Na、Ca、Mg 的扫描电子显微镜（SEM）-能量色散 X 射线谱（energy dispersive X-ray spectroscopy，EDS）分析，主要的 SEM-EDS 面扫描分析图像如图 5-15 所示。

　　图 5-15（a）为常压浸出条件下，含有杂质包裹体的石英颗粒剖面形貌图像，并对此颗粒剖面进行了 Al、Fe、K、Na、Ca 和 Mg 能谱分析，分别如图 5-15（b）～（g）所示。图 5-15（a）中灰白色为石英颗粒，颗粒内部可见白色包裹体剖面；图 5-15（b）为 Al 面分布图像，Al 面分布规律表现为图中深蓝色亮点广泛分布于石英颗粒剖面上，除去能谱背景值，可见 Al 均匀分布于石英颗粒剖面上，能谱亮点构成形状与石英颗粒形貌相似；Fe、K、Na、Ca、Mg 表现出与 Al 相似的分布特征，6 种主要杂质元素均在颗粒剖面上均匀分布。可见，常压浸出虽能将石英颗粒表面杂质去除，但无法深入石英颗粒内部将杂质金属元素浸出去除，石英颗粒内部仍有大量杂质元素存在。图 5-15（a）中白色包裹体区域，在 Al、Ca 和 Mg 能谱面分布图像中对应区域有相对集中的亮点出现，可初步判断为含 Al、Ca 和 Mg 矿物包裹体。

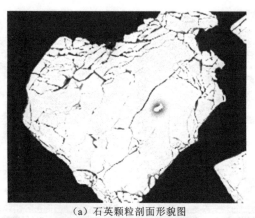
（a）石英颗粒剖面形貌图

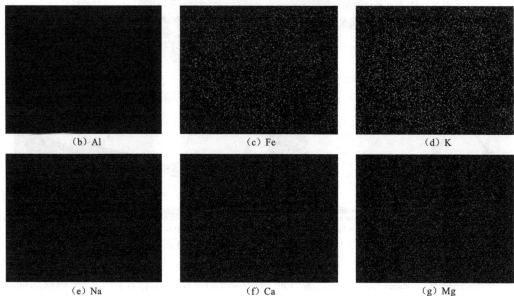

（b）Al　　　　　　　　　　　（c）Fe　　　　　　　　　　　（d）K

（e）Na　　　　　　　　　　　（f）Ca　　　　　　　　　　　（g）Mg

图 5-15　常压浸出石英颗粒剖面 SEM-EDS 图像

扫封底二维码见彩图

　　为进一步确定石英颗粒剖面上发现的矿物包裹体的物相成分，对石英颗粒内部（剖面上）的包裹体进行微区能谱分析。

　　图 5-16（a）和（c）为石英颗粒剖面形貌，图 5-16（b）和（d）为石英颗粒剖面上的包裹体，对应的能谱微区分析结果如表 5-5 所示，结果表明颗粒灰白色区域主要成分为石英，图 5-16（b）中的包裹体为钙长石矿物，图 5-16（d）中的包裹体物相组成为硅灰石。

　　常压浸出工艺对石英颗粒表面杂质金属元素具有一定去除效果，焙烧水淬形成的裂隙多分布于石英颗粒外表面，裂隙深度为 5～20 μm。常压浸出过程中，浸出剂无法进入大于 20 μm 深度的裂隙，石英颗粒内部包裹体无法与浸出剂反应去除。能谱面扫描、微区分析结果表明，在常压浸出过程中，石英颗粒内部杂质无明显去除，内部可见钙长石、硅灰石等矿物包裹体。

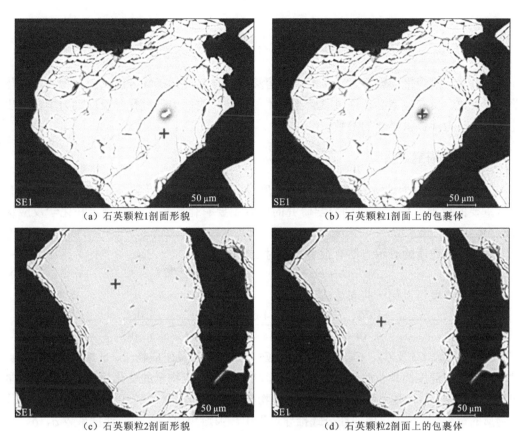

（a）石英颗粒1剖面形貌　　　　　　　　　　（b）石英颗粒1剖面上的包裹体

（c）石英颗粒2剖面形貌　　　　　　　　　　（d）石英颗粒2剖面上的包裹体

图 5-16　常压浸出石英颗粒包裹体 SEM 图及能谱位置

表 5-5　常压浸出石英颗粒包裹体 EDS 微区分析结果　　　　　（单位：%）

类型	质量分数				
	O	Si	Al	Ca	合计
颗粒 1	40.72	59.28	—	—	100.00
颗粒 1 包裹体	49.94	44.41	3.74	1.91	100.00
颗粒 2	40.41	59.59	—	—	100.00
颗粒 2 包裹体	33.74	41.68	—	24.58	100.00

5.5　常压酸浸动力学分析

石英浸出机理研究要解决浸出反应能否发生、浸出过程化学反应进行的方向和限度等热力学问题，此外化学反应速度对技术的应用也至关重要。

石英晶体中往往含有多种金属矿物包裹体，这种多矿物并存的浸出化学动力学行为极其复杂。本节根据金属元素物理化学特性差异化特征，采用纯矿物法模拟石英中常见的杂质矿物钾长石、钠长石、白云母、黄铁矿，分别讨论它们在混合酸浸出体系中的反应化学动力学行为，对指导浸出机理研究具有重要意义。

5.5.1 动力学研究方法及宏观动力学模型

热力学和溶液平衡计算确定了混合酸溶液中杂质包裹体矿物分解反应方程式，但化学反应级数、反应速率必须通过试验测试才能得到，进而为研究化学反应动力学、浸出过程宏观动力学提供必要的参数。

1. 动力学研究方法

化学反应动力学是研究反应进行的速度及其影响因素的科学，在湿法冶金中占有非常重要的位置。化学反应动力学研究的内容主要有化学反应速度测定和化学反应级数测定。

化学反应速度的表示方法有很多种，对于反应式

$$aA + bB + eE + \cdots \longrightarrow zZ + yY \tag{5-5}$$

其反应速度可以用一些表达式表达：

$$r = -\frac{1}{a}\frac{dC_A}{dt} = -\frac{1}{b}\frac{dC_B}{dt} = -\frac{1}{e}\frac{dC_E}{dt} = -\frac{1}{z}\frac{dC_Z}{dt} = -\frac{1}{y}\frac{dC_Y}{dt} \tag{5-6}$$

式中：C_A、C_B、C_E 及 C_Z、C_Y 分别表示反应物 A、B、E 及生成物 Z、Y 经历时间 t 的瞬时浓度。反应速度为单位时间内作用物质量的变化，反应物量的变化为负值、生成物量的变化为正值，但计量系数取负值，故反应物与生成物前均取 "−" 以保持单位时间内作用物质的量变化 dC 为正值。在公式推导过程中，为避免出错，反应计量系数 a、b、e、y、z 及物质的量变化 dC 均取绝对值。根据质量作用定律可知，反应速度与各个反应物浓度的乘积成正比，且各反应物浓度指数等于反应式中各反应物前的系数，即

$$r = \frac{1}{v} \cdot \frac{dC}{dt} = kC_A^a C_B^b C_E^e \cdots \tag{5-7}$$

参与反应的各作用物质的初始浓度的关系满足

$$\frac{C_{A0}}{a} = \frac{C_{B0}}{b} = \frac{C_{E0}}{e} = \cdots = \frac{C_0}{v} = 常数 \tag{5-8}$$

由式（5-8）可知

$$C_A = \frac{a}{v} \cdot C, \quad C_B = \frac{b}{v} \cdot C, \quad C_E = \frac{e}{v} \cdot C \tag{5-9}$$

并将式（5-9）代入式（5-7），可推知

$$r = \frac{1}{v} \cdot \frac{dC}{dt} = k\left(\frac{a}{v}\right)^a \cdot \left(\frac{b}{v}\right)^b \cdot \left(\frac{e}{v}\right)^e \cdots C^{a+b+e+\cdots} = k_n \cdot C^{a+b+e+\cdots} \tag{5-10}$$

式（5-10）便是各级反应化学反应速度通式，对式（5-10）两边取对数，则有

$$\ln r = \ln k_n + n \cdot \ln C, \quad n = a + b + e + \cdots \tag{5-11}$$

式中：r 为各反应 t 时刻反应速度；C 为 t 时刻反应物浓度；k_n 为反应速率常数。根据式（5-11），将试验所得反应速度的对数值 $\ln r$ 与反应物浓度对数值作图，所得关系图是一条直线，直线斜率便是反应级数 n，进一步可以根据截距求得反应速率常数 k_n。

周永恒[164]在研究不同石英玻璃与 HF 反应动力学过程中，用 1.4 mol/L 的 HF 侵蚀石英玻璃，以不同时间内的反应前后物质质量损失，计算反应速率：

$$r = -\frac{1}{S}\frac{dm_A}{dt}$$ （5-12）

对式（5-12）两边取对数，绘制 $\ln r$ 与反应物浓度曲线，求得直线斜率 n 即反应级数。S 表示颗粒相对比表面积，由下式计算，因矿物远远过量，故暂不考虑颗粒粒径。

$$S = \frac{SA_t}{SA_i} = \left(\frac{v_t}{v_i}\right)^{0.66} = (v_t)^{0.66}$$ （5-13）

式中：SA_i、SA_t 分别为初始阶段与反应时间 t 时的颗粒表面积。

姜波[165]采用反应物浓度计算反应速度，绘制 $\ln r$ 与反应物浓度关系曲线，并求得反应级数，讨论了氧化镍矿在氨-铵盐-水系浸出剂中的化学反应动力学。刘德新等[166]在进行砂岩油气藏基质酸化增产及油气储层保护研究时，将 HF 对硅质岩石矿物的分解分为两类：HF 自由分子直接吸附作用在硅质岩石晶格表面、H^+ 催化作用下 HF 强化分解硅质岩石晶格。进一步，借助表面化学和化学动力学理论，以试验得到的反应速度和与 HF、H^+ 活度，分别建立了二者的化学反应动力学模型，并对建立的模型进行试验验证。

Dietzel[167]采用 0～2.5 mol/L HF、0～5 mol/L HCl 混合酸分解钾长石、钠长石，通过试验测得反应过程中 K^+、Na^+ 的离子浓度，计算反应速度。通过试验总结并建立钾长石、钠长石的 HF、HCl 混合酸分解化学反应动力学模型：

$$r_A = k(1 + K(HCl)^a)(HF)^b$$ （5-14）

并得到钾长石化学反应动力学参数，25℃时，$a = 0.4$，$b = 1.2$，$k = 1.9 \times 10^{-9}$，$K = 1.4$，k、K 对应活化能分别为 38.93 kJ/mol、-7.95 kJ/mol；钠长石化学反应动力学参数，25℃时，$a = 1.0$，$b = 1.0$，$k = 1.8 \times 10^{-9}$，$K = 0.4$，k、K 对应活化能分别为 32.65 kJ/mol、-4.6 kJ/mol。

国内外学者开展了大量的研究工作[168,169]，采用上述方法对不同的矿物溶解过程进行了化学反应动力学研究，建立化学反应动力学模型，并求解化学反应动力学参数，探究矿物分解化学反应过程的动力学实质。

2. 浸出过程宏观动力学模型

石英浸出过程是一个复杂的多相混合反应过程，浸出多属于液固反应，即使有气体参与的浸出过程，其本质也是气体先溶解，再发生化学反应。浸出过程的液固反应有三种情况：第一种是生成物可溶于水的固液反应，生成物可溶于水，固相的外形尺寸随反应的进行而减小直至完全消失，此种反应称为未反应核减缩型；第二种是生成物为固态并附着在未反应核上；第三种是固态反应物分散嵌布在不反应的脉石基体中，如块矿的浸出。一般而言，脉石基体有孔穴和裂缝，在此种情况下由内、外扩散导致的在矿块表面与内部的反应可能同时进行[128,144,145]。

液-固浸出反应一般包括几个步骤：浸出剂在溶液中向矿物表面扩散、浸出剂向矿物内部扩散、浸出剂在矿物表面与矿物发生反应、生成物由反应界面向固体表面扩散及生成物由固体表面向溶液中扩散[128,144,145]。根据上述液-固浸出反应过程中各步骤反应速度的不同，浸出过程可分为化学反应控制、外扩散控制和内扩散控制，三种控制过程对应三种不同的动力学模型[128,144,145]。

1）化学反应控制模型

对于粒度均匀致密、浸出过程中浸出剂浓度可以认为保持不变的过程，当浸出受化学反应控制，服从化学反应控制模型：

$$1-(1-x)^{2/3}=\frac{kC_{H^+}^n M}{r\rho}t=kt \tag{5-15}$$

式中：令 $k=kC_{H^+}^n M/r\rho$，其中，C_{H^+} 为 H^+ 浓度；r 为球形颗粒的初始半径；n 为反应级数；M 为矿物摩尔质量；ρ 为矿粒密度；k 为化学反应速率常数；t 为反应时间；x 为杂质去除率。

化学反应控制判断的依据：$1-(1-x)^{2/3}$ 值与时间 t 关系图是一条通过原点的直线；浸出过程的反应速度或浸出率随温度升高迅速增大，且由阿伦尼乌斯方程计算得到表观活化能值>41.8 kJ/mol；搅拌速度对浸出速度没有明显的影响。因此，提高化学反应控制浸出过程浸出率的方法主要有提高温度、提高浸出剂浓度及减小矿物颗粒原始半径。

2）外扩散控制模型

液-固反应无固体反应物产生时，其浸出率与时间的关系符合动力学模型：

$$1-(1-x)^{2/3}=\frac{D_1 C_0 M}{\alpha\delta_1 r\rho}t=kt \tag{5-16}$$

式中：令 $D_1 C_0 M/\alpha\delta_1 r\rho=k$，其中，$D_1$ 为浸出剂在水中的扩散系数；C_0 为浸出剂的初始浓度；δ_1 为浸出剂扩散层的有效厚度。

外扩散控制的特征表现为：其动力学模型与化学反应控制模型类似，仅有微小的差别；表观活化能值较小，为 4～12 kJ/mol；通过改变搅拌速度、浸出剂浓度能迅速改变浸出反应速度。如上所述，可以通过加快搅拌速度、减小扩散层厚度、提高浸出剂浓度、提高反应温度来增加浸出率，只改变温度对其影响远小于化学反应控制过程。

3）内扩散控制模型

对于均匀致密的球形矿物颗粒，当浸出过程受内扩散控制时，服从动力学模型：

$$1-\frac{2}{3}x-(1-x)^{2/3}=\frac{D_2 C_0 M}{\alpha\rho}t=kt \tag{5-17}$$

式中：D_2 为浸出剂在扩散膜中的扩散系数。

内扩散控制的特征表现为：浸出率关系式 $1-\left(\frac{2}{3}\right)x-(1-x)^{2/3}$ 与时间 t 的函数关系呈直线关系；表观活化能为 4～12 kJ/mol；矿物原始颗粒大小对浸出影响明显，但搅拌速度对浸出几乎没有影响。因此，可以通过减小浸出矿物原始半径提高内扩散控制浸出过程的浸出率。

4）混合控制模型

当某两个步骤的阻力大体相同且远大于其他步骤时，则需二者混合控制或中间过渡控制，此时应服从如下动力学模型：

$$1-(1-x)^{1/3}=\frac{D_2 C_0 M}{\alpha\rho}t=kt \tag{5-18}$$

应当指出，对于一个浸出过程，其控制步骤不是一成不变的，随着条件的改变它也会发生转化。例如，某过程在低温下处于反应控制，但如果升高温度，其化学反应速度将大幅度提高，以致超过扩散步骤，此时过程转为扩散控制。同样，当搅拌速度较慢时，过程为外扩散控制，但当搅拌速度加快到一定程度后，控制步骤也可能由外扩散转化为其他步骤[170]。

5）液膜非稳态扩散控制模型

除上述未反应缩核模型以外，常使用经典液膜非稳态扩散控制模型[169]来描述浸出过程动力学原理。液膜非稳态扩散控制模型为

$$4x + 3[(1-x)^{4/3} - 1] = kt^{1/2} \tag{5-19}$$

6）阿夫拉米模型

成核反应且产物伴随母相生长的反应，称为异质反应。通常情况下，异质反应包括具有离溶作用、矿物间的反应和矿物分解反应[169,171]。研究者建立反应速率方程，并通过变换、推导得到阿夫拉米（Avrami）动力学模型，用来描述异质反应的反应动力学过程[172-175]。因此，阿夫拉米模型常用来描述晶体生长、部分湿法冶金过程的液固反应、矿物分解反应等过程的反应动力学[169-183]。阿夫拉米模型如下：

$$-\ln(1-x) = kt^n \tag{5-20}$$

式中：n 为与反应机理相关并由其所决定的常数，称为晶粒参数。n 值可以用来判断反应过程，决定反应速率控制步骤：当 $n<1$ 时，浸出属于初始反应速率极大但反应速率随时间延长不断减小的浸出类型，其中，当 $n<0.5$ 时，浸出受扩散控制，当 $0.5<n<1$ 时，浸出受化学反应和扩散混合控制；当 $n=1$ 时，浸出受化学反应控制；当 $n>1$ 时，初始反应速率接近 $0^{[180-184]}$。

将式（5-20）两边取自然对数，可得

$$\ln[-\ln(1-x)] = \ln k + n\ln t \tag{5-21}$$

对式（5-21）中 $\ln[-\ln(1-x)]$ 与 $\ln t$ 作图，得到一条直线。其中，n 为斜率，$\ln k$ 为直线在 y 轴上的截距。

采用阿夫拉米模型对反应过程中试验数据 x 进行线性拟合，可求出参数 n，用来比较反应机制的不同；求得反应速率常数 k，根据阿伦尼乌斯方程，可进一步求得反应表观活化能 E_a。

3. 表观活化能

反应温度升高，化学反应速率会急剧增加。描述这种现象的关系式主要有范托夫定律和阿伦尼乌斯方程。

1）范托夫定律

范托夫提出了反应速率与温度的经验规则：温度每升高 10℃，反应速率增加 2~4 倍。为比较两个温度点的反应速率，可用反应速率常数 k 来做比较。

2）阿伦尼乌斯方程

阿伦尼乌斯提出了反应速率常数 k 与绝对温度 T 相关的半经验方程，认为反应速率常数 k 与温度 T 的关系式为

$$\ln k = -\frac{E_a}{RT} + \ln A \tag{5-22}$$

式中：E_a 为反应的表观活化能；R 为摩尔气体常量，其值为 8.314 5 J/(K·mol)；A 为表观频率因子。

将相关实测数据按式（5-22）作图，根据动力学过程所确定的 k 值表达式，计算得到不同温度下的 k 值，并可作出 $\ln k$ 与 T^{-1} 的关系图。根据 $\ln k$ 与 T^{-1} 呈现的线性关系，可以从图中求出直线的斜率与截距，从而根据式（5-22）求出对应反应的表观活化能。

5.5.2 杂质矿物浸出动力学

挑选结晶程度高、晶体完整、杂质矿物较少、纯度相对较高的钾长石、钠长石、白云母、黄铁矿矿物作为纯矿物，将上述块状矿样用玛瑙研钵磨碎至 0.106～0.212 mm，在偏光显微镜下，挑出单体解离的杂质矿物（视为纯矿物），进行模拟杂质矿物混合酸常压分解反应动力学研究。准确称取（10.000 0±0.000 2）g 粒径为 0.106～0.212 mm 的纯矿物样品，置于 100 mL 聚四氟乙烯三口烧瓶中，加入 3.0 mol/L 的 HCl、0.5 mol/L 的 HNO$_3$，改变 HF 用量，设置液固比为 3:1、搅拌速度为 300 r/min，置于 80 ℃恒温水浴反应器中进行反应。对不同 HF 浓度进行试验，反应 5 h 后停止搅拌，快速将反应容器中样品取出，过滤、洗涤烘干，称重，使用万分之一精度分析天平准确称取纯矿物反应后质量，并计算质量损失 Δm。

根据化学反应速率式（5-6）和式（5-7），将试验结果代入式（5-9）～式（5-11），绘制 $\ln r$ 与 $\ln C$ 关系图，如图 5-17 所示。

由图 5-17 可知，钾长石、钠长石、白云母及黄铁矿在 80 ℃的混合酸溶液中，化学反应较简单，均属于一级化学反应，化学反应级数分别为 0.663、0.704、0.692、0.731，化学反应速率分别为 793.05 mg/（cm^2·L）、900.73 mg/（cm^2·L）、337.60 mg/（cm^2·L）和 753.026 mg/（cm^2·L）。由此可知，常压 80 ℃条件下，钾长石、钠长石、白云母及黄铁矿纯矿物在混合酸溶液中化学反应比较简单，并没有出现多级化学反应现象，由化学反应速率可知，混合酸溶液中 4 种纯矿物化学反应从快到慢顺序为钠长石>钾长石>黄铁矿>白云母。

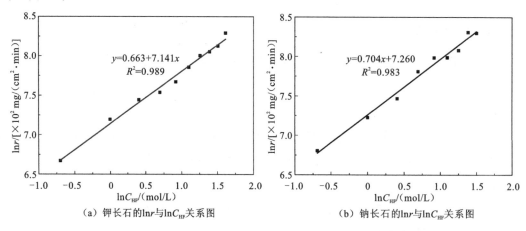

（a）钾长石的 $\ln r$ 与 $\ln C_{HF}$ 关系图　　（b）钠长石的 $\ln r$ 与 $\ln C_{HF}$ 关系图

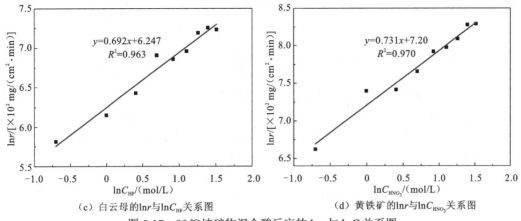

（c）白云母的ln$r$与lnC_{HF}关系图　　　（d）黄铁矿的ln$r$与lnC_{HNO_3}关系图

图 5-17　80℃纯矿物混合酸反应的 ln$r$ 与 ln$C$ 关系图

5.5.3　杂质元素浸出动力学

石英常压混合酸浸出过程属于液-固反应。石英中的杂质金属元素在混合酸中浸出纯化 5 h 后，杂质去除率基本不再有明显升高，曲线趋近平缓。这表明反应在 5 h 内基本完成，因此其动力学研究应重点考察这段时间内的动力学规律。时间间隔过大并不能很好地反映石英浸出过程的动力学规律，因此缩短反应取样测试时间间隔进行动力学试验，最终试验结果如图 5-18 所示。

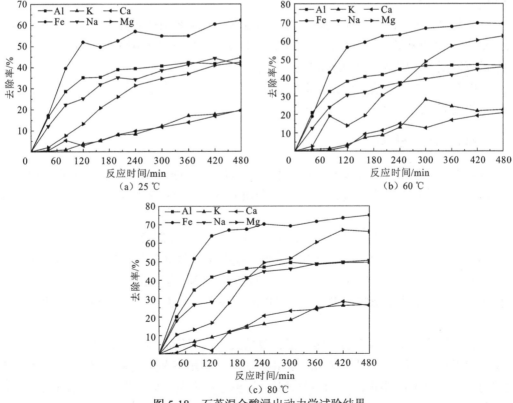

（a）25 ℃　　　　　　　（b）60 ℃

（c）80 ℃

图 5-18　石英混合酸浸出动力学试验结果

石英混合酸浸出过程是浸出剂从被矿石包裹、晶格间隙、晶格取代及晶格内部缺陷处等多种赋存状况中,将杂质金属元素溶解浸出的化学反应过程。石英杂质浸出纯化过程包括:初期,反应在液-固界面上发生;随着浸出剂扩散进入石英晶体内部,反应过程伴随扩散、传质、化学反应等行为;在后续过程中,杂质元素经化学反应或离子交换从石英扩散进入溶液[185]。石英混合酸浸出过程,不仅要考虑化学反应的影响,还要考虑浸出剂向内扩散进入石英内部,以及杂质元素向外扩散进入溶液等影响因素。石英样品颗粒均匀,呈球形,形貌规则;经焙烧-水淬后形成裂缝,能延伸至气液包裹体、矿物包裹体处,能在一定程度上加快扩散传质过程。但焙烧水淬样 SEM 形貌分析表明,这些裂缝细微,仅有少数条缝隙在扫描显微镜下可见,且石英致密,焙烧-水淬虽能一定程度上加快扩散速度,但不会影响整个浸出过程动力学。

由此可见,石英常压下混合酸浸出除杂过程动力学是一个非常复杂的过程。为深入探究,选用以下多种动力学模型对石英浸出过程进行分析。

(1)未反应缩核模型。化学反应控制:$1-(1-x)^{2/3}=k_1 t$;外扩散控制:$1-(1-x)^{2/3}=k_2 t$;内扩散控制:$1-2x/3-(1-x)^{2/3}=k_3 t$;混合控制$1-(1-x)^{1/3}=k_4 t$。

(2)液膜非稳流模型:$4x+3[(1-x)^{4/3}-1]=k_5 t^{1/2}$。

(3)阿夫拉米模型:$\ln[-\ln(1-x)]=n\ln k_6+n\ln t$。

研究发现,在浸出反应过程中,当搅拌速度大于 250 r/min,杂质去除率已无明显升高,且反应无固体产物层生成,因此可忽略外扩散对浸出过程的影响。对图 5-18 中的动力学试验数据,采用上述经典动力学模型近似分析、描述,各反应温度下采用上述各动力学模型进行线性分析。

杂质金属元素 Al、Fe、K、Na、Ca 和 Mg 线性相关系数值各异,R^2 数据显示,Al、Fe、Na 更符合内扩散控制模型;K 去除动力学与阿夫拉米模型更吻合;Ca、Mg 可采用化学反应控制缩核模型进行描述分析。

考虑石英浸出过程杂质金属元素的多样性和复杂性,采用差异化方法,按元素分类分别讨论动力学理论模型并加以分析。

1. Al 浸出动力学模型

选取不同温度条件下杂质 Al 的浸出率进行动力学模拟。线性相关性分析表明,Al 浸出过程可用内扩散控制模型进行分析,杂质元素 Al 内扩散控制模型曲线如图 5-19 所示。

由图 5-19 可知,杂质元素 Al 浸出过程较符合内扩散控制模型。同时,图 5-19 中各温度动力学曲线不经过原点,部分拟合数值点偏离动力学拟合直线较远,且各曲线线性相关系数 R^2 仅为 0.962、0.937、0.911。可以说明,杂质元素 Al 浸出纯化过程并不完全受内扩散控制,过程中影响因素较多。可以通过提高搅拌速度、浸出剂浓度,来提高去除率。

根据上述不同反应温度动力学模拟计算结果,由阿伦尼乌斯方程计算杂质元素 Al 去除过程表观活化能,如图 5-20 所示。由图可知,常压下杂质元素 Al 浸出过程表观活化能为 5.587 kJ/mol,根据浸出动力学理论,浸出过程表观活化能为 4~12 kJ/mol 时,浸出过程受扩散控制。

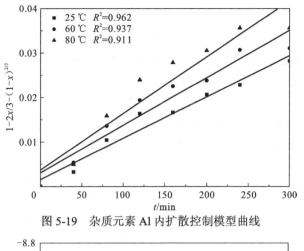

图 5-19 杂质元素 Al 内扩散控制模型曲线

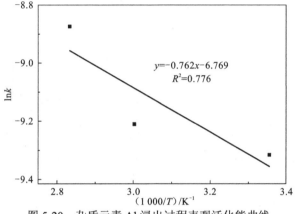

$y = -0.762x - 6.769$
$R^2 = 0.776$

图 5-20 杂质元素 Al 浸出过程表观活化能曲线

2. Fe 浸出动力学模型

对不同温度条件下的杂质元素 Fe 的浸出率进行动力学模拟。线性相关性分析表明，Fe 浸出过程可用内扩散控制模型进行分析，杂质元素 Fe 内扩散控制模型曲线如图 5-21 所示。

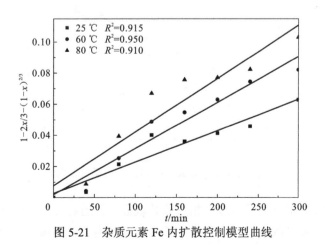

图 5-21 杂质元素 Fe 内扩散控制模型曲线

由图 5-21 可知，杂质元素 Fe 浸出过程近似内扩散控制模型。图 5-21 中各动力学曲线不经过原点，且随温度升高，更偏离原点，部分拟合数值点偏离动力学拟合直线较远；各曲线线性相关性不强。这表明杂质元素 Fe 浸出纯化过程并不完全受内扩散控制，温度较高及较低，杂质元素 Fe 浸出去除过程复杂程度加大，影响因素更多。对杂质元素 Fe，可通过提高搅拌速度、浸出剂浓度，提高去除率。

由上述不同反应温度动力学模拟计算结果，根据阿伦尼乌斯方程计算得到杂质元素 Fe 浸出过程表观活化能，如图 5-22 所示。由图可知，常压下杂质元素 Fe 浸出过程表观活化能为 5.545 kJ/mol，根据浸出动力学理论可知，浸出过程受扩散控制。

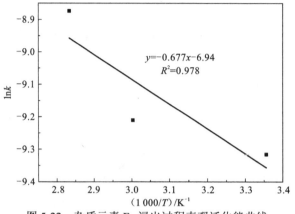

图 5-22　杂质元素 Fe 浸出过程表观活化能曲线

3. K 浸出动力学模型

线性拟合相关性分析表明，杂质元素 K 的浸出过程近似符合阿夫拉米模型，K 元素浸出过程采用阿夫拉米模型分析。将杂质元素 K 在不同温度下的去除率，按式（5-20）进行计算拟合，并将 $\ln[-\ln(1-x)]$ 与 $\ln t$ 的关系作图，结果如图 5-23 所示。

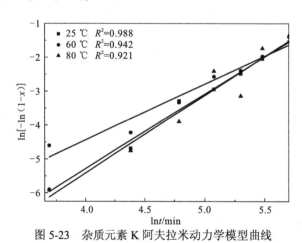

图 5-23　杂质元素 K 阿夫拉米动力学模型曲线

由图 5-23 可知，拟合曲线的线性相关系数较高，但随着反应温度升高，直线拟合度下降；且图中元素 K 去除率对应值分布于拟合直线两旁，随着温度升高，混乱度增加。

由上可知，杂质元素 K 浸出过程不是单一的矿物分解过程，还伴随着其他化学反应和离子交换等过程。这是因为低温时，混合酸以分解石英表面及浅表层钾长石矿物包裹体为主，符合阿夫拉米模型；随温度升高，H^+ 扩散进入石英晶格速度加快，除分解钾长石矿物包裹体外，H^+ 能置换石英晶格中以填隙原子存在的 K^+，而这个置换过程不是简单的矿物溶解过程，不完全符合阿夫拉米模型，导致阿夫拉米模型线性相关性变差。通过上述拟合，可得 $\ln k$ 值，将 $\ln k$ 与 $1000/T$ 作图，结果如图 5-24 所示。

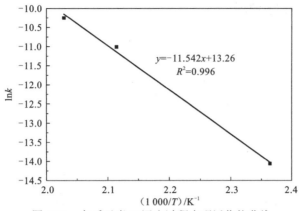

图 5-24　杂质元素 K 浸出过程表观活化能曲线

由图 5-24 可知，拟合后直线斜率为 -11.542，根据阿伦尼乌斯方程求得杂质元素 K 浸出表观活化能 E_a 为 95.96 kJ/mol。反应温度为 25 ℃、60 ℃ 和 80 ℃ 时，根据图 5-23 求得 n 分别为 2.195、1.644、0.890。可见 25 ℃ 和 60 ℃ 时，$n>1$，反应初始速度接近 0，钾长石分解很慢；随温度升高至 80 ℃，$0.5<n<1$，反应初始速度增加，钾长石分解加快，浸出过程受扩散与化学反应混合控制。浸出过程的化学反应速度随温度升高而增加，要进一步提高浸出效率，可通过提高反应温度、增加混合酸浓度等方式来实现。

4. Na 浸出动力学模型

线性相关性分析表明，不同温度条件下，杂质元素 Na 的去除率与反应时间的关系符合内扩散控制模型，Na 内扩散控制模型曲线如图 5-25 所示。

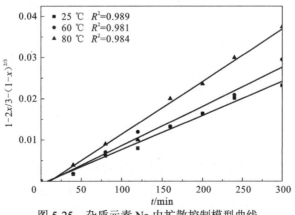

图 5-25　杂质元素 Na 内扩散控制模型曲线

由图 5-25 可知，杂质元素 Na 浸出过程符合内扩散控制模型。不同温度拟合曲线均不过原点，数据拟合度较高，随温度升高变化不大。表明 Na 在去除过程中，扩散阻力小于化学反应阻力，钠长石矿物包裹体分解与混合酸扩散进入石英内部的速度关系密切。为提高浸出去除率，需提高搅拌速度或浸出剂浓度。

将图 5-25 拟合得到 k 值的 $\ln k$ 与 $1000/T$ 作图，结果如图 5-26 所示。根据阿伦尼乌斯方程，计算得到杂质元素 Na 浸出过程表观活化能为 8.35 kJ/mol，根据浸出动力学理论，可知浸出过程受扩散控制。

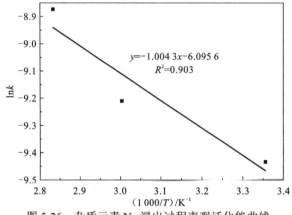

$$y = -1.004\,3x - 6.095\,6$$
$$R^2 = 0.903$$

图 5-26 杂质元素 Na 浸出过程表观活化能曲线

5. Ca 浸出动力学模型

根据不同温度条件下杂质元素 Ca 浸出动力学模拟，其线性相关性分析表明，Ca 元素浸出过程可用化学反应控制模型进行分析，杂质元素 Ca 化学反应控制模型曲线如图 5-27 所示。

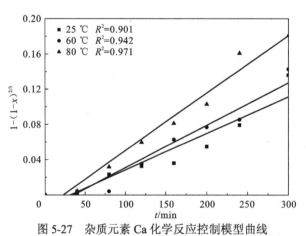

- 25 ℃ $R^2=0.901$
- 60 ℃ $R^2=0.942$
- 80 ℃ $R^2=0.971$

图 5-27 杂质元素 Ca 化学反应控制模型曲线

由图 5-27 可知，元素 Ca 的浸出受化学反应过程控制。矿物学研究表明，元素 Ca 主要赋存于透辉石及云母中。热力学分析结果显示，混合酸溶液中辉石、白云母分解所需吉布斯自由能较小，分解较其他杂质矿物快。浸出过程中，化学反应阻力小于扩散阻力，化学反应是浸出过程的决定步骤。

将图 5-27 拟合得到 k 值的 $\ln k$ 与 $1\,000/T$ 作图，结果如图 5-28 所示。根据阿伦尼乌斯方程，计算得到杂质元素 Ca 浸出过程表观活化能为 5.189 kJ/mol，根据浸出动力学理论可知，浸出过程受扩散控制。这与图 5-27 拟合所得结论并不一致，造成这种现象的原因是多方面的：一方面，由图 5-27 计算得到的 k 值过小，且几乎相等，分别为 0.000 10、0.000 12、0.000 14，无法准确计算表观活化能；另一方面，反应温度分别为 25 ℃、60 ℃和 80 ℃时，杂质元素 Ca 的浸出过程化学反应速度相差不大，反应温度对 Ca 去除反应速度影响不大。

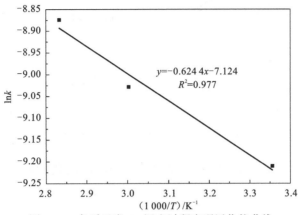

图 5-28　杂质元素 Ca 浸出过程表观活化能曲线

6. Mg 浸出动力学模型

对不同温度条件下杂质元素 Mg 浸出动力学模拟，其线性相关性分析表明，Mg 浸出过程可用化学反应控制模型进行分析，结果如图 5-29 所示。

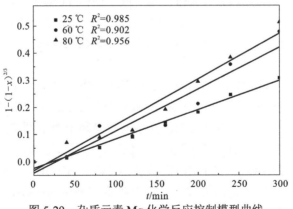

图 5-29　杂质元素 Mg 化学反应控制模型曲线

由图 5-29 可知，杂质元素 Mg 的浸出受化学反应过程控制。同 Ca 相类似，Mg 主要赋存于透辉石及云母中，混合酸溶液中辉石、白云母分解所需吉布斯自由能较小，分解快于其他杂质矿物。浸出过程中，化学反应阻力小于扩散阻力，化学反应是浸出过程的决定步骤。

将图 5-29 拟合得到 k 值的 $\ln k$ 与 $1\,000/T$ 作图，结果如图 5-30 所示。根据阿伦尼乌斯方程，计算得到杂质元素 Mg 浸出过程表观活化能仅为 1.338 kJ/mol。此表观活化能过小，显然与 Mg 实际去除过程不符，而与 Ca 去除过程相一致。由图 5-29 计算得到的 k 值分别为 0.000 900、0.001 189、0.001 421，k 值过小，且都约等于 0.001，无法准确计算表观活化能。此外，该石英砂中杂质元素 Ca、Mg 赋存状态相同，因此，二者的去除反应规律也相似。

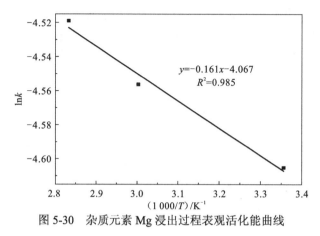

图 5-30　杂质元素 Mg 浸出过程表观活化能曲线

5.6　酸浸纯化机理

石英中杂质矿物赋存状态复杂，给浸出分离过程带来了很大困难。在热液成矿地质变化过程中，大量杂质以矿物包裹体形式包裹在石英细粒聚合体中或石英晶体晶界处；同时，杂质金属元素还能进入石英晶格，Al、Fe、P 和 Ti 原子可取代石英晶格中 Si 原子，造成晶格缺陷，并将 H^+、Li^+、Na^+ 和 K^+ 等离子作为填隙离子，补偿晶格电荷平衡，形成晶格杂质。石英浸出纯化过程，也是混合酸分解杂质包裹体矿物和扩散置换这些晶格杂质的过程。

HF、HCl 混合酸对硅质岩石的作用，主要有两种作用途径[186]：一是 HF 分子直接与硅质岩石矿物表面的晶格作用；另一种是 H^+ 吸附在晶格表面并催化 HF 分子与矿物晶格的反应。这是由于石英表面（包括裂隙、晶格间隙暴露于浸出剂溶液中）等矿物包裹体如长石、云母、辉石等，具有 $[SiO_4]$ 四面体、$[SiO_8]$ 八面体结构，当 Al、Ti、Mg 等原子取代 Si 原子，形成 $[AlO_4]$、$[TiO_4]$ 四面体及 $[Al(Mg)—O(OH)]$ 八面体结构，当金属原子被酸置换离解时，形成大量活性位点，可以吸附溶液中的—OH，使矿物晶格表面羟基化[187-189]；石英晶格表面本身具有很强的亲水及离子交换性，在混合酸溶液中易发生羟基化形成金属阳离子—OH 活性位点；铝氧四面体、八面体或已被羟基化的晶格表面能在酸性介质中接受质子。这些羟基化的晶格表面，能够快速吸附 HF 分子，使 HF 在石英表面与晶格直接作用[189]。

研究表明，在浸出剂用量相同情况下，HF、HCl、H_2SO_4、$HCl+H_2SO_4$、$HF+HCl$、$HF+H_2SO_4$ 及 $HF+HCl+H_2SO_4$ 的无机酸组合中，HF 的杂质元素去除率最高，其次是含 HF 的混合酸组合，仅采用 HCl 或 H_2SO_4 对杂质元素的去除率较低。可见，石英纯化过程中，混合酸之间存在协同作用[190,191]，能提高杂质金属元素的去除率。

关于石英常温常压浸出过程的反应机理，还可以从混合酸破坏石英晶体中的 Si—O、Me—O 的角度来解释[192,193]。石英中各 Me—O 键能[192]如表 5-6 所示。

表 5-6 硅酸盐矿物内部常见 Me—O 的键能   （单位：kJ/mol）

金属离子	Mn^{2+}	Cu^{2+}	Ca^{2+}	Mg^{2+}	Pb^{2+}	Ti^{4+}	Al^{3+}
Me—O 键能	3 745	3 598	3 510	3 816	3 469	12 058	7 201~7 858

金属离子	Zn^{2+}	Fe^{3+}	Li^+	Na^+	K^+	Ba^{2+}	
Me—O 键能	3 037	3 845	1 469	1 347	1 251	3 213	

Terry 等[125,126]在前人研究基础上，综合评述了硅酸盐矿物分解特性和机理，认为在某硅酸盐结构体系内，反应性在很大程度上是由 Me—O 决定的。在石英晶体结构中，Si—O 是构成石英晶格的根本，各种杂质矿物包裹体的存在使石英晶体内部形成大量 Me—O。根据 Terry 等学者的研究结论，在湿法纯化过程中，石英杂质矿物、晶格内部杂质的去除反应是由 Me—O 的键能及性质决定的。

石英晶格中 Si—O 键能高达 10 312~13 146 kJ/mol，比所有 Me—O 键能都高（表 5-6）。混合溶液在浸出过程中，溶液中的活性成分 HF 分子及 H^+ 优先破坏键能较低的 Me—O，而 Si—O 往往难以被破坏。所有无机酸中仅有 HF 能形成高活性 HF、HF_2、H_2F_2 及 $(HF)_nF$ 分子（离子），破坏其 Si—O。

石英的 Me—O 中，键能最小的属碱金属-氧键，如 Li—O、Na—O、K—O，其键能均不超过 1 500 kJ/mol，约为 Si—O 键能的 1/10。Li^+、Na^+、K^+ 往往以填隙原子形式存在于石英晶格中电荷不平衡的缺陷处，补偿电荷平衡。由于电场作用，虽然 Li—O、Na—O、K—O 易破坏，但 Li^+、Na^+、K^+ 并不能轻易从石英晶格中分离去除，其原因是石英晶格中填隙的 Li^+、Na^+、K^+ 缺乏电子转移通道或原子迁移路径不畅。晶体结构型杂质 Li^+、Na^+、K^+ 的有效分离技术与机理尚待进一步研究。

石英中第二类 Me—O 为 Ca—O、Cu—O、Mg—O、Pb—O、Fe—O、Zn—O、Mn—O 等，这类金属离子的键能约为 Si—O 键能的 1/3。因碱金属元素参与石英晶格电荷平衡，理论上，这类金属杂质是石英内部最易去除的金属杂质。试验研究表明，Fe^{3+}、Zn^{2+}、Mn^{2+}、Cu^{2+}、Pb^{2+} 等金属离子较易去除，但 Ca^{2+}、Mg^{2+} 的去除相对上述金属离子较为困难，机理尚不明确。

石英中第三类 Me—O 为 Al—O 和 Ti—O，Ti—O 键能是所有 Me—O 键能中最高的，几乎与 Si—O 键能相等；其次是 Al—O，高键能导致其难以被无机酸破坏。Al 是石英中最有害的杂质之一，是石英中最难去除的杂质。研究表明，Al、Ti 能取代石英晶格中[SiO_4]四面体中的 Si，形成新的[AlO_4]、[TiO_4]四面体，这类晶格取代杂质去除技术尚待深入研究。

第6章 真空高温焙烧技术及机理

本章通过研究高温焙烧过程中焙烧温度、保温时间等影响因素,确定焙烧最佳参数,并对焙烧过程中杂质矿物分解热力学行为、扩散活化能和扩散系数等进行计算分析,研究杂质矿物分解、杂质金属元素扩散机理;采用 XRD、ICP 分析,研究杂质元素迁移扩散与石英晶体特征间的联系,并采用 SEM-EDS 对石英晶体表面形貌及杂质元素分布进行研究。

6.1 真空高温焙烧试验及表征方法

真空高温焙烧用于高纯材料纯化制备的研究并不多。国内有学者采用真空熔炼的方法纯化冶金级硅,制备高纯单晶硅材料,用于太阳能光伏行业;也有冶金学家对镍、锂、镁、钾、稀有金属等精矿进行真空高温冶金处理,得到纯度较高的金属产品。真空高温冶金工艺多应用于金属矿,很少用于非金属纯化过程,本节主要介绍真空高温焙烧技术制备高纯石英。

6.1.1 真空高温焙烧试验方法

采用高温真空气氛管式炉对石英焙烧水淬样进行处理,GL-1800 型真空气氛管式炉最高温度为 1800℃,真空度可达 0.00001 Pa,可进行真空及 H_2、N_2、Cl_2 等多种腐蚀性气体的气氛试验研究。真空高温焙烧试验装置图如图 6-1 所示。

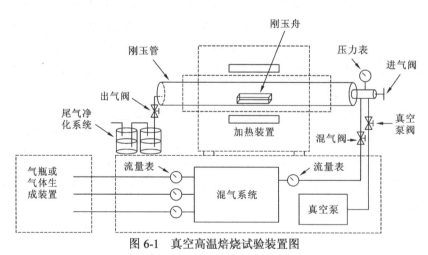

图 6-1 真空高温焙烧试验装置图

将刚玉舟放入质量分数为 5% 的 HNO_3 溶液中浸泡 12 h，试验前取出洗净，使用去离子水润洗，烘干。试验准确称取（10.0000 ± 0.0002）g 石英焙烧水淬样，置于洁净的刚玉舟中，并将样品均匀摊开，小心放入真空气氛管式炉的刚玉管内。

试验开始前，设定好升温程序。关闭出气阀，打开混气阀、真空泵阀，开启真空泵，刚玉管内抽至真空，混气系统及管路中压强约为 0.01 Pa。开启高纯 N_2 供气系统，使焙烧炉炉内空间充满高纯 N_2，关闭真空泵，如此重复 1~2 次，使真空焙烧炉中充满高纯 N_2，开启出气阀，关闭真空泵阀。开启焙烧炉升温开关，运行升温程序，开始升温。焙烧升温过程中，采用高纯 N_2 为保护气氛。

当焙烧炉温度达到设定反应温度时，关闭出气阀、混气阀，打开真空泵阀，开启真空泵，关闭高纯 N_2 供气系统，开始保温阶段真空焙烧试验。

当真空焙烧试验完成设定保温时间后，开启高纯 N_2 供气系统、混气阀，重复试验前开启高纯 N_2 为保护气氛操作 1~2 次，待焙烧炉内充满氮气时，关闭真空泵及其阀门；再打开出气阀，使降温阶段在高纯 N_2 气氛的保护下，冷却至室温。关闭供气、焙烧炉系统，切断电源。

焙烧试验结束后，取出刚玉舟内样品，放入洁净的培养皿或样品袋中，置于干燥皿中保存待测试和表征分析。

6.1.2　真空高温焙烧表征方法

采用原子吸收光谱（atomic absorption spectrometry，AAS）、ICP-MS 等对试验样品进行分析测试，准确分析石英样品中杂质金属元素的含量，计算去除率。采用 XRD 对高温真空焙烧石英样品进行慢扫描，根据粉晶衍射数据进行指标化，计算石英样品晶胞参数。此外，SEM 用于石英样品表面形貌分析，SEM-EDS 能谱微区、面分布分析用于对焙烧过程杂质去除机理的研究。

6.2　真空高温焙烧结果分析

6.2.1　焙烧温度的影响

1. 焙烧样品物相分析

采用 6.1.1 小节所述试验方法，分别在 600 ℃、900 ℃、1100 ℃、1300 ℃、1500 ℃时，对石英焙烧水淬样进行真空焙烧，真空度为 0.01 Pa。经真空焙烧后的石英样品，均匀取样 2 份，一份进行 XRD 检测，另一份进行 ICP-MS 分析，准确测定石英样品中杂质元素的含量。

XRD 检测条件：2θ 为 $10° \sim 120°$，扫描速度为 5 (°)/min，并加强对石英样品弱峰及 2θ 高角度范围衍射峰的扫描与检测。各温度真空焙烧后石英样品 XRD 慢扫描图谱如图 6-2 所示。

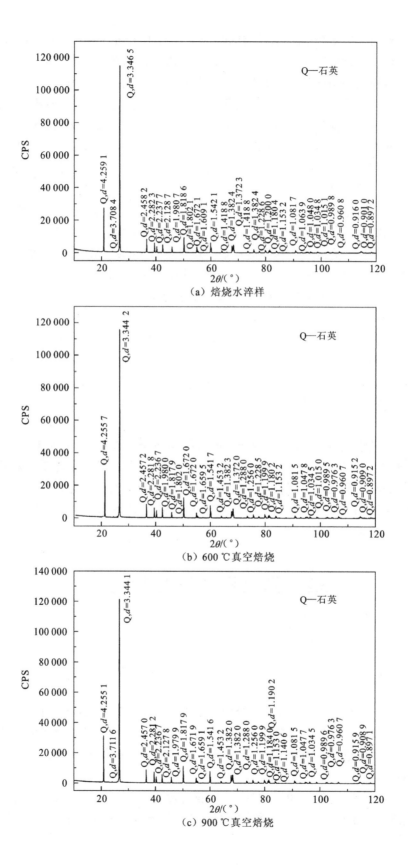

（a）焙烧水淬样

（b）600 ℃真空焙烧

（c）900 ℃真空焙烧

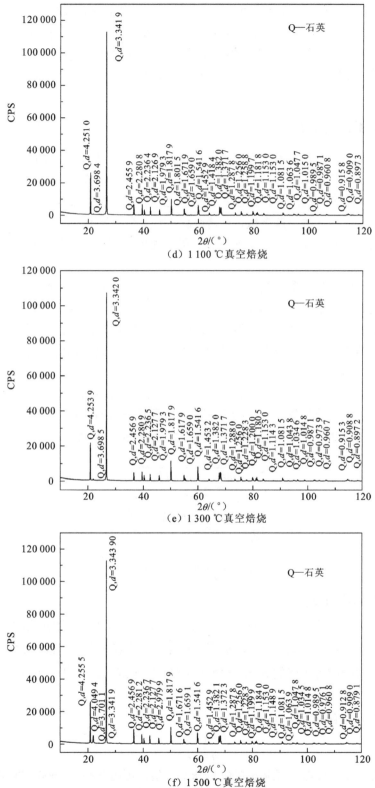

图 6-2　各温度真空焙烧后石英样品 XRD 慢扫描图谱

CPS：counts per second，每秒的计数

由图 6-2 可知，不同焙烧温度下石英样品物相几乎全部为石英特征衍射峰，在真空焙烧过程中，α-石英晶型逐步转变为 β-方石英，在 1 470 ℃以上转化为 β-方石英。图 6-2（f）所示为 1 500 ℃石英真空焙烧样品 XRD 图谱，方石英质量分数小于 10%。这是由于石英样品经焙烧后晶型发生转变，但在冷却过程中，部分已发生晶型转变的方石英容易再次转化为 α-石英。

2. 晶胞参数测定与计算

晶胞参数是晶体结构的重要参数之一，虽然绝大多数晶胞参数是已知的，但它们并非固定不变，随着晶体化学成分的变化（如固溶体中各种可变组分间含量变化）及外界条件（如温度和压力）的改变，晶胞参数会相应地发生有规律的微小变化。因此，精确测定晶体在特定条件下的晶胞参数，对精密测定原子量、分子量、晶体密度和膨胀系数，以及确定同质多象变体和合金系统的相界、类质同象系列的组成都有重要的理论和实际应用意义。

不同晶系晶体的晶胞参数是不同的，等轴晶系晶体只有 1 个参数 a_0。四方晶系晶体和六方晶系晶体有 2 个参数 a_0 和 c_0；三方晶系晶体也有 2 个参数 a_0 和 α 角；斜方晶系晶体有 3 个参数 a_0、b_0、c_0；单斜晶系有 a_0、b_0、c_0 和 β 角 4 个参数；三斜晶系有 a_0、b_0、c_0、α、β 和 γ 角 6 个参数。所有晶系的晶胞参数都是由一定指标的网面间距经过解方程或计算出来的。

采用分析法对粉晶衍射数据进行指标化。石英属于典型的三方晶系，需采用六方晶系及三方晶系晶胞参数计算公式。指标化的原理是基于晶胞参数，$\sin\theta$ 或 d 值与面网指数（h，k，l）之间的关系进行分析的。对于六方晶系和三方晶系：

$$d_{hkl} = \frac{1}{\sqrt{\frac{4(h^2+hk+k^2)}{3a^2}+\frac{l^2}{c^2}}} \tag{6-1}$$

$$\frac{1}{d_{hkl}^2} = \frac{4(h^2+hk+k^2)}{3a^2}+\frac{l^2}{c^2} \tag{6-2}$$

$$\sin^2\theta_{hkl} = \frac{\lambda^2}{3a^2}(h^2+hk+k^2)+\frac{\lambda^2 l^2}{4c^2} \tag{6-3}$$

式中：λ 为 X 射线的波长。

当晶系及晶胞参数已知时，各个晶系的粉晶衍射图都是可以指标化的。单晶体结构分析总是先确定晶系和晶胞参数，然后再指标化。①计算所有衍射线的 $1/d_{hkl}^2$ 或 $\sin^2\theta_{hkl}$；②根据晶胞参数把所有可能的 h、k、l 值代入相应的公式，计算出所有衍射线的 $1/d_{hkl}^2$ 或 $\sin^2\theta_{hkl}$。

对三方晶系，有以下特点：

$$h+k+i=0 \tag{6-4}$$
$$a=b\neq c \tag{6-5}$$

根据三方晶系的特点，可选取 000l 线求解 c 值，可用 h000、0h00、0k00 线来求解 a 值。根据式（6-1）～式（6-3），计算石英晶胞参数所选取的特征衍射谱线分别为：①求 a：21$\overline{3}$0 d=1.608 26、30$\overline{3}$0 d=1.418 35、22$\overline{4}$0 d=1.228 33、40$\overline{4}$0 d=1.063 76；②求 c：

0003 $d=1.801\,63$、0006 $d=0.900\,813$;③求 a、c:采用任两条(h,k,l)衍射线,代入式(6-2),联立方程组求解,可尽量选择高角度区域衍射线,如 $31\bar{4}0$、$21\bar{3}0$、$10\bar{1}5$ 及 $21\bar{3}4$ 等;④采用外推法处理上述计算所得的 a、c,求得晶胞参数值。

3. 晶胞参数与杂质金属元素真空扩散迁移的关系

采用 XRD 对高温真空焙烧石英样品进行慢扫描,并加强对石英样品弱峰及高角度衍射峰的测定和分析,根据所测的衍射峰值,利用上述方法计算石英样品晶胞参数,不同焙烧温度条件下各石英样品晶胞参数计算结果如表 6-1 所示。

表 6-1　真空焙烧石英晶胞参数计算结果

晶胞参数	焙烧 水淬样	真空焙烧 600 ℃样品	真空焙烧 900 ℃样品	真空焙烧 1 100 ℃样品	真空焙烧 300 ℃样品	真空焙烧 1 500 ℃样品
a	4.915 881	4.913 742	4.914 353	4.914 659	4.914 353	4.913 437
c	5.406 300	5.406 000	5.404 500	5.404 500	5.404 800	5.404 500

采用 ICP-MS 对经真空焙烧后的试验样品进行杂质金属元素含量分析,所得杂质元素去除率与晶胞参数值在同一坐标体系中作图,如图 6-3 和图 6-4 所示。

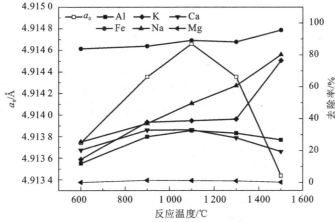

图 6-3　晶胞参数 a_0 值与杂质元素去除率的关系曲线

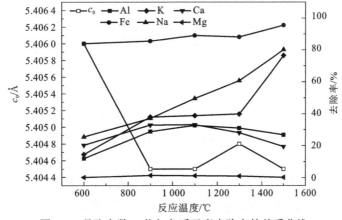

图 6-4　晶胞参数 c_0 值与杂质元素去除率的关系曲线

由图 6-3 和图 6-4 可知，石英经真空焙烧后，杂质元素去除率与晶胞参数呈现一定的关系。图 6-3 为晶胞参数 a_0 值与杂质元素去除率之间的关系图，杂质元素 Al、Ca、Mg 去除率与晶胞参数 a_0 值变化一致，杂质元素 Fe、K、Na 去除率与晶胞参数 a_0 值变化关系不大，去除率变化与焙烧温度高度相关。

晶胞参数 a_0 随着真空焙烧反应温度的升高先增大后减小，不同的杂质金属元素随着焙烧温度的升高呈现出不同的去除规律。随着温度升高，杂质元素 Fe、K、Na 去除率逐渐升高，杂质金属元素 Al、Ca、Mg 的去除率先升高后降低。Ca 元素去除率在 900 ℃时最高；1 100 ℃时，Al 元素去除率最高；Mg 元素去除率整体较低，在 900 ℃时最高。

图 6-4 为晶胞参数 c_0 值与杂质元素去除率之间的关系图，杂质元素 Fe、K、Na 去除率与晶胞参数 c_0 值变化高度相关，杂质元素 Al、Ca、Mg 去除率与 c_0 值变化关系不大。随着反应温度升高，晶胞参数 c_0 值逐渐减小，杂质元素 Fe、K、Na 去除率升高，杂质元素 Al、Ca、Mg 的去除率仅与焙烧温度有关。经真空焙烧试验后，石英样品晶胞参数 a_0、c_0 值对部分杂质金属元素的去除有较大影响，且受晶胞参数值影响较大的杂质金属元素经真空焙烧处理有较高的去除率。综合考虑，应选取 1 500 ℃为最佳焙烧温度。可见，Al、Ca、Mg 主要存在于石英晶格 a-b 平面内，Fe、K、Na 主要分布于石英晶格中 c 轴方向，真空焙烧对石英晶格沿 c 轴分布的杂质去除更有利。

6.2.2　保温时间的影响

真空焙烧过程可分为升温、保温和降温阶段，保温阶段焙烧温度恒定，有利于杂质元素在石英晶格中的扩散迁移。为确定最佳保温时间，分别进行保温时间为 1.0 h、2.0 h、2.5 h、3.0 h、3.5 h、4.0 h 的真空焙烧条件试验，对焙烧后样品杂质元素含量进行分析并计算去除率，试验结果如图 6-5 所示。

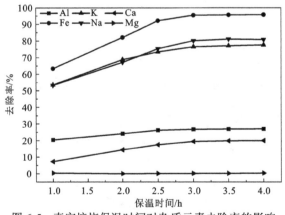

图 6-5　真空焙烧保温时间对杂质元素去除率的影响

如图 6-5 所示，真空焙烧保温时间对杂质金属元素去除的影响显著。随着保温时间增加，杂质元素的去除率稳定增加，在反应时间为 3 h 时，去除率不再升高，趋于平稳。可见，最佳保温时间应为 3 h，此时的杂质元素含量如表 6-2 所示。由图 6-5 可知，真空焙烧工艺对杂质元素 Fe、K、Na 的去除较为有效，对杂质元素 Al、Ca 只能部分去除，去除率较低，而对杂质元素 Mg 的去除率极低。

项目	杂质元素质量分数					
	Al	Fe	Na	K	Ca	Mg
真空焙烧	55.97	2.90	9.27	7.25	30.92	2.729

表 6-2　真空焙烧样 ICP 测试结果　　　　　　　　　　　（单位：μg/g）

6.3　真空高温焙烧机理

普通石英经预处理、常压浸出或热压浸出工艺处理后，杂质元素含量虽有较大幅度降低，但依然无法达到纯度为 99.999% 的高纯石英砂标准，还需进行方法创新，寻求更好的杂质元素去除方法，并对其纯化作用机理进行讨论。真空焙烧杂质迁移扩散是进一步提高杂质去除率的有效途径。本节对 XRD、SEM、SEM-EDS 等结果进行分析以探究石英真空高温焙烧机理。

6.3.1　石英颗粒剖面形貌分析

采用电子扫描显微镜对真空焙烧后的石英样品进行形貌分析，将真空焙烧后石英样品采用热树脂固定，固化后切削打磨、制备切片，石英颗粒剖面的 SEM 图像如图 6-6 所示。

如图 6-6 所示，石英经真空焙烧后，石英颗粒表面及内部均形成大量裂隙，但裂隙分布无规律，遍布颗粒内部。首先，颗粒内部沿焙烧-水淬形成的裂纹扩展，形成较大裂隙，沿大裂隙生成方向形成一系列较小的细裂纹，密集分布于整个石英颗粒内部。这些裂隙是由于在真空高温焙烧时，石英内部气液包裹体受热膨胀，包裹体内部压力剧增，同时，焙烧保温过程中炉内保持较高真空度（0.01 Pa），颗粒外部压力很小，此时气液包裹体内外形成巨大压力差，气液包裹体爆裂，而导致石英晶体与晶体之间断裂而形成。

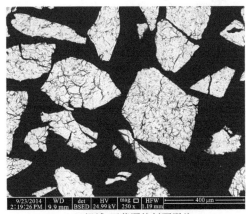
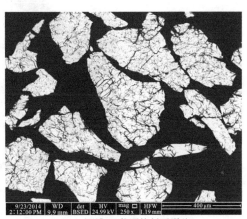

（a）视域1石英颗粒剖面裂纹　　　　　　　　（b）视域2石英颗粒剖面裂纹

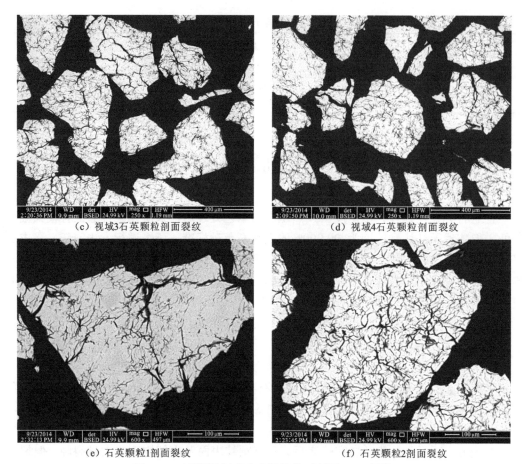

（c）视域3石英颗粒剖面裂纹　　　　　　　　（d）视域4石英颗粒剖面裂纹

（e）石英颗粒1剖面裂纹　　　　　　　　（f）石英颗粒2剖面裂纹

图 6-6　石英颗粒经真空高温焙烧后剖面 SEM 图像

　　为研究杂质金属元素在石英颗粒内部的分布，讨论真空焙烧对石英颗粒内部杂质纯化机理，采用 SEM-EDS 微区、面扫描的方法，对石英颗粒剖面杂质金属元素 Al、Fe、K、Na、Ca 和 Mg 能谱面分布进行分析，如图 6-7 所示。

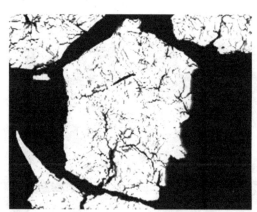

（a）真空1 500 ℃焙烧石英颗粒剖面形貌图像

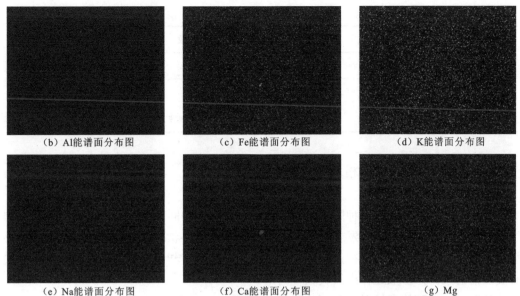

（b）Al能谱面分布图　　　　　　（c）Fe能谱面分布图　　　　　　（d）K能谱面分布图

（e）Na能谱面分布图　　　　　　（f）Ca能谱面分布图　　　　　　（g）Mg

图 6-7　真空焙烧石英颗粒剖面 SEM-EDS 图像及杂质金属元素能谱面分布图

图 6-7（a）中灰白色为石英，黑色为固化剂树脂，灰白色区域内白色微小区域为杂质矿物包裹体。杂质金属元素 Al、Fe、K、Na、Ca、Mg 能谱面分布图像[图 6-7（a）～（f）]并未明显出现石英颗粒的形状，各杂质元素能谱图像的空白区域亮点为能谱背景值，与石英颗粒区域能谱图像无明显区别，仅 Al 元素能谱图像与石英颗粒形貌吻合，但较模糊。可见石英颗粒中杂质元素含量较低，真空焙烧对杂质有较明显的去除效果。包裹体形貌与 Fe、Ca 能谱图像吻合，因此该矿物包裹体为含 Fe、Ca 元素矿物。

为进一步确定石英颗粒内部包裹体物相组成，采用 SEM-EDS 方法对包裹体物相组成进行微区能谱分析。矿物包裹体微区能谱图像如图 6-8 所示。

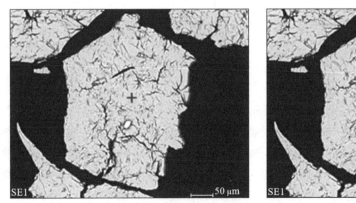
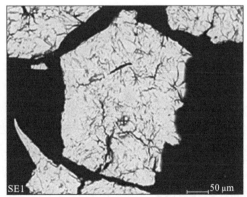

（a）石英颗粒剖面形貌　　　　　　　　　　　（b）石英颗粒剖面上的包裹体

图 6-8　真空焙烧石英颗粒剖面包裹体 SEM 图及能谱位置

图 6-8（a）为石英颗粒剖面形貌，呈灰白色，图 6-8（b）中可见白色包裹体，微区能谱分析如表 6-3 所示，灰白色区域均为石英，矿物包裹体为铁铝榴石。

表 6-3 常压浸出石英颗粒包裹体微区能谱分析结果   （单位：%）

类别	杂质元素质量分数					
	O	Si	Al	Ca	Fe	合计
颗粒	41.04	58.96	—	—	—	100.00
包裹体	36.22	8.39	2.76	37.72	14.91	100.00

6.3.2 石英晶型转变机理

石英在自然界中存在多种同质多相变体。在石英多种同质多相变体之间发生转变的过程中，石英的晶体结构会发生变化，晶格内部杂质赋存状态也会随之发生改变。石英纯化过程中，反应温度确定在晶型转变温度点附近，会有利于石英中杂质金属元素摆脱石英晶格的束缚，扩散迁移出石英颗粒内部。

常压下，石英的高低温转变可表示为

$$\alpha\text{-石英} \underset{573℃}{\rightleftharpoons} \beta\text{-石英} \underset{870℃}{\rightleftharpoons} \beta\text{-鳞石英} \underset{1470℃}{\rightleftharpoons} \beta\text{-方石英}$$

而 β-方石英在 1 720 ℃左右熔融为玻璃态。

在低温下鳞石英和方石英的转变过程为

$$\alpha\text{-鳞石英} \underset{117\sim163℃}{\rightleftharpoons} \beta\text{-鳞石英}$$

$$\alpha\text{-方石英} \underset{200\sim270℃}{\rightleftharpoons} \beta\text{-方石英}$$

SiO_2 同质多象变体的转变如下：

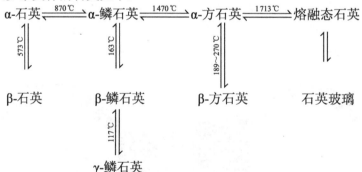

为讨论石英杂质迁移转化规律，本小节分别在石英晶型转变温度点（573 ℃、870 ℃、1470 ℃）附近，分析焙烧温度与杂质元素去除率的关系。为更清楚探索杂质元素真空焙烧迁移规律，采用杂质含量较高的石英原样作为焙烧试验入料。准确称取 5 份石英砂原样（10.000 0±0.000 2）g，选取转变温度点附近不同焙烧温度，并在焙烧升温和降温阶段采用高纯氮气为保护气体，压力为一个大气压，保温阶段抽取真空，真空度为 0.01 Pa。

1. α-石英转变为 β-石英

当真空焙烧温度接近 α-石英转变为 β-石英的晶型转变温度 573 ℃时，分别进行焙烧温度为 553 ℃、563 ℃、573 ℃、583 ℃、593 ℃的真空焙烧试验研究，焙烧温度对杂质金属元素去除率的影响如图 6-9 所示。

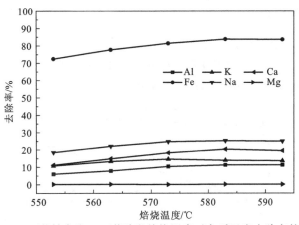

图 6-9 α-石英转变为 β-石英阶段焙烧温度对杂质元素去除率的影响

由图 6-9 可知，当真空焙烧温度在 573 ℃附近变化时，杂质金属元素去除率总体变化不大。随着焙烧温度升高，杂质金属元素 Al、Fe、Ca 的去除率有小幅度的升高，待焙烧温度高于 573 ℃时，趋于平稳，其他杂质元素去除率几乎保持不变。

2. β-石英转变为 β-鳞石英

当真空焙烧温度接近 β-石英转变为 β-鳞石英的晶型转变温度 870 ℃时，分别进行焙烧温度为 850 ℃、860 ℃、870 ℃、880 ℃、890 ℃的真空焙烧试验研究，焙烧温度对杂质金属元素去除率的影响如图 6-10 所示。

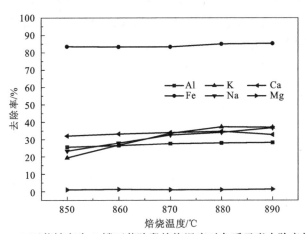

图 6-10 β-石英转变为 β-鳞石英阶段焙烧温度对杂质元素去除率的影响

由图 6-10 可知，当真空焙烧温度在 870 ℃附近变化时，杂质金属元素去除率变化差异较大。杂质金属元素 Al、Fe、Ca、Mg 的去除率随焙烧温度的升高几乎保持不变。杂质金属元素 K、Na 的去除率随焙烧温度的升高先升高后趋于平缓，焙烧温度高于晶型转变温度后，去除率不再大幅升高。这是由于当焙烧过程中反应温度高于晶型转变温度时，石英晶型已经大部分完成晶型转变，杂质去除率达到该晶型转变温度下真空焙烧工艺的极限值，杂质去除率不再大幅升高。

3. β-鳞石英转变为 β-方石英

当真空焙烧温度接近 β-鳞石英转变为 β-方石英的晶型转变温度 1470℃时，分别开展温度为 1450℃、1460℃、1470℃、1480℃、1490℃的真空焙烧试验研究，焙烧温度对杂质金属元素去除率的影响如图 6-11 所示。

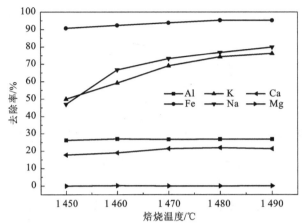

图 6-11　β-鳞石英转变为 β-方石英阶段焙烧温度对杂质元素去除率的影响

由图 6-11 可知，当真空焙烧温度在 1470℃左右变化时，杂质金属元素去除率变化差异较大，去除率与焙烧温度之间的变化关系与 β-石英转变为 β-鳞石英时相似。

综上可知，当真空焙烧温度在石英晶型转变温度点左右变化时，焙烧温度对石英中杂质金属元素去除率的影响差异较大。Fe 在高于 573℃的焙烧温度下，均具有较高的去除率，变化规律与 Al、Ca、Mg 相似；Al、Fe、Ca、Mg 的去除率在晶型转变温度点附近较小的焙烧温度区间内几乎不发生变化；K、Na 的去除率变化较显著。真空焙烧工艺对杂质金属元素 Fe、K、Na 的去除更有效。

第7章 气氛焙烧技术及机理

在空位或掺杂元素作用下，当扩散系数转化比例系数 $k_D > 0$ 时，杂质元素可由石英内部向表面逆扩散并产生偏析区域。但实际石英晶格杂质元素与空位之间及杂质元素之间相互作用要复杂得多[194]，而且还受到杂质元素扩散系数的影响。Al 在 SiO_2 中扩散系数要比 Na、K 小得多[195]，若杂质元素扩散系数过小，则其发生显著偏析所需时间可能达到几千小时，甚至数年。只有在实际生产可接受的焙烧时间内发生显著偏析，才能利用扩散偏析使杂质元素富集在石英表层。

本章在理论计算基础上，通过试验来研究和揭示天然石英中杂质元素实际扩散及偏析现象和规律。

7.1 空气焙烧试验

7.1.1 焙烧温度

经过预处理的粗粒石英在管式炉中分别于 600 ℃、800 ℃、1000 ℃ 的温度下焙烧 5 h、10 h、15 h、25 h、35 h、45 h，洗涤烘干，并使用 0.3 mol/L HF、2 mol/L HCl 的混合酸在温度为 200 ℃ 条件下浸出 8 h 来剥蚀石英表层，结果如图 7-1 所示。

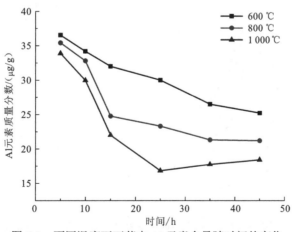

图 7-1 不同温度下石英中 Al 元素含量随时间的变化

由图 7-1 可知：焙烧温度为 600 ℃ 时，石英精矿中 Al 元素含量在整个时间区间中呈逐渐下降趋势；焙烧温度为 800 ℃ 和 1000 ℃ 时，在焙烧时间为 0～10 h 时，石英精矿中 Al 元素含量下降速率与 600 ℃ 相近，在焙烧时间为 10～15 h 时 Al 元素含量下降速率远大于 600 ℃；焙烧 15 h 后，石英精矿中 Al 元素含量的下降速率逐渐变慢。总体来看，随着焙烧温度升高，石英精矿中 Al 元素含量有较大下降，提高温度有利于石英中 Al 元素的去除；但焙烧温度高于 1000 ℃后，石英颗粒在长时间焙烧过程中会缓慢粘连在一起，如图 7-2 所示。结块后再粉碎的过程中可能会带入污染。因此，本试验所用样品焙烧温度采用 1000 ℃为宜。

图 7-2 石英砂 1200 ℃焙烧 10 h 后样品照片

7.1.2 焙烧时间

经过预处理的粗粒石英样品在管式炉中于 1000 ℃分别焙烧 5 h、15 h、30 h、45 h，洗涤烘干，使用 0.3 mol/L HF、2 mol/L HCl 的混合酸，设置液固比为 6∶1，在温度为 200 ℃的条件下浸出 8 h 来剥蚀石英表层，剥蚀后剩余石英中 Al、Na、K 元素含量如图 7-3 和图 7-4 所示。

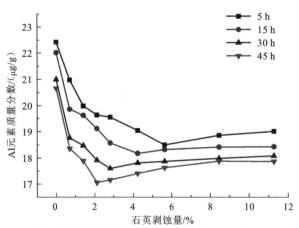

图 7-3 不同焙烧时间石英剥蚀量与剩余石英中 Al 元素含量的关系

由图 7-3 可知，焙烧 5 h 时，Al 元素含量在石英剥蚀量从 0%增加到 1.41%时迅速下降，之后下降速度减小，并在石英剥蚀量为 5.63%时达到最低值 18.5 μg/g，之后缓慢上升。焙烧 15 h 时，Al 元素含量在石英剥蚀量为 0%～0.70%内快速下降，在 0.70%～4.23%内继续下降，在 4.23%～11.27%内又缓缓上升，最低点为 18.2 μg/g。焙烧 30 h 时，Al 元素含量在石英剥蚀量为 0%～0.70%内迅速下降，在 0.70%～2.82%内下降速度变小，

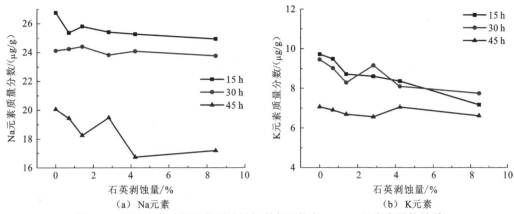

图 7-4　不同焙烧时间石英剥蚀量与剩余石英中 Na、K 元素含量的关系

在石英剥蚀量为 2.82% 时达到最低值 17.6 μg/g，之后缓慢上升。焙烧 45 h 时，Al 元素含量在石英剥蚀量为 0%～0.70% 内迅速下降，在 0.70%～2.11% 慢速下降，在石英剥蚀量为 2.11% 时达到最低值 17.1 μg/g，之后开始缓慢上升。

总体来看，各个焙烧时间的 Al 元素含量大体都呈先迅速下降，后慢速下降，再缓慢上升的三个阶段，但随着焙烧时间增加，Al 元素含量的最低值降低，各剥蚀量的剩余石英中 Al 元素含量都有降低，并且达到最低值所需的石英剥蚀量也降低了。可知在 1 000 ℃焙烧 5～45 h 条件下，焙烧时间越长，石英内 Al 元素的扩散时间越长，就有越多的 Al 元素从内部集中到石英表面，并且其聚集区域（即富集区）Al 元素含量越高、范围越窄、离表面越近。因此，较长的焙烧时间可以在剥蚀石英表层后得到 Al 元素含量更低的石英，且需要剥蚀的石英量也减少。

由图 7-4 可知，随着焙烧时间增加，Na、K 元素虽然总体上也呈现出下降的趋势，但没有像 Al 元素一样表现出在内表面附近富集的趋势，随着石英剥蚀量增加，Na、K 元素含量缓慢降低。

根据理论计算图 7-3 和图 7-4 中各点处 Al、Na、K 元素含量和其与表面的距离得到剥蚀后 Al、Na、K 元素含量分布剖面图，如图 7-5 所示。由图 7-5（a）～（d）可知，各个焙烧时间的 Al 元素含量分布剖面图总体上分为富集区、亏损区两部分。在富集区中，内表面附近 Al 元素含量最高，随着距表面距离的增加，Al 元素含量迅速降低，此为富集区的第一部分；Al 元素含量小幅上升再降低并过渡到亏损区前，此为富集区的第二部分。在亏损区中，Al 元素含量缓慢上升，直至与石英基体中 Al 元素含量相同。随着焙烧时间从 5 h 增加到 15 h，富集区范围大幅度向内表面附近缩小，范围由 18.52 μm 减小到 12.22 μm，最大 Al 元素质量分数由 225.8 μg/g 升高至 326.6 μg/g；焙烧时间从 15 h 增加到 45 h，富集区范围仍有收缩的趋势，从 12.22 μm 减小到 6.32 μm，最大 Al 元素质量分数从 326.6 μg/g 缓慢升高至 345.2 μg/g。

由图 7-5（e）和（f）可知，Na、K 元素的试验结果与表面蒸发和空位作用下 Na、K 元素扩散趋势有一定的相似性。但由于 Na、K 元素赋存形式多样，且测试误差较大，造成浓度分布剖面图波动较大。从总体上看，由于表面蒸发现象，Na、K 元素没有在表面形成富集区。

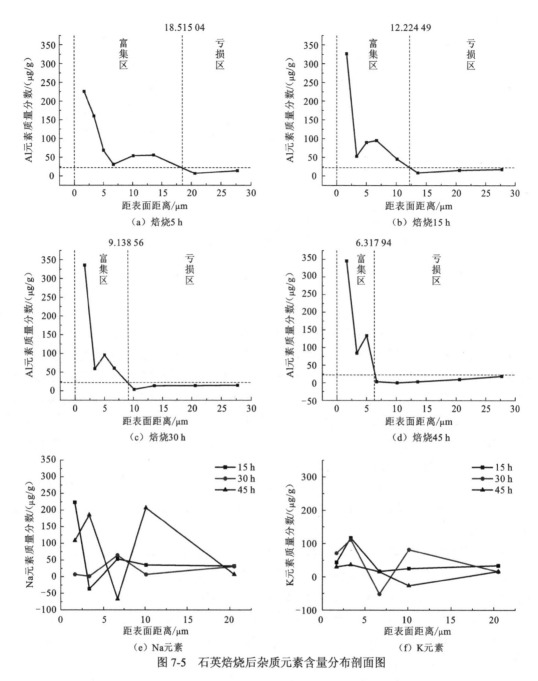

图 7-5　石英焙烧后杂质元素含量分布剖面图

综上所述，在焙烧过程中 Al 元素在内表面附近形成了明显的富集区，而 Na、K 元素没有形成富集区，且 Na、K 元素含量随石英剥蚀量变化不大。因此，可只根据 Al 元素含量来确定石英剥蚀量。

7.1.3　晶粒大小

粗粒石英多晶比例高，细粒石英单晶比例高，通过粗粒和细粒石英扩散偏析规律的差异，可推断单晶与多晶对扩散偏析的影响。经过预处理的细粒石英样品在管式炉中于

1000 ℃分别焙烧 30 h 和 60 h，使用与粗粒石英相同的方法剥蚀石英表层，剩余石英中Al、Na、K 元素含量如图 7-6（a）、（c）、（e）所示，并转化为各元素含量分布剖面图，如图 7-6（b）、（d）、（f）所示。

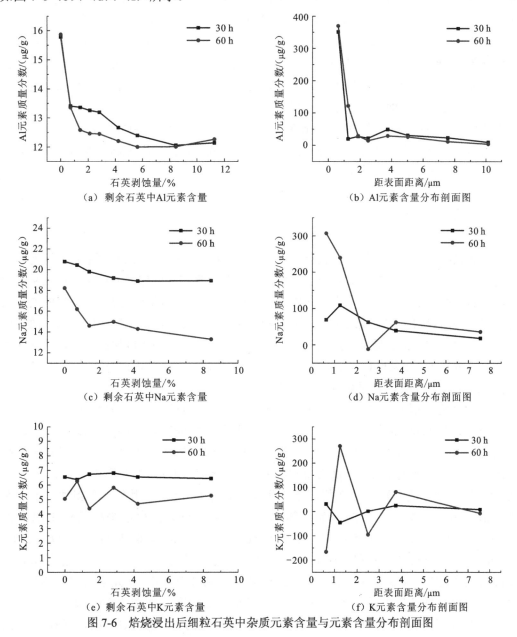

图 7-6　焙烧浸出后细粒石英中杂质元素含量与元素含量分布剖面图

由图 7-6（a）可知，随石英剥蚀量增加，Al 元素含量变化主要分为三个阶段：快速下降阶段、缓慢下降阶段和缓慢上升阶段。焙烧时间由 30 h 增加到 60 h 时，快速下降阶段石英剥蚀量由 0%～0.7%增加到 0%～1.4%，缓慢下降阶段石英剥蚀量由 0.7%～8.4%降低到 1.4%～5.6%，Al 元素最低质量分数由 12.05 μg/g 降低到 12.00 μg/g。由图 7-6（b）可知，与粗粒相似，细粒石英焙烧后 Al 元素含量分布剖面图中也形成了富集区与亏损区，且富集区也有两部分组成；但与粗粒不同的是，细粒富集区第二部分中 Al 元素含量远低于第一部分。焙烧时间由 30 h 增加到 60 h 时，富集区第一部分 Al 元素最高质量分数由 350.0 μg/g 增加到 369.5 μg/g，范围由 1.31 μm 增加到 2.46 μm，富集区第二部分 Al 元素最高质量分数则由 49.0 μg/g 降至 29.1 μg/g，范围由 7.49 μm 减小到 4.09 μm。如图 7-6（c）和（e）所示，从整体上看，随石英剥蚀量增加，石英中 Na、K 元素含量变化不大，略微降低；焙烧时间从 30 h 增加到 60 h 时，Na、K 元素含量都大幅降低，Na 元素最低质量分数由 18.89 μg/g 降至 13.29 μg/g，K 元素最低质量分数由 6.36 μg/g 降至 4.37 μg/g。

综合粗粒和细粒试验结果可知，细粒石英 Al 元素含量下降量和去除率高于粗粒石英，而且含量分布剖面曲线中富集区第二部分明显少于粗粒石英。这是由于石英中杂质元素的扩散主要沿 [0001] 方向[196]，杂质元素偏析也主要发生在 [0001] 方向的晶面上。由于多晶体中各晶粒方向各异，部分方向上杂质无法顺利扩散至石英颗粒表面，杂质元素在表面的富集程度低于单晶体。

7.1.4 表面浓度

焙烧过程中 Al 等金属元素向石英表面扩散，使石英表面 Al 元素含量升高，而与石英内部形成浓度差，根据菲克第一定律可知，扩散通量和浓度梯度成正比，形成从表面到内部的浓度梯度后会产生从表面向内部扩散的趋势，总扩散通量为从内向外的逆扩散通量和从外向内的扩散通量之和。在扩散初期，表面浓度与内部浓度相同，总扩散通量等于从内向外的逆扩散通量；随表面浓度增大，表面向内部的浓度梯度增大，从外向内的扩散通量增大，使总通量变小；当从外向内扩散的通量等于从内向外逆扩散的通量后，总扩散达到动态平衡，表面浓度为平衡浓度。

为了避免金属元素在表面富集而影响其继续向表面扩散，将焙烧工艺分为三段来完成，每次焙烧后微量剥蚀表面，去掉富集区，再进行焙烧。具体步骤为：将经过预处理的粗粒石英样品在管式炉中于 1 000 ℃ 焙烧 15 h，洗涤烘干，一部分样品留作测试用，另一部分样品用 0.075 mol/L HF、2 mol/L HCl 的混合酸以固液比 1∶6 在 200 ℃ 浸出 8 h，洗涤烘干后在相同条件下第二次焙烧 15 h 并用混合酸剥蚀，第三次焙烧后，分别将第一次焙烧样品、第二次焙烧样品与第三次焙烧样品使用浓度为 0 mol/L、0.075 mol/L、0.15 mol/L、0.225 mol/L、0.3 mol/L、0.45 mol/L、0.6 mol/L、0.9 mol/L、1.2 mol/L HF 和 2 mol/L HCl 的混合酸以固液比 1∶6 在 200 ℃ 浸出 8 h 来剥蚀石英表层，对照试验为连续焙烧 45 h。剥蚀后剩余石英中 Al 元素含量由 ICP-MS 检测，结果如图 7-7 所示，转化为 Al 元素含量剖面分布，如图 7-8 所示。

由图 7-7 可知，每增加一段焙烧，各石英剥蚀量处的 Al 元素浓度都有下降，第一次焙烧后 Al 元素最低质量分数为 18.17 μg/g，第二次焙烧后降为 17.45 μg/g，第三次焙烧后降为 17.17 μg/g。与连续焙烧 45 h 相比，当石英剥蚀量从 0% 到 0.0272% 时，三段焙烧剥蚀后石英中 Al 元素含量低于连续焙烧 45 h，但在剥蚀量从 0.0272% 增加到 0.135 8% 时，二者 Al 元素含量相差不大。三段焙烧 Al 元素最低质量分数为 17.17 μg/g，连续焙烧 Al 元素最低质量分数为 17.05 μg/g，二者相差很小，且最低点石英剥蚀量都在 0.0272% 附近。

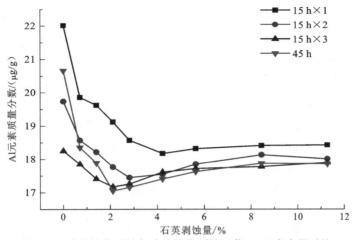

图 7-7　阶段焙烧剥蚀与连续焙烧剥蚀工艺 Al 元素含量对比

15 h×1 表示第一次焙烧 15 h 后，15 h×2 表示第二次焙烧 15 h 后，15 h×3 表示第三次焙烧 15 h 后，后同

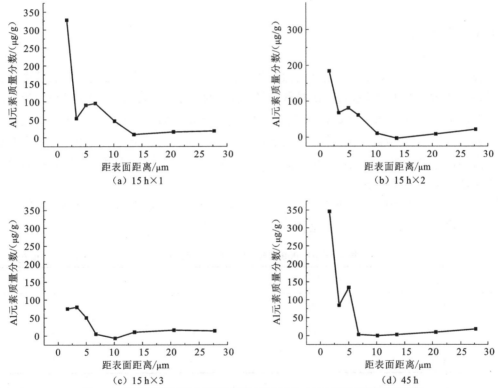

图 7-8　阶段焙烧剥蚀与连续焙烧剥蚀工艺 Al 元素浓度分布剖面图

由图 7-8 可知，第一次焙烧 15 h 后形成的富集区中 Al 元素最高质量分数为 327.34 μg/g，亏损区中 Al 元素最低质量分数为 8.34 μg/g。第一次焙烧 15 h 形成的富集区被剥蚀掉后，第二次焙烧 15 h 后又重新形成了富集区，但其中 Al 元素最高质量分数降到了 184.44 μg/g，亏损区中 Al 元素最低质量分数为-2.94 μg/g。富集区被再次剥蚀掉后，第三次焙烧 15 h 后形成的富集区中 Al 元素最高质量分数降到了 79.89 μg/g，亏损区中 Al 元素最低质量分数为-6.81 μg/g。作为对比的连续焙烧 45 h 形成的富集区中 Al 元素最高质量分数为

346.08 μg/g，亏损区中 Al 元素最低质量分数为-0.19 μg/g。与连续焙烧 45 h 相比，三段 15 h 焙烧，并在每次焙烧后剥蚀掉富集区，可以降低 Al 元素在石英表面附近的浓度，使 Al 元素由内部向表面"爬坡"扩散时需克服的由浓度梯度产生的阻力变小。

综合上述结论可知，与连续焙烧剥蚀相比，阶段焙烧剥蚀可降低富集区中杂质元素的浓度，从而降低杂质元素由亏损区向富集区"爬坡"扩散时需要克服的浓度梯度。但在一定焙烧时间后，阶段焙烧剥蚀和连续焙烧剥蚀中亏损区中杂质元素浓度几乎降至 0，导致两种方法中石英基体到亏损区的浓度梯度相同。由石英基体内部向亏损区扩散的速度相同，当杂质元素由基体到亏损区的扩散速度小于亏损区到富集区时，扩散的限速步骤为杂质元素从石英基体内部向亏损区扩散的过程，使得最佳条件下阶段焙烧剥蚀和连续焙烧剥蚀后石英中 Al 元素平均含量几乎相同；当情况相反时，限速步骤为亏损区向富集区的扩散过程，杂质元素由亏损区向富集区扩散速度的不同，会使两种方法得到不同的结果。因为试验结果中，阶段焙烧剥蚀和连续焙烧剥蚀后石英中 Al 元素平均含量几乎相同，可知 Al 元素扩散的限速步骤为 Al 从石英基体内部向亏损区扩散的过程。

7.1.5 表面蒸发

根据前述试验结果可知，焙烧前预处理后，Al、Na、K 三个主要元素在石英中总体上呈均匀分布，因此在焙烧过程的扩散初期，Al、Na、K 元素在石英表层及内部没有浓度梯度，进而没有因自身浓度梯度而扩散的趋势。随焙烧时间增加，石英表层附近某些金属元素可能因气化或升华而离开石英表层，使石英表层附近金属元素浓度降低而在表层与内部之间形成浓度梯度，或由于其他组分的影响，某金属元素发生扩散并在石英不同位置之间形成浓度梯度。

石英焙烧前与焙烧后杂质金属元素含量的差值反映了在焙烧过程中金属元素的去除量，即转化为气体形式而与石英基体分离的量，如表 7-1 所示。

表 7-1　细粒石英 1 000 ℃焙烧 30 h 前后杂质元素含量　　　　（单位：μg/g）

项目	Al 质量分数	Na 质量分数	K 质量分数
焙烧前	16.88	35.47	9.29
焙烧后	16.91	26.71	6.55
变化量	0.03	8.76	2.74

由表 7-1 可知，焙烧前后 Al 元素含量几乎没有变化；Na 元素质量分数减少了 8.76 μg/g，约占焙烧前的 25%；K 元素质量分数减少了 2.74 μg/g，约占焙烧前的 29%。因此，在焙烧过程中 Al 元素没有转化为气态逃逸或者转化量非常少，对 Al 元素浓度梯度影响很小，而 Na、K 元素转化为气态逃逸量较多，会显著改变表面和内部之间的浓度梯度，产生因自身浓度梯度而扩散的趋势。

焙烧过程中由石英内逃逸出来的部分气体，在管壁冷却后凝华为微量可溶性透明固体，经过长期收集后样品依然非常少。因此，只采用光学显微镜和电子探针分析其形态和成分，结果如图 7-9～图 7-11 所示。

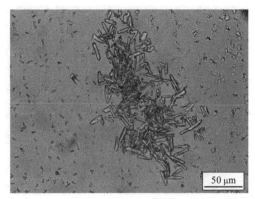
（a）晶体×200(-)

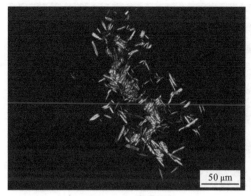
（b）晶体×200(+)

图 7-9　逸出气体凝华后晶体的光学显微镜照片

扫封底二维码见彩图

由光学显微镜照片（图 7-9）可见，样品为无色透明的棒状薄片，有沿长轴方向的直线纹理，在正交偏光下旋转物台一周，有 4 次消光，消光时轮廓线与目镜十字线重合，为平行消光，属于非均质体。干涉色主要为浅黄，部分较厚处为橙色。

（a）背散射电子成分图

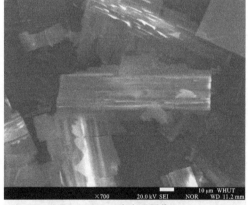
（b）二次电子图像

（c）Al元素面分布

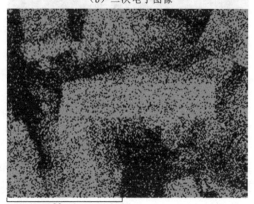
（d）Na元素面分布

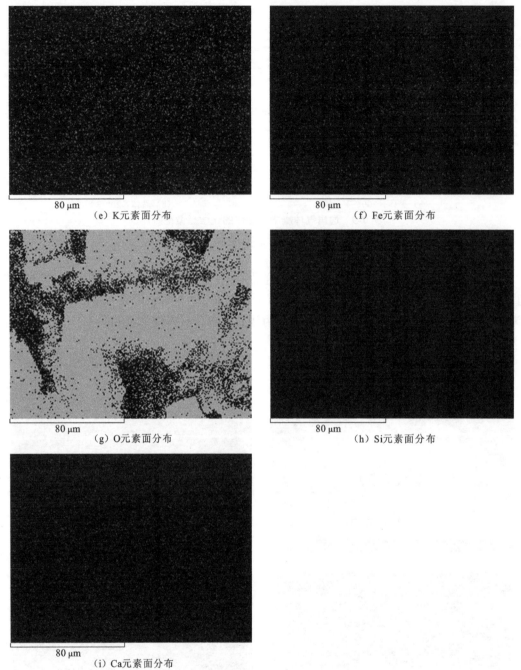

（e）K元素面分布　　　　　　　　　　　（f）Fe元素面分布

（g）O元素面分布　　　　　　　　　　　（h）Si元素面分布

（i）Ca元素面分布

图 7-10　逸出气体凝华后晶体电子探针能谱图

图 7-10（a）和（b）为颗粒表面图像，图 7-10（c）～（i）为图 7-9（a）所示颗粒的 Al、Na、K、Fe、O、Si、Ca 元素面分布图像。由电子探针颗粒表面图像可以看出，未知物质的大颗粒和微细粒都呈薄板状和薄棒状，有明显的平行直线纹理。由元素面分布图可知，Na、O 元素的分布与被测未知颗粒的分布一致。Al、K、Si、Ca、Fe 呈现无规则背景噪点分布，与被测颗粒的分布无关。由此可以推断 Na、O 元素属于被测未知物质的主要成分，可能有 C 元素，Al、K、Si、Ca、Fe 元素则很少。

元素	质量分数/%	原子百分数/%
O	59.62	68.16
Na	39.51	31.44
K	0.87	0.41

（a）背散射电子成分图像谱图1位置　　　　（b）左图能谱分析

元素	质量分数/%	原子百分数/%
O	55.08	63.80
Na	44.92	36.20

（c）背散射电子成分图像谱图2位置　　　　（d）左图能谱分析

元素	质量分数/%	原子百分数/%
C	12.96	18.16
O	56.73	59.66
Na	30.31	22.18

（e）背散射电子成分图像谱图3位置　　　　（f）左图能谱分析

元素	质量分数/%	原子百分数/%
C	14.78	20.52
O	56.27	58.64
Na	28.41	20.60
K	0.54	0.23

（g）背散射电子成分图像谱图4位置　　　　（h）左图能谱分析

图 7-11　逸出气体凝华颗粒电子探针能谱图

图 7-11 (a)、(c)、(e)、(g) 为颗粒表面图像不同谱图点位置，图 7-11 (b)、(d)、(f)、(h) 为左图点所在位置对应的微区能谱分析结果。能谱分析结果显示表面被测颗粒的主要成分为 O，其次为 Na，图 7-11 (a)、(g) 中含有少量 K 元素，图 7-11 (e)、(g) 中含有一定量的 C 元素。因为能谱仪无法检测 H 元素，所以样品中也可能含有 H 元素，综合薄片状、薄棒状的晶体形貌和 Na、O 为主要元素，可推测样品的主要成分为 $NaOH \cdot H_2O$，并含有微量 K，少量晶体为 $NaHCO_3$，可能是由 NaOH 与空气中的 CO_2 反应生成。

综合光学显微镜及电子探针分析结果可知，Na、K 元素可通过表面蒸发从石英中逃逸，这与严奉林等[197]通过电扩散法得到的结论类似。结合表 7-1 和光学显微镜及电子探针分析结果可知，Na、K 元素在焙烧过程中的气化逃逸会显著地改变表面和内部之间的浓度梯度，产生因自身浓度梯度而扩散的趋势，$D_{Na,Na}$ 和 $D_{K,K}$ 不为 0，在分析 Na、K 的扩散时必须考虑 Na、K 因自身浓度梯度而扩散的趋势。Al 元素分布均匀，且几乎不会气化逸出，没有自身浓度梯度，$D_{Al,Al} \approx 0$，分析时可忽略 Al 因自身浓度梯度而扩散的趋势。

7.2 惰性气氛焙烧试验

由于预处理后的石英纯度已经很高，在空气中直接焙烧可能会引入杂质，对试验分析不利，本节选取氮气气氛及真空气氛两种洁净气氛作为反应气氛进行对比，研究石英中杂质金属元素在这两种气氛中的迁移扩散规律。试验装置如图 6-1 所示，将预处理后的石英采用分堆法混匀，使用分析天平将样品分为每份 10 g，分别置于洁净样品袋备用，以减小随机误差。试验时，取 2 袋样品分别置于两个洁净刚玉舟内，然后将刚玉舟置于管式炉中，设置管式炉加热程序使之符合试验设定，调节管式炉氛围，开始反应，反应结束后，待管式炉降温程序结束，将刚玉舟取出，立即将其中石英样品转移至洁净容器内保存，以减少污染。

7.2.1 杂质元素纯化效果

1. K、Na 杂质

K、Na 元素都属于碱金属元素，在石英中的迁移规律相似。分别在氮气氛围和真空氛围中，进行石英中 K、Na 元素的去除试验研究，焙烧温度分别为 600℃、700℃、800℃、900℃、1 000℃、1 100℃、1 200℃、1 300℃、1 400℃、1 500℃，升温速率为 4℃/min，保温时间为 3 h，降温速率同样为 4℃/min，降温完毕后，将样品用混合酸溶解，进行 ICP 测试。样品中 K、Na 元素含量与温度的关系如图 7-12 所示。

由图 7-12 可知，在真空氛围和氮气氛围中，样品中 Na 元素含量随焙烧温度升高而降低，且明显分为三个阶段。当温度低于 900℃时，石英中 Na 元素含量随焙烧温度升高下降不明显，当温度高于 900℃时，石英中 Na 元素含量随温度升高明显下降，当温度为 900～1 400℃时，Na 元素含量下降速率稳定。当温度高于 1 400℃时，Na 元素含量下降速率明显加快；当温度为 1 500℃时，石英样品中 Na 元素含量最低。在真空氛围中，

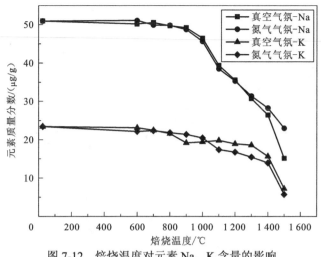

图 7-12 焙烧温度对元素 Na、K 含量的影响

当焙烧温度为 1 500 ℃时，样品中 Na 元素质量分数低至 15.14 μg/g，去除率为 72.22%；在氮气气氛中，当焙烧温度为 1 500 ℃时，样品中 Na 元素质量分数低至 22.91 μg/g，去除率为 54.84%。因此，分离石英中 Na 元素的条件以真空气氛、温度 1 500 ℃为宜。

样品中 K 元素含量在两种气氛中随温度变化规律与 Na 元素相似，分为三个阶段：当焙烧温度低于 900 ℃时，样品中 K 元素含量几乎不随温度变化而变化；当焙烧温度为 900～1 400 ℃时，样品中 K 元素含量随焙烧温度升高而下降且速率基本稳定；当焙烧温度高于 1 400 ℃时，样品中 K 元素的下降速率明显变快，含量急剧降低，到 1 500 ℃含量最低。真空气氛下焙烧温度为 1 500 ℃时，样品中 K 元素质量分数低至 7.25 μg/g，去除率达 69.06%；在氮气气氛下，样品中 K 元素质量分数低至 5.73 μg/g，去除率为 75.54%。可以看到，与 Na 元素不同，分离 K 元素的条件以氮气气氛、温度 1 500 ℃为宜。

确定适宜气氛和焙烧温度后，进行焙烧时间试验。Na 元素焙烧时间试验在真空气氛下，采用 1 500 ℃的焙烧温度，升温速率为 4 ℃/min，保温时间分别为 1 h、2 h、3 h、4 h、5 h，降温速率为 4 ℃/min；K 元素的焙烧时间试验在氮气气氛下，采用 1 500 ℃的焙烧温度，升温速率为 4 ℃/min，保温时间分别为 1 h、2 h、3 h、4 h、5 h，降温速率为 4 ℃/min，降温完毕后，用混合酸溶样，试验结果如图 7-13 所示。

由图 7-13 可知，在真空气氛下，焙烧温度为 1 500 ℃时，样品中 Na 元素含量随焙烧时间增加而下降，3 h 后样品中 Na 含量趋于平稳。在氮气气氛下，焙烧温度为 1 500 ℃时，样品中 K 元素含量随着焙烧时间增加而下降，3 h 后样品中 K 元素的含量趋于平稳。因此，去除 Na、K 元素的推荐焙烧时间为 3 h。

2. Fe 杂质

由矿物学分析可知，石英中除了表面的薄膜铁，还有石英内部包裹体中的黄铁矿，为了研究 Fe 元素的去除条件，在真空气氛和氮气气氛中进行温度条件试验研究。焙烧温度分别为 600 ℃、700 ℃、800 ℃、900 ℃、1 000 ℃、1 100 ℃、1 200 ℃、1 300 ℃、1 400 ℃、1 500 ℃，升温速率为 4 ℃/min，恒温时间为 3 h，降温速率为 4 ℃/min，待样品冷却后，使用混合酸将样品溶解，试验结果如图 7-14 所示。

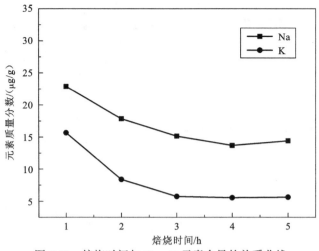

图 7-13　焙烧时间与 Na、K 元素含量的关系曲线

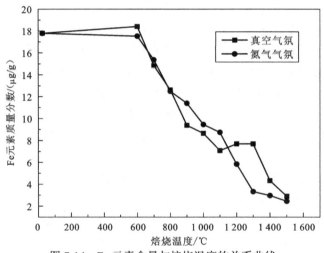

图 7-14　Fe 元素含量与焙烧温度的关系曲线

由图 7-14 可知，在真空气氛和氮气气氛中，石英中 Fe 元素含量随焙烧温度的变化规律类似，在焙烧温度为 0～600 ℃时，样品中 Fe 元素含量几乎不随焙烧温度的变化而变化；当温度高于 600 ℃时，样品中 Fe 元素含量随焙烧温度升高而下降；当焙烧温度为 1 500 ℃时，含量达到最低，但并没有显示出在 1 400 ℃以上去除率突然增大的现象。在真空气氛下，焙烧温度为 1 500 ℃时，样品中 Fe 元素质量分数低至 2.90 μg/g，去除率为 83.69%；在氮气气氛下，焙烧温度 1 500 ℃时，样品中 Fe 元素质量分数为 2.45 μg/g，去除率为 86.22%。因此，对石英中 Fe 元素去除的推荐条件为氮气气氛、温度 1 500 ℃。

确定焙烧气氛和焙烧温度后，进行焙烧时间的试验，试验条件与 K、Na 元素的时间因素试验条件相同，试验结果如图 7-15 所示。由图可知，样品中 Fe 元素含量随焙烧时间影响不大，质量分数均在 2.45 μg/g 附近波动。很可能的原因是样品中铁杂质有部分为薄膜铁，集中于石英表面，向气氛中的扩散速度较快，在升温过程中，处于表面的 Fe 元素的迁移扩散过程已经完成。

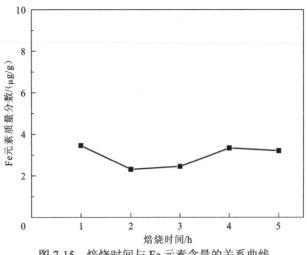

图 7-15　焙烧时间与 Fe 元素含量的关系曲线

3. Al 杂质

分别在真空气氛和氮气气氛中,进行 Al 元素去除试验研究,焙烧温度分别为 600 ℃、700 ℃、800 ℃、900 ℃、1 000 ℃、1 100 ℃、1 200 ℃、1 300 ℃、1 400 ℃、1 500 ℃,升温速率为 4 ℃/min,保温时间为 3 h,降温时间为 4 ℃/min,降温完毕后,将样品用混合酸溶解,测试结果如图 7-16 所示。

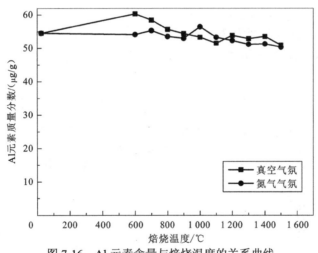

图 7-16　Al 元素含量与焙烧温度的关系曲线

从试验结果可以看出,当恒温时间为 3 h 时,无论是真空气氛还是氮气气氛中,样品中 Al 元素含量几乎不随焙烧温度变化而变化,气氛焙烧对 Al 元素去除的效果一般。在 1 500 ℃时 Al 元素含量最低,在真空气氛中,Al 质量分数为 50.97 μg/g,而在氮气气氛中,Al 质量分数为 50.35 μg/g,均与预处理后的质量分数 54.54 μg/g 相差不大。

进行时间因素试验,检验是否因焙烧时间过短而导致去除效果不明显。分别在真空气氛和氮气气氛中、焙烧温度为 1 500 ℃、升温速率和降温速率不变的条件下,进行焙烧时间分别为 2 h、4 h、6 h、8 h、10 h 的试验,试验结果如图 7-17 所示。由图可知,延长焙烧时间,样品中 Al 元素的含量变化不大,即使焙烧时间增加至 10 h,样品中 Al

元素含量也没有明显下降。由此可知，在真空气氛和氮气气氛中焙烧石英，对石英中 Al 元素去除没有明显作用。

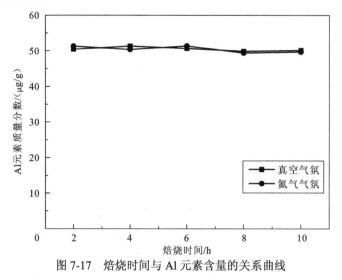

图 7-17　焙烧时间与 Al 元素含量的关系曲线

4. Ca 杂质

分别在真空气氛和氮气气氛中，进行 Ca 元素去除试验研究，焙烧温度分别为 600 ℃、700 ℃、800 ℃、900 ℃、1 000 ℃、1 100 ℃、1 200 ℃、1 300 ℃、1 400 ℃、1 500 ℃，升温速率为 4 ℃/min，保温时间为 3h，降温速率为 4 ℃/min，降温完毕后，用混合酸将样品溶解，测试结果如图 7-18 所示。

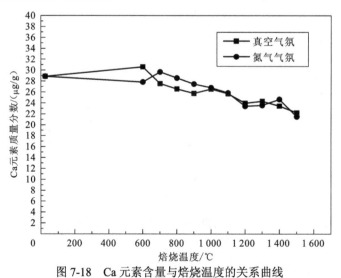

图 7-18　Ca 元素含量与焙烧温度的关系曲线

如图 7-18 所示，真空气氛下石英中 Ca 元素含量随焙烧温度的变化规律与氮气气氛下相似，当焙烧温度低于 600 ℃时，石英中 Ca 元素含量几乎没有变化；当焙烧温度高于 600 ℃时，石英中 Ca 元素含量开始随焙烧温度升高而下降，但下降并不显著；到 1 500 ℃时，Ca 元素含量最低。当焙烧温度为 1 500 ℃时，真空气氛中石英 Ca 质量分数为

22.21 μg/g，去除率为 23.07%；氮气气氛中石英 Ca 质量分数为 21.49 μg/g，去除率为 25.56%，氮气气氛略优于真空气氛，但去除率都较低，提纯效果不明显。

进一步分析焙烧时间对石英中 Ca 去除率的影响，试验条件为：真空气氛和氮气气氛，焙烧温度 1 500 ℃，焙烧时间 2 h、4 h、6 h、8 h、10 h，试验结果如图 7-19 所示。由图 7-19 可知，延长焙烧时间，样品中 Ca 元素含量变化不大，可见，气氛焙烧对石英中 Ca 元素的去除效果一般。

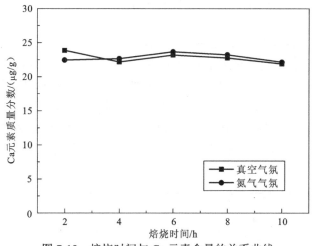

图 7-19　焙烧时间与 Ca 元素含量的关系曲线

确定了石英中主要杂质金属元素含量在真空气氛和氮气气氛中，在不同温度下、焙烧不同时间的变化规律后，对气氛焙烧提纯的整体效果进行试验。分别在真空氛围和氮气氛围中，焙烧温度设为 600 ℃、700 ℃、800 ℃、900 ℃、1 000 ℃、1 100 ℃、1 200 ℃、1 300 ℃、1 400 ℃、1 500 ℃，升温速率为 4 ℃/min，保温时间为 3 h，降温速率为 4 ℃/min。石英中总杂质含量随焙烧温度变化的结果如图 7-20 所示。

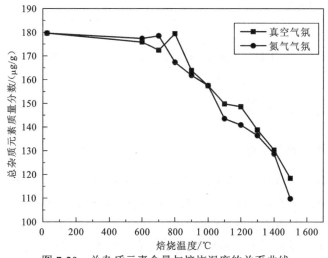

图 7-20　总杂质元素含量与焙烧温度的关系曲线

由图 7-20 可知，在真空气氛中，当焙烧温度小于 600℃时，石英中总杂质金属元素含量基本不变；当焙烧温度大于 600℃时，石英中总杂质金属元素质量分数随焙烧温度升高而下降，在 1 500℃时达到最低，为 118.45 μg/g，总杂质元素去除率为 34.06%。在氮气气氛中，当焙烧温度小于 600℃时，石英中总杂质元素含量基本不变，当焙烧温度大于 600℃时，石英中总杂质质量分数随焙烧温度升高而下降，在 1 500℃时达到最低，为 109.70 μg/g，总杂质金属元素的去除率为 38.92%。从图中可以看到，当焙烧温度大于 1 000℃时，氮气气氛中石英总杂质元素的含量低于真空气氛，因此，提纯石英的推荐气氛条件为氮气气氛。

在氮气气氛中，温度为 1 500℃时，进行焙烧时间试验，管式炉的升温速率和降温速率均为 4℃/min，保温时间分别为 1 h、2 h、3 h、4 h、5 h，冷却后，用混合酸溶解石英样品，进行 ICP 测试，结果如图 7-21 所示。由图可知，石英中总杂质元素含量随焙烧时间增加而下降，当焙烧时间为 4 h 时，石英中总杂质金属元素含量趋于稳定，因此推荐的焙烧时间为 4 h，此时石英中总杂质金属元素质量分数为 108.68 μg/g，去除率达39.50%。这是由于在相同试验条件下，金属元素的物理、化学特性不同，迁移扩散的效果表现出较大的差异性。

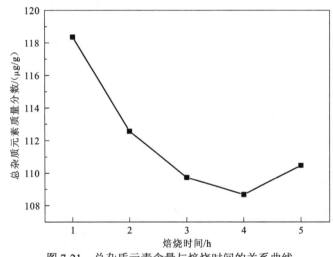

图 7-21　总杂质元素含量与焙烧时间的关系曲线

7.2.2　石英颗粒表面形貌

1. 水淬后石英颗粒表面形貌

将 100 g 石英砂放入耐热坩埚中，置于高温马弗炉内，升温至 900℃焙烧 5 h。焙烧后，迅速采用一级去离子水水淬，待其温度降至室温，过滤烘干，在扫描电镜下观察石英表面流体包裹体、矿物包裹体及表面裂纹，结果见图 7-22 和图 7-23。

由图 7-22 可知，焙烧前石英原矿表面不光洁，不同位置的包裹体数量、大小不同，且部分包裹体定向分布，奠定了焙烧后石英颗粒内部裂隙的走向。

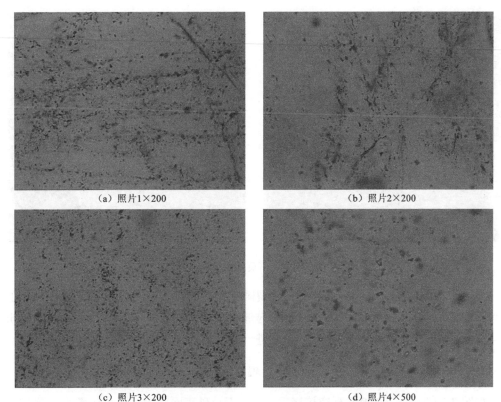

（a）照片1×200

（b）照片2×200

（c）照片3×200

（d）照片4×500

图 7-22　焙烧前石英原矿在光学显微镜下的包裹体照片

当温度达 900℃左右时，β-石英转变为 β-磷石英，晶型转变过程中，石英体积膨胀产生应力，经水淬骤冷产生约几纳米宽窄裂纹或裂隙缺陷[198]，石英颗粒松散，化学活性升高。对比图 7-22 和图 7-23 可知，裂纹或裂隙缺陷大多随杂质与石英基体的界面延伸，因石英中的杂质在高温加热处理时迁移扩散，而石英与矿物包裹体膨胀系数差别较大，高温骤冷使石英与矿物包裹体交界面产生裂隙，杂质暴露。此外，焙烧 900℃水淬骤冷后石英表面出现凹坑，这可能是石英晶体间气液包裹体完全爆裂释放造成的，可见水淬对提高石英产品的质量极为重要。

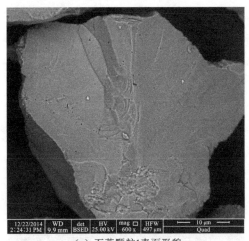

（a）石英颗粒1表面形貌

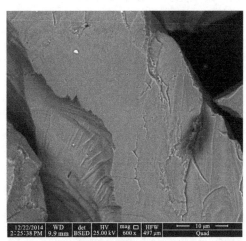

（b）石英颗粒2表面形貌

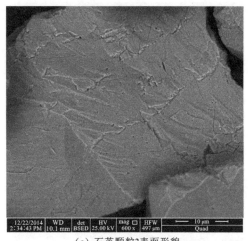

（c）石英颗粒3表面形貌　　　　　　　　　　（d）石英颗粒4表面形貌

图 7-23　水淬后石英颗粒的 SEM 照片

但值得注意的是，水淬后石英颗粒的裂隙仅存在于石英表面，并未深入内部。可见水淬过程中，由于表面石英的阻隔，石英内部温度较低，升温降温速率较慢，并未与表面同步，致使杂质元素未完全暴露，影响进一步除杂。

2.1 500 ℃真空焙烧后石英颗粒表面形貌

如图 7-24 所示，1 500 ℃真空焙烧后，有些石英砂表面仍含有固体包裹体，但观察焙烧前的样品可知，包裹体数量明显减少。有些石英砂表面已经观察不到包裹体，表面不平整，仅剩一些缺陷和凹槽。高温焙烧可使石英砂表面杂质颗粒脱落，石英裸露面积大大增加。这是由于石英砂表面结构重组对杂质颗粒的吸附能力降低，再加上石英砂的热胀冷缩作用，吸附在石英砂表面的杂质颗粒脱落，净化了石英砂表面。此外，1 500 ℃真空焙烧后，石英微米级宽度的裂隙明显增加，且裂隙向石英颗粒内部延伸，纵横交错贯穿整个石英颗粒。可见焙烧温度升高，有利于石英表面活性的提高。

进一步，采用电子探针-能谱分析对 1 500 ℃真空焙烧后石英表面元素和包裹体进行研究，结果见图 7-25 和表 7-2。

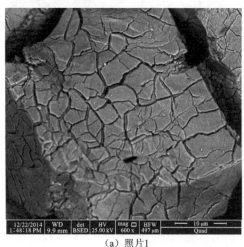

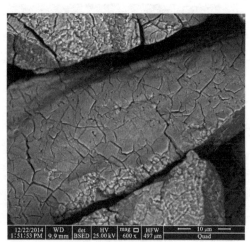

（a）照片1　　　　　　　　　　　　　　　（b）照片2

（c）照片3 （d）照片4

图 7-24 1 500 ℃真空焙烧后石英的 SEM 照片

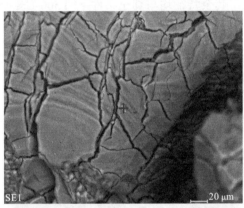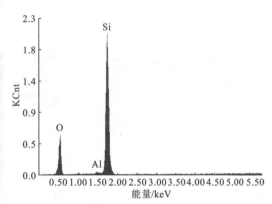

（a）石英和杂质元素的电子探针图谱

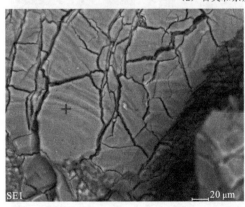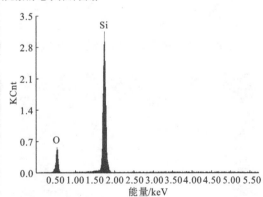

（b）纯石英的电子探针图谱

图 7-25 1 500 ℃真空焙烧后石英的电子探针-能谱分析

表 7-2 1 500 ℃真空焙烧后石英砂表面的成分和含量

序号	O 质量分数/%	Si 质量分数/%	Al 质量分数/%	O/Si	O/Si*
1	66.61	33.07	0.31	2.014	2.000
2	66.65	33.29	/	2.002	/

注：*数据为假定杂质元素为氧化物，并去除其中的氧含量后的 O/Si 质量比值。

由图 7-25 和表 7-2 可知，焙烧后石英砂表面仍含有极少量 Al 元素，以氧化物形式存在。Götze 等[199]研究表明，焙烧石英中出现 Al_2O_3 等杂质相，可能是因为该点石英中 Al 取代了晶格 Si，升温至 1 500 ℃时，石英晶型发生转变，晶格重组，该点结构坍塌，游离的活性 Al 经成核形成 Al_2O_3 和碱金属氧化物，由于碱金属氧化物可通过扩散作用去除，仅剩体积较大的 Al_2O_3 镶嵌于石英中。也有观点认为，高温条件下，由于对热的耐受性不同，石英会沿含包裹体的微区碎裂，形成裂痕及新表面，包裹体中含 Al 杂质分解产生 Al_2O_3 暴露于新表面。

3.1 500 ℃氮气气氛焙烧后石英颗粒表面形貌

由图 7-26 可知，氮气气氛 1 500 ℃焙烧后，石英砂表面包裹体较真空气氛下少。有些石英砂表面已经观察不到包裹体，杂质颗粒脱落痕迹也明显减少。部分石英颗粒裂纹平行分布，可能由定向分布的杂质相脱落造成。其余特征均与真空条件下 1 500 ℃焙烧后的石英类似。

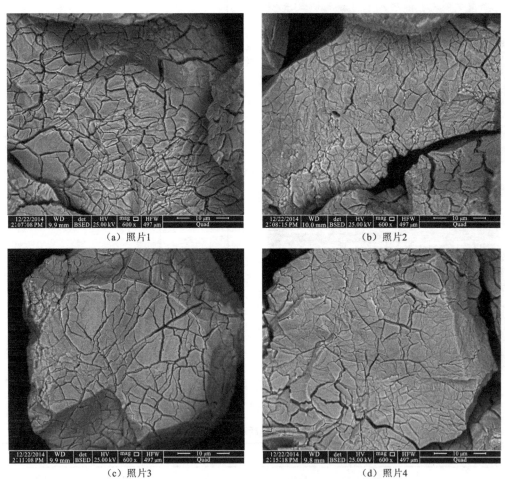

（a）照片1　　　　　　　　　　　　　　（b）照片2

（c）照片3　　　　　　　　　　　　　　（d）照片4

图 7-26　氮气气氛 1 500 ℃焙烧后石英的 SEM 照片

7.2.3 晶胞参数

对不同气氛、不同温度下的石英焙烧样进行 X 射线衍射分析，进一步采用分析法对熔烧后石英样的粉晶衍射数据指标化，更准确地计算其晶胞参数。

分析法指标化粉晶衍射数据的原理是基于晶胞参数，$\sin\theta$ 或 d 值与面网指数（h、k、l）之间有一定对应关系。不同晶系的晶体的面网间距计算公式不同。如石英（α-石英）是典型的三方晶系晶体，采用式（6-2）所示三方晶系（六方晶系）晶胞参数计算公式进行计算。

当晶系、面网指数（h、k、l）及 d 值已知时，各个晶系的晶胞参数都可以精确计算。根据三方晶系的特点（$a=b\neq c$、$\alpha=\beta=90°$、$\gamma=120°$），计算 a（b）用 $h00$、$0k0$、$hk0$ 指数，计算 c 用 $00l$ 指数。计算石英晶胞参数所选取的特征衍射谱线如下。

（1）求 a：（210）$d=1.6091$；（300）$d=1.4184$；（220）$d=1.2285$；（400）$d=1.0639$。

（2）求 c：（003）$d=1.80163$、（006）$d=0.900813$。

或求 a、c：采用任两条 (h,k,l) 衍射线，代入式（6-2），联立方程组求解。

（3）求精确的 a、c：根据拟合直线方程 $a(c) - \left(\dfrac{\cos\theta^2}{\sin\theta} + \dfrac{\cos\theta^2}{\theta}\right)$ 的截距，采用外推法求出较精确的晶胞参数。

而 α-方石英（低温方石英）是典型的四方晶系晶体，采用四方晶系的晶胞参数计算公式：

$$\frac{1}{d_{hkl}^2} = \frac{h^2 + k^2}{a^2} + \frac{l^2}{c^2} \tag{7-1}$$

根据四方晶系特点（$a=b\neq c$、$\alpha=\beta=\gamma=90°$），计算 $a(b)$ 用 $h00$、$0k0$、$hk0$ 指数，计算 c 用 $00l$ 指数。根据式（7-1），本书进行方石英晶胞参数的计算所选取的特征衍射谱线如下。

（1）求 a：（310）$d=1.5717$；（410）$d=1.2056$。

（2）求 c：（004）$d=1.7317$。

或求 a、c：采用任两条 (h,k,l) 衍射线，代入式（6-2），联立方程组求解，尽量选择高角度区域衍射线，如 401、410 及 303 等。

（3）求准确的 a、c：根据拟合直线方程 $a(c) - \left(\dfrac{\cos\theta^2}{\sin\theta} + \dfrac{\cos\theta^2}{\theta}\right)$ 的截距，采用外推法求出较精确的晶胞参数。

为考察真空中不同温度下焙烧石英的相变规律，分别对 600 ℃、900 ℃、1500 ℃下焙烧石英样进行 XRD 物相分析，并计算其相应的晶胞参数，结果如下。

由图 7-27 可知，600 ℃真空焙烧 3 h 后，石英的 XRD 图谱并未显示出物相及晶体结构改变。理论上，当温度达到 573 ℃时，α-石英转变为 β-石英，但温度回落后，β-石英又变为 α-石英，此过程是可逆的[200]。因此，600 ℃真空焙烧 3 h 后的石英样未发生物相和晶体结构的改变。

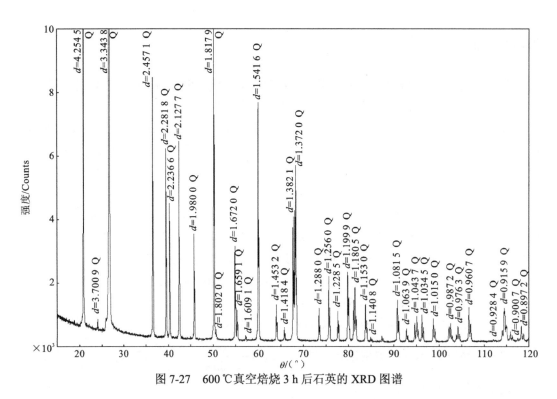

图 7-27　600 ℃真空焙烧 3 h 后石英的 XRD 图谱

600 ℃真空焙烧 3 h 后，石英的晶胞参数计算及拟合结果如图 7-28 和表 7-3 所示。由表 7-3 可知，600 ℃真空焙烧 3 h 后，α-石英的晶胞参数 a（4.912 52 Å）和 c（5.403 87 Å）与理论值（a=4.913 Å，c=5.404 Å）十分接近，进一步证明了 α-石英与 β-石英可发生可逆转化，这与赵忠魁等[200]的研究结果一致。此外，晶胞参数与理论值的微小差异，可能与石英矿中存在的极少量杂质有关[200]。

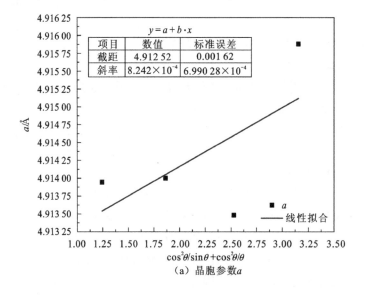

（a）晶胞参数 a

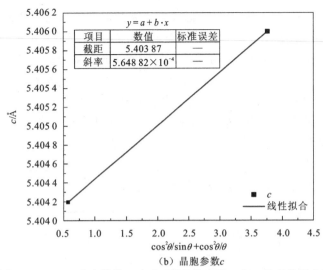

（b）晶胞参数 c

图 7-28　600 ℃真空焙烧 3 h 后石英晶胞参数 a 和 c 的直线拟合图

表 7-3　真空条件下焙烧 3 h 后石英的晶胞参数拟合结果表

焙烧温度/℃	a/Å	c/Å
600	4.912 52	5.403 87
900	4.913 18	5.403 65
1 500	4.914 17	5.406 05

由图 7-29 可知，900 ℃真空焙烧 3 h 后，石英 XRD 图谱也未显示出物相及结构的改变。理论上，900 ℃下石英可由 α-石英转变为 β-石英继而转变为 β-磷石英，但此晶型转变过程非常缓慢[201]，在 3 h 内，并不能检测出 β-磷石英。

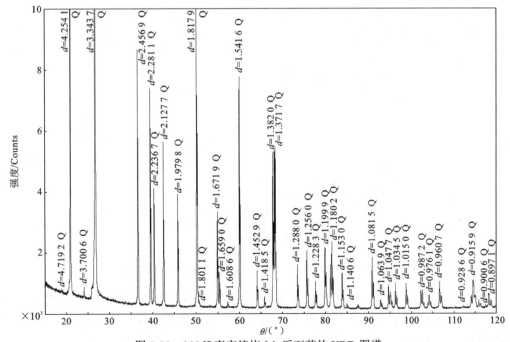

图 7-29　900 ℃真空焙烧 3 h 后石英的 XRD 图谱

900 ℃真空焙烧 3 h 后，石英的晶胞参数计算及拟合结果见图 7-30 和表 7-3。分析表 7-3 知，900 ℃真空焙烧 3 h 后石英的晶胞参数 a（4.913 18 Å）和 c（5.403 65 Å）与理论值（a=4.913 Å，c=5.404 Å）十分接近，但对比 600 ℃真空焙烧 3 h 后石英的晶胞参数，a 值有较大幅度增加，说明焙烧冷却过程不能改变石英的相变，但相变过程晶格在垂直 c 轴方向上发生膨胀[200]。这是因为石英在加热时，由 α-石英转变为 β-石英所吸收的能量大于其在冷却时由 β-石英转变为 α-石英时所放出的能量[202]，这些能量的存在使石英的体积膨胀能力并没有恢复到原有水平[203]，而是以晶格膨胀的形式保留下来。所以在由高温冷却到常温后，尽管 β-石英会转变为 α-石英，但在结构上并未完全恢复到原有的状态，宏观上表现为体积没有完全恢复[202]。

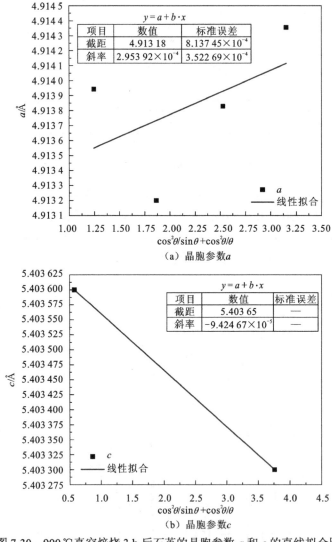

图 7-30　900 ℃真空焙烧 3 h 后石英的晶胞参数 a 和 c 的直线拟合图

由图 7-31 可知，1 500 ℃真空焙烧 3h 后石英的 XRD 图谱中出现 α-方石英和 α-石英两相。这说明 1 500 ℃时磷石英转变成 β-方石英，当温度回落时，此过程不可逆，而是转变为 α-方石英析出，因此，1 500 ℃真空焙烧 3 h 后石英的物相发生改变。

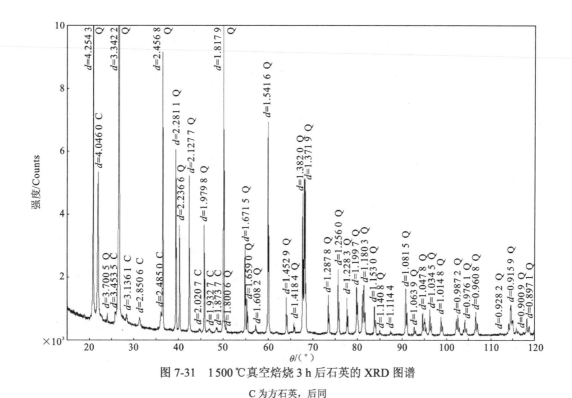

图 7-31　1500 ℃ 真空焙烧 3 h 后石英的 XRD 图谱

C 为方石英，后同

　　1500 ℃ 真空焙烧 3 h 后石英的晶胞参数计算和拟合结果见图 7-32 和表 7-3。分析晶胞参数可知，1500 ℃ 真空焙烧 3 h 后，α-石英的晶胞参数 a（4.914 17 Å）和 c（5.406 05 Å）与理论值（a=4.913 Å，c=5.404 Å）相比有较大幅度的升高，可能是冷却过程中一部分储存的能量导致晶格膨胀[202,203]。

　　为进行对比，在氮气气氛下分别对 600 ℃、900 ℃、1500 ℃ 下焙烧石英样进行 XRD 物相分析，并计算其相应的晶胞参数。

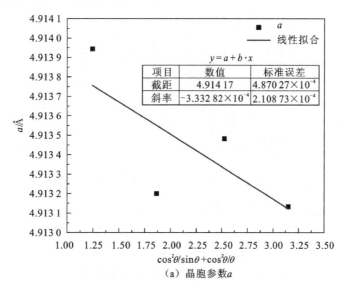

项目	数值	标准误差
截距	4.914 17	4.870 27×10⁻⁴
斜率	−3.332 82×10⁻⁴	2.108 73×10⁻⁴

$y = a + b \cdot x$

（a）晶胞参数 a

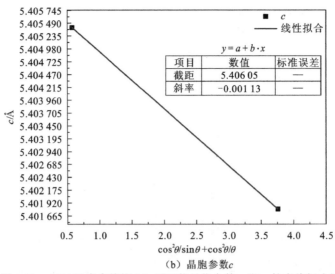

（b）晶胞参数c

图7-32　1500℃真空焙烧3 h后石英晶胞参数a和c的直线拟合图

由图7-33可知，600℃氮气气氛焙烧3 h后石英的XRD图谱与真空焙烧3 h后石英的XRD图谱相同，物相及晶体结构并无改变。

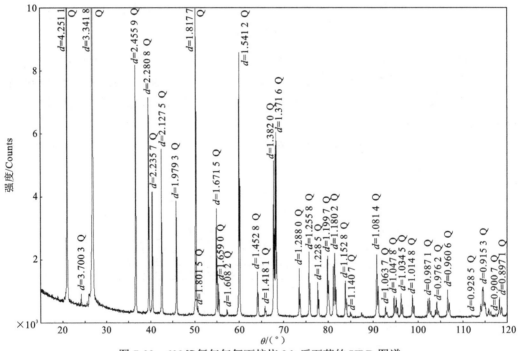

图7-33　600℃氮气气氛下焙烧3 h后石英的XRD图谱

600℃氮气气氛焙烧3 h后，石英的晶胞参数计算及拟合结果见图7-34和表7-4。分析表7-4知，600℃氮气气氛下焙烧3 h后，α-石英的晶胞参数a（4.913 59 Å）和c（5.404 15 Å）与理论值（a=4.913 Å，c=5.404 Å）十分接近，证明了α-石英与β-石英可发生可逆转化。600℃时，气氛对石英晶型可逆转变影响不大。

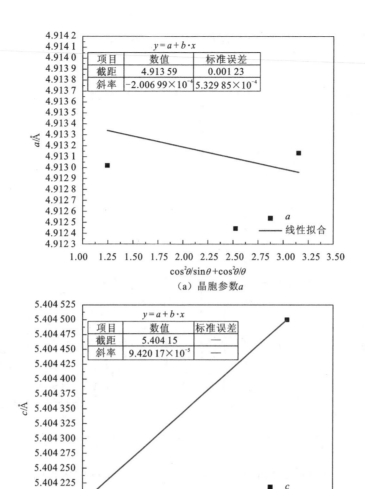

（a）晶胞参数 a

（b）晶胞参数 c

图 7-34　600 ℃氮气气氛下焙烧 3 h 后石英晶胞参数 a 和 c 的直线拟合图

表 7-4　氮气气氛下焙烧 3 h 后石英的晶胞参数拟合结果表

焙烧温度/℃	a/Å	c/Å
600	4.913 59	5.404 15
900	4.911 89	5.405 62
1 500	4.516 65	6.971 83

　　由图 7-35 可知，900 ℃氮气气氛焙烧 3 h 后石英的 XRD 图谱与真空焙烧 3 h 后石英的 XRD 图谱相同，表明物相并无改变。900 ℃氮气气氛焙烧 3 h 后石英的晶胞参数计算及拟合结果见图 7-36 和表 7-4。分析表 7-3 和表 7-4 可知，900 ℃氮气气氛下焙烧 3 h 后的 α-石英晶胞参数与相同温度、相同时间真空气氛焙烧石英的晶胞参数相比，氮气气氛下焙烧石英的晶胞参数 a（4.911 89 Å）和 c（5.405 62 Å）与理论值（a=4.913 00 Å，c=5.404 00 Å）偏离大，可见，气氛影响了焙烧石英的晶体结构。研究表明，在氮气气氛下，

氮原子可以渗透到石英表面的 SiO₂ 层间，阻碍 SiO₂ 向内部扩散，石英的体积膨胀能力恢复较慢[204]。

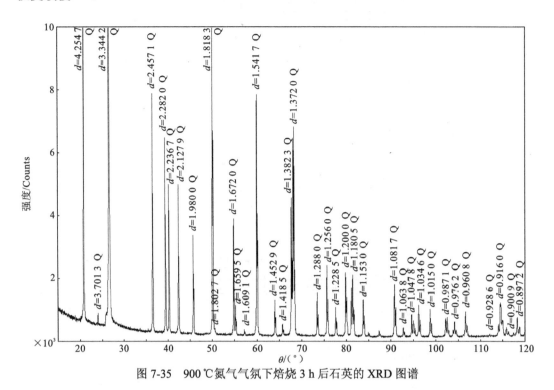

图 7-35　900 ℃氮气气氛下焙烧 3 h 后石英的 XRD 图谱

由图 7-37 可知，1 500 ℃氮气气氛下焙烧 3 h 后，XRD 图谱中同样出现 α-方石英和 α-石英两相。与真空条件下焙烧石英的 XRD 图谱不同的是，氮气气氛下 α-方石英的衍射峰明显强于 α-石英，α-方石英所占比例大，表明氮气气氛更有利于 α-方石英的转变。

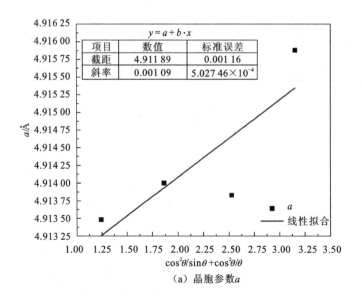

（a）晶胞参数 a

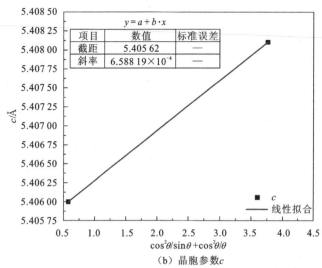

（b）晶胞参数c

图 7-36　900 ℃氮气气氛下焙烧 3 h 后石英晶胞参数 a 和 c 的直线拟合图

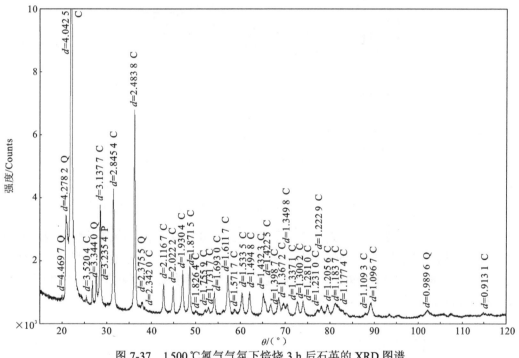

图 7-37　1 500 ℃氮气气氛下焙烧 3 h 后石英的 XRD 图谱

1 500 ℃氮气气氛焙烧 3 h 后石英的粉晶衍射数据指标晶胞参数计算及拟合结果见图 7-38 和表 7-4。由表 7-4 可知，方石英的晶胞参数 a（4.516 65 Å）和 c（6.971 83 Å）（由于此物象主要为 α-方石英，以方石英的晶胞参数作为总体的晶胞参数）与石英的理论晶胞参数（a=4.913 Å，c=5.404 Å）相差甚远，说明氮气气氛下石英砂经过高温作用后，再次冷却到常温的过程，造成石英结构的不可逆转性。说明 1 500 ℃时石英晶体获得足够的热能促使石英向方石英晶型转换，此时石英晶格中硅氧四面体发生定向重排，由三方晶系转变为四方晶系。气氛的诱导和热能的双重作用导致填隙原子（K、Na、Li 即 Al 原子的配位原子）或取代 Si 原子的 Al 原子向表面发生迁移。

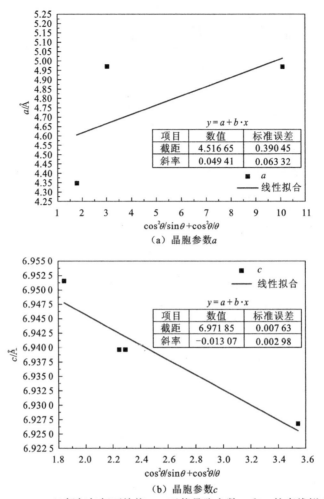

（a）晶胞参数 a

（b）晶胞参数 c

图 7-38　1500 ℃ 氮气气氛下焙烧 3 h 石英晶胞参数 a 和 c 的直线拟合图

综上所述：①真空条件和氮气气氛下，低于 900 ℃ 时，石英经高温焙烧温度回落的过程中，相变是可逆的；1500 ℃ 时，石英向方石英转变，氮气气氛有利于此相变过程；②焙烧温度在 600 ℃～900 ℃ 时，温度和气氛对晶胞参数的影响甚微；1500 ℃ 时，温度和气氛对晶胞参数的影响显著。

7.2.4　表面化学元素

对经过预处理后的石英样品进行 XPS 测试，测试结果如图 7-39 所示。

图 7-39 中，a 代表 O 元素，其中 a_1 为 O 2s 的峰，a_2 为 Al_2O_3、MgO 和 NaOH 的峰，a_3、a_4 为 O 元素能量损失峰，a_5 为 O 元素俄歇峰；b 代表 Si 元素，其中 b_1 为 Si—O 的峰，b_2 为 Si 2s 峰；c 为基准元素 C 元素峰；d 为 Na 元素俄歇峰；e 为 K 元素的能量损失峰；f 为 Ca—O 的峰；g 为 Zn 元素的俄歇峰，h 为 Ti 元素的俄歇峰。在石英表面，主要成分是由 Si—O 组成的 SiO_2，杂质成分很少，可以检出的杂质有 K、Na、Ca、Mg、Al、Ti、Zn。XPS 检测结果与 ICP 结果基本吻合，只有 Fe 元素用 XPS 未检出，说明石英表面 Fe 元素杂质很少，主要赋存于石英内部。

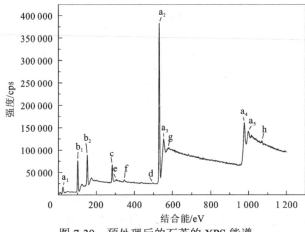

图 7-39 预处理后的石英的 XPS 能谱

对经过推荐条件（即在氮气气氛下，焙烧温度为 1500 ℃，焙烧时间为 4 h）焙烧后的石英样品进行 XPS 测试，结果如图 7-40 所示。由图可知，图谱中只剩下代表 Si 和 O 及作为基准元素 C 的峰，杂质元素峰几乎都消失了，说明经过气氛焙烧后，石英表面的杂质元素扩散到气氛中，同时也说明，气氛焙烧对去除石英表面的杂质元素有着良好的效果。

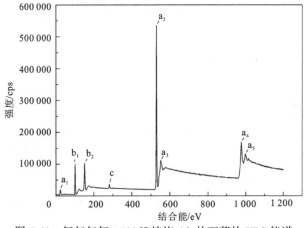

图 7-40　氮气气氛 1500 ℃焙烧 4 h 的石英的 XPS 能谱

气氛焙烧对石英中 K、Na 元素有良好的去除效果，而对 Al 元素几乎没有去除效果，可以通过 XPS 定量分析探讨其中机理。分别对预处理后石英和氮气气氛 1500 ℃焙烧 4 h 后的石英样品进行 XPS 定量分析，K、Na、Al 及基准元素 C 的慢扫描结果积分后得到相对含量，结果如表 7-5 和表 7-6 所示。

表 7-5　预处理后石英表面 XPS 定量分析结果　　　　　　（单位：%）

元素	相对原子数分数	相对质量分数
Na	2.99	5.23
K	0.89	2.65
C	92.32	84.33
Al	3.79	7.79

表 7-6　氮气气氛 1 500 ℃焙烧 4 h 后石英表面 XPS 定量分析结果　　（单位：%）

元素	相对原子数分数	相对质量分数
Na	2.53	4.51
K	0.74	2.23
C	93.96	87.46
Al	2.77	5.79

对比表 7-5、表 7-6 可知，气氛焙烧后石英表面 K、Na、Al 元素相对含量均有明显降低，说明在气氛焙烧过程中发生了石英表面的 K、Na、Al 元素向气氛扩散的过程。但是对比 ICP 分析结果，气氛焙烧对 K、Na 元素去除效果显著，而对 Al 元素的去除几乎没有效果。可以推测，在气氛焙烧条件下，石英内部 K、Na 元素向石英表面扩散的速率远高于 Al 元素。

7.3　氯化焙烧试验

7.3.1　固态氯化剂

使用 KCl、CaCl$_2$、NaCl、Na$_2$CO$_3$、NaOH 5 种化合物作为掺杂化合物，对比 Na$^+$、K$^+$、Ca^{2+}等阳离子和 Cl$^-$、CO$_3^{2-}$、OH$^-$等阴离子对石英中杂质元素去除效果的影响。

由于掺杂化合物中的离子对石英大多为有害离子，这里将掺杂焙烧试验分成两个阶段：第一阶段掺入化合物后短时间焙烧，使掺杂离子扩散进入石英；第二阶段将石英表面残留掺杂化合物清除，再通过长时间焙烧使掺杂元素有足够时间向表面扩散，并在后续浸出剥蚀处理中除去。

为了分析掺杂不同阳离子/阴离子对石英中杂质元素扩散的影响，按照物质的量比 SiO$_2$：Cl＝250：1 分别在预处理后的细粒石英矿样中掺入 NaCl、KCl、CaCl$_2$/NaCl、Na$_2$CO$_3$、NaOH，使添加的 Cl$^-$/Na$^+$量相同，另外一组不掺杂作为空白对照。掺入后加入超纯水搅拌均匀并烘干后，于 1 000 ℃焙烧 5 h，用超纯水将石英表面剩余的掺入物清洗干净，再于 1 000 ℃焙烧 25 h。洗涤烘干后，使用 HF 浓度分别为 0 mol/L、0.075 mol/L、0.15 mol/L、0.225 mol/L、0.3 mol/L、0.45 mol/L、0.6 mol/L、0.9 mol/L、1.2 mol/L 和 2 mol/L HCl 的混合酸，固液比为 1：6，在 200 ℃浸出 8 h 来剥蚀石英表层，剥蚀后剩余石英中金属元素浓度由 ICP-MS 检测，Al、Na、K 元素含量结果如图 7-41～图 7-44 所示。

由图 7-41 和图 7-42 可知，掺入 Na$^+$、K$^+$、Ca^{2+}阳离子或者 Cl$^-$、CO$_3^{2-}$、OH$^-$阴离子与不掺杂时 Al 元素含量变化几乎相同，对 Al 元素扩散速率影响不大。

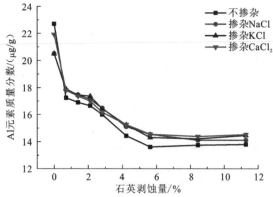

图 7-41 掺杂不同阳离子对 Al 元素含量的影响

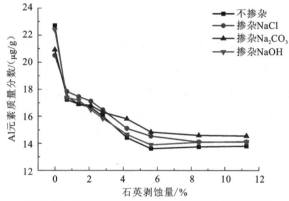

图 7-42 掺杂不同阴离子对 Al 元素含量的影响

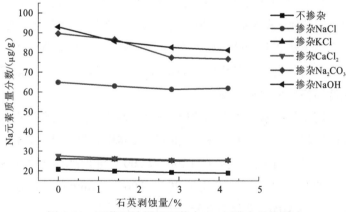

图 7-43 石英剥蚀量对石英中 Na 元素含量的影响

由图 7-43 可知,掺入 KCl 与 CaCl$_2$ 后,焙烧后石英内 Na 元素含量上升不显著,而掺入 NaCl、Na$_2$CO$_3$、NaOH 后,Na 元素含量大幅度上升,上升量为 NaOH>Na$_2$CO$_3$>NaCl>CaCl$_2$≥KCl。石英中 Na 元素含量大幅度上升,且在石英溶解剥蚀量从 0% 增加到 4.22% 时,Na 元素含量随石英剥蚀量增加变化的幅度很小,可以推断焙烧后 Na 元素含量并非只在与含钠化合物接触的石英表面提高,而是从石英表面到内部相当大范围内都有提高,分布较均匀。这说明 1000 ℃ 时 Na 元素可以在石英内充分地沿浓度梯度扩散,并且扩散速度较快,比 Al 元素扩散速度大得多。

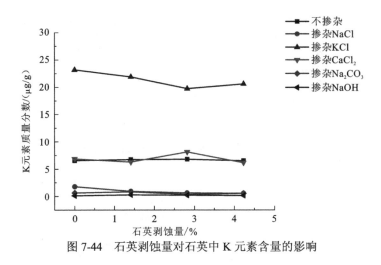

图 7-44　石英剥蚀量对石英中 K 元素含量的影响

由图 7-44 可知，掺入 KCl 焙烧后，石英中 K 元素含量大幅度升高，加入 $CaCl_2$ 时 K 元素含量变化不大，而加入 NaCl、Na_2CO_3、NaOH 等含 Na 掺杂物后，石英中 K 元素含量降低显著，降低幅度为 NaOH>Na_2CO_3>NaCl。加入 KCl 焙烧后，石英中 K 元素含量升高的趋势与加入 NaOH、Na_2CO_3、NaCl 后 K 元素含量降低的趋势及 Na 元素含量升高趋势的特点相似，都是从表面到内部大范围地均匀提高或降低。

7.3.2　气态氯化剂

许多学者采用经过物理方法及简单化学方法预处理去除表面杂质的石英砂为原材料，使用 HCl 为反应气氛，在 800～1600 ℃的温度下，焙烧去除石英晶格中碱金属杂质。应用该方法，在高温下焙烧几十分钟至若干小时不等。高温焙烧条件下，HCl 电离出质子并扩散进入石英晶格，将石英晶格中的碱金属离子置换，并扩散至晶格外部，质子进入晶格内部，保持晶格内部电荷平衡。

石英气态化焙烧过程中常通入 HCl 和 Cl_2 作为反应气氛，以浮选得到的石英砂精矿为气态氯化焙烧的原料。将石英砂与 HCl 和 Cl_2 按体积比为 1:1～9:1（或者 Cl_2 和 N_2 体积比为 1:1～9:1）的特定混合气体在 1200～1700 ℃进行高温气化反应 60～180 min；混合气体在升温至 500～900 ℃时，按流量 200～4000 mL/min 的速度以气体流的形式通入，控制体系压力 ≥0.1 MPa，并保温 0.5～2.0 h，继续升温至目标温度，进行高温气化反应，可在实现由 α-石英转变为 β-方石英的同时，进一步气化并降低石英晶格中的杂质金属元素含量，达到超低金属元素方英石化的目的。高温气化反应完成后停止通入 100～300 mL/min 的 N_2，然后将降温出炉后的产品进行洗涤、干燥处理，最终制得高纯石英砂。

1. 焙烧温度

石英砂在 HCl 与 Cl_2 体积比为 1:1 的气氛下进行焙烧反应 60 min，其他条件相同，通过升温考察焙烧温度对总杂质元素去除的影响。由图 7-45 可知，在其他条件相同的情况下，随着焙烧温度升高，石英砂中总杂质元素的含量逐渐降低，在温度范围内未达到杂质元素最低点，但考虑并结合实际能耗问题，焙烧温度控制在 1 400 ℃为宜。

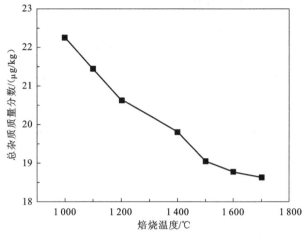

图 7-45　焙烧温度对总杂质元素去除的影响

2. HCl 与 Cl$_2$ 体积比

在 1 400 ℃温度下进行焙烧，反应时间为 60 min，其他条件相同，考察 HCl 与 Cl$_2$ 体积比对石英砂中总杂质元素去除的影响。由图 7-46 可知，随着 HCl 与 Cl$_2$ 体积比的减少，石英砂中总杂质元素含量逐渐降低，且在只存在 Cl$_2$ 的氛围条件下，杂质元素去除效果最优。

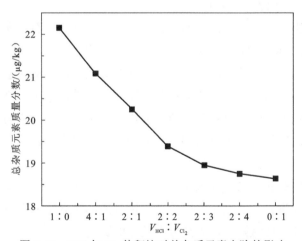

图 7-46　HCl 与 Cl$_2$ 体积比对总杂质元素去除的影响

7.3.3　石英晶型转变

石英在高温时可能转变为鳞石英和方石英，鳞石英和方石英的密度小于石英，由石英向鳞石英或方石英转变要经过结构重建，形成新核，过程非常缓慢[205]。为分析掺杂不同碱金属化合物对石英晶型转变的影响，以及晶型转变对石英中杂质去除效果的影响，对不掺杂和掺入 NaCl、KCl、CaCl$_2$、NaOH、Na$_2$CO$_3$ 焙烧的石英样品分别均匀取样，进行 X 射线衍射分析，结果如图 7-47 所示。

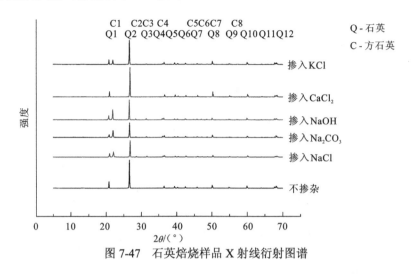

图 7-47　石英焙烧样品 X 射线衍射图谱

掺入 NaCl、KCl、NaCl、Na$_2$CO$_3$、NaOH 的石英，其焙烧后 XRD 图谱上除石英特征峰外，可以明显观察到方石英特征峰，说明在焙烧过程中部分石英转变为方石英。而不掺杂和掺入 CaCl$_2$ 石英则只有石英的峰，并未出现方石英或其他同分异构体的峰。从方石英最强峰 d=4.04（C1）可以推断，在焙烧过程中石英向方石英的转化率顺序为 NaOH＞Na$_2$CO$_3$＞NaCl＞KCl＞CaCl$_2$。

从结果可以看出，碱金属阳离子的种类和阴离子的种类对石英向方石英转化都有影响，影响顺序为 Na$^+$＞K$^+$＞Ca^{2+}、OH$^-$＞CO$_3^{2-}$＞Cl$^-$。说明掺杂对石英晶型转变的影响是多方面的，一方面碱金属阳离子可以快速扩散进入石英晶格，形成大量晶体缺陷，普通石英晶格间隙中无法容纳 Na、K 等元素，这些金属元素填充在石英晶格间隙中会使石英晶格体积扩大而发生畸变，提高体系自由能，促进方石英晶核的形成与生长。而且金属粒子填充晶体框架中的空洞后，鳞石英和方石英的稳定性提高，使其在降温过程中向普通石英转变得更少。

另一方面，NaOH 和 Na$_2$CO$_3$ 在焙烧过程中可以与石英发生反应，破坏 Si—O，使石英晶体缺陷增多，促进方石英晶核生成，缺陷增多的同时会降低石英晶体密度，使石英向方石英转变所需要的能量降低，提高方石英相的稳定性。

由石英晶型转变和除杂效果对比可知，石英向方石英转化对 Al、Na、K 元素去除率没有明显影响。石英转化为方石英的转化率顺序为 NaOH ＞ Na$_2$CO$_3$ ＞ NaCl ＞ KCl ＞ CaCl$_2$≈无掺杂，Al 含量顺序为 Na$_2$CO$_3$ ＞ CaCl$_2$ ＞ KCl ＞ NaCl ＞ NaOH ＞无掺杂，Na 含量顺序为 NaOH ＞ Na$_2$CO$_3$ ＞ CaCl$_2$ ＞ KCl ＞无掺杂，K 含量顺序为 KCl ＞无掺杂＞ CaCl$_2$ ＞ Na$_2$CO$_3$ ＞ NaCl ＞ NaOH，晶型转变率与杂质含量顺序间没有明显关联。

7.3.4　晶胞参数变化

杂质元素进入石英晶格，如 Al 替代 Si 以晶格取代形式进入石英晶格，Li、Na 等进入石英晶格结构间隙成为晶格填隙型杂质元素，会对石英晶胞参数和轴率产生影响，晶格取代元素常会使晶胞参数 a 和 c 增大，晶格填隙元素主要使晶胞参数 a 增大[206]。因此，可以由晶胞参数的变化推测晶格杂质含量的变化。利用 XRD 分析 6.3 小节中石英焙烧前及在 600 ℃和 1 000 ℃焙烧 30 h 并用盐酸和氢氟酸混合酸浸出后的样品，结果如图 7-48 所示，各晶面对应的 d 值列于表 7-7，晶胞参数见表 7-8。

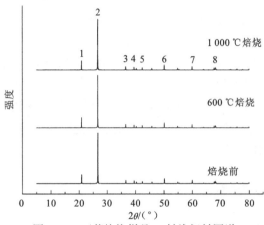

图 7-48　石英焙烧样品 X 射线衍射图谱

表 7-7　石英各晶面对应的 d 值

衍射峰	晶面	d 值		
		焙烧前	600 ℃焙烧	1 000 ℃焙烧
1	100	4.251 6	4.249 4	4.249 2
2	101	3.340 7	3.340 5	3.340 3
3	110	2.455 2	2.455 1	2.455 0
4	102	2.280 2	2.280 1	2.280 0
5	200	2.126 4	2.126 4	2.126 3
6	112	1.817 3	1.817 3	1.816 9
7	211	1.540 9	1.540 9	1.540 9
8	212	1.374 5	1.374 5	1.374 5

表 7-8　石英的晶胞参数

样品	a/nm	b/nm	c/nm
焙烧前样品	0.490 91	0.490 91	0.540 60
600 ℃焙烧样品	0.490 81	0.490 81	0.540 84
1 000 ℃焙烧样品	0.490 77	0.490 77	0.540 83

由 XRD 分析结果可知，总体上看 1 000 ℃焙烧样品各晶面对应的衍射峰 d 值小于 600 ℃焙烧样品，而 600 ℃焙烧样品又小于石英焙烧前样品，其中 2θ 较小时衍射峰 d 值减小幅度较大，2θ 较大时衍射峰则变化不大。

由表 7-8 可知，与石英原样相比，焙烧-浸出后样品晶胞参数 a 减小、c 增大，焙烧温度由 600 ℃升至 1 000 ℃，晶胞参数 a、c 都减小。低温石英的标准晶胞参数为 $a_0 = 0.491\,35$ nm、$b_0 = 0.491\,35$ nm、$c_0 = 0.540\,5$ nm，高温石英的标准晶胞参数为 $a_0 = 0.502$ nm、$b_0 = 0.502$ nm、$c_0 = 0.548$ nm，若石英在焙烧过程中转化为高温石英，在降温后变回低温石英，并保留高温石英假象[207]，晶胞参数会增大。焙烧后样品与原样相比晶胞参数 c 增大。

卫格定律可表明晶胞参数与晶格杂质含量之间的关系：

$$a_{ss} = a_1 c_1 + a_2 c_2 \tag{7-2}$$

式中：a_{ss} 为晶体的晶胞参数；a_1、a_2 为各组元的晶胞参数；c_1、c_2 为各组元的摩尔百分比。由卫格定律可知，晶体某固溶体组元含量的变化会引起晶胞参数的改变。

根据晶格杂质元素与晶胞参数的相关性[206, 208, 209]，晶胞参数的减小与晶格杂质元素含量的降低有关。随焙烧温度升高，晶胞参数变小，说明石英晶格中杂质元素含量降低，更多的晶格杂质从内部扩散到表层。

7.3.5　表面杂质含量变化

对焙烧前和在 1 000 ℃焙烧 15 h 后的粗粒石英样品，先使用 0.15 mol/L HF、2 mol/L HCl 的混合酸浸出，露出新表面，以排除表面杂质的影响；然后通过 XPS 分析两样品表面元素状态，结果如图 7-49 所示。

由图 7-49 可以看出，焙烧前样品的 Al 元素图谱中没有 Al 2p 峰，焙烧样品图谱中在 74～76 eV 出现了 Al 2p 峰，说明焙烧前石英样品表层 Al 元素含量低于 XPS 检测极限。经焙烧后，石英样品表层 Al 元素含量升高，达到了 XPS 检测极限，石英晶体内部的 Al 元素在焙烧过程中发生扩散偏析，富集于石英表层。

XPS 分析结果与由试验结果经间接计算法所得的 Al 元素浓度分布剖面图（图 7-9、图 7-10）结论相同：Al 元素可在焙烧过程中进行扩散，并发生表面偏析。

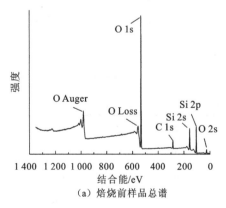

（a）焙烧前样品总谱

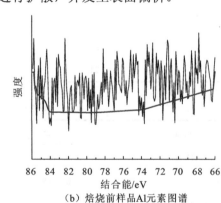

（b）焙烧前样品 Al 元素图谱

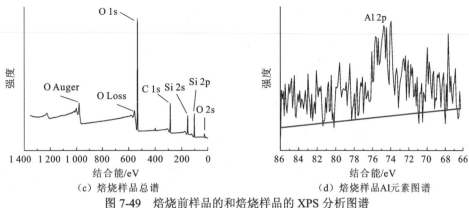

图 7-49　焙烧前样品的和焙烧样品的 XPS 分析图谱

Auger 为俄歇电子；Loss 为能量损失

7.4　气氛焙烧机理

掺入杂质化合物，除使杂质原子扩散进入石英外，还可能与石英及石英中的杂质组分发生反应，如氯化反应和烧结反应等。为了分析可能的影响，对掺杂焙烧过程可能发生的反应进行热力学分析。

焙烧过程中的反应过程可以近似地认为是在等温等压条件下进行，可依据化学反应等温式计算标准状态下化学反应的吉布斯自由能来判断反应的自发进行方向：

$$\Delta G_m = \Delta G_m^{\ominus} + RT \ln J = -RT \ln K_a + RT \ln J_a \qquad (7\text{-}3)$$

式中：R 为理想气体常数，J/（mol·K）；T 为热力学温度，K；J 为浓度熵；K 为平衡常数；$\Delta G_m^{\ominus}$ 为标准状态下的吉布斯自由能，J/mol。当化学反应达到平衡时 $\Delta G_m = 0$，$K_a = J_a$，所以 $\Delta G_m^{\ominus}$ 越负，K_a 越大，达到平衡时 J_a 越大，反应越容易向正向进行。

高温时的 $\Delta_f G_T^{\ominus}$ 可根据物质在标准状态下的反应焓 $\Delta_f H_m^{\ominus}$、反应熵 $\Delta_f S_m^{\ominus}$ 和反应恒压热容差 ΔC_p 来计算：

$$\Delta G_T^{\ominus} = \Delta H_T^{\ominus} - T \Delta S_T^{\ominus} \qquad (7\text{-}4)$$

其中 $\Delta H_T^{\ominus}$、$\Delta S_T^{\ominus}$ 可根据基尔霍夫方程计算：

$$\Delta H_T^{\ominus} = \Delta H_{298}^{\ominus} + \int_{298}^{T} \Delta C_p \mathrm{d}T \qquad (7\text{-}5)$$

$$\Delta S_T^{\ominus} = \Delta S_{298}^{\ominus} + \int_{298}^{T} \frac{\Delta C_p}{T} \mathrm{d}T \qquad (7\text{-}6)$$

物质的恒压反应热容差 ΔC_p 为生成物的恒压热容与反应物的恒压热容的差值，各物质不同温度下的恒压热容 C_p 可由下式近似表示[113]：

$$C_{p,T} = A + B \times 10^{-3} T + C \times 10^{5} T^{-2} + D \times 10^{-6} T^{2} + E \times 10^{8} T^{-3} \qquad (7\text{-}7)$$

在氯化焙烧过程中，氯盐与 SiO_2、O_2 或水蒸气反应可生成氯化氢气体或者氯气，可能发生的化学反应见式（7-8）～式（7-13），生成反应的吉布斯自由能如表 7-9 所示。

$$2NaCl + SiO_2 + H_2O \longleftrightarrow Na_2SiO_3 + 2HCl \qquad (7\text{-}8)$$

$$4NaCl + 2SiO_2 + O_2 \longleftrightarrow 2Na_2SiO_3 + 2Cl_2 \qquad (7-9)$$

$$2KCl + SiO_2 + H_2O \longleftrightarrow K_2SiO_3 + 2HCl \qquad (7-10)$$

$$4KCl + 2SiO_2 + O_2 \longleftrightarrow 2K_2SiO_3 + 2Cl_2 \qquad (7-11)$$

$$CaCl_2 + SiO_2 + H_2O \longleftrightarrow CaSiO_3 + 2HCl \qquad (7-12)$$

$$2CaCl_2 + 2SiO_2 + O_2 \longleftrightarrow 2CaSiO_3 + 2Cl_2 \qquad (7-13)$$

表 7-9　生成反应的吉布斯自由能 $\Delta G_{1000℃}^{\ominus}$ （单位：kJ/mol）

生成物	$\Delta G_{1000℃}^{\ominus}$		
	NaCl	KCl	CaCl$_2$
HCl	101.0	151.8	−12.7
Cl$_2$	259.6	361.3	32.1

生成的氯化氢气体或氯气可能继续与石英或者其他杂质组分反应生成氯化物，可能发生的化学反应见式（7-14）～式（7-21），氯化反应吉布斯自由能如表 7-10 所示。

$$2Al_2O_3 + 6Cl_2 \longleftrightarrow 4AlCl_3 + 3O_2\uparrow \qquad (7-14)$$

$$Al_2O_3 + 6HCl \longleftrightarrow 2AlCl_3 + 3H_2O \qquad (7-15)$$

$$SiO_2 + 2Cl_2 \longleftrightarrow SiCl_4 + O_2\uparrow \qquad (7-16)$$

$$SiO_2 + 4HCl \longleftrightarrow SiCl_4 + 2H_2O \qquad (7-17)$$

$$2Fe_2O_3 + 6Cl_2 \longleftrightarrow 4FeCl_3 + 3O_2\uparrow \qquad (7-18)$$

$$Fe_2O_3 + 6HCl \longleftrightarrow 2FeCl_3 + 3H_2O \qquad (7-19)$$

$$2CaO + 4Cl_2 \longleftrightarrow 2CaCl_2 + O_2\uparrow \qquad (7-20)$$

$$CaO + 2HCl \longleftrightarrow CaCl_2 + H_2O \qquad (7-21)$$

表 7-10　氯化反应的吉布斯自由能 $\Delta G_{1000℃}^{\ominus}$ （单位：kJ/mol）

氧化剂	$\Delta G_{1000℃}^{\ominus}$			
	Al$_2$O$_3$	SiO$_2$	Fe$_2$O$_3$	CaO
Cl$_2$	466.3	185.0	184.9	432.7
HCl	318.7	242.7	178.9	−597.4

由表 7-9 和表 7-10 可知，在标准状态下氯盐生成氯气及氯气与金属氧化物反应生成易溶氯盐都较为困难，但氯化反应皆为可逆反应，在非标准状态下是有可能进行的，其反应的反应物及生成物中存在气体，根据化学反应等温式［式（7-3）］可得

$$\Delta G_T = \Delta G_T^{\ominus} + RT\ln J_a = \Delta G_T^{\ominus} + RT\ln\frac{a'_{凝聚态生成物}p'_{气态生成物}}{a'_{凝聚态反应物}p'_{气态反应物}} \qquad (7-22)$$

式中：$a'_{凝聚态生成物}$、$a'_{凝聚态反应物}$ 分别为标准状态下反应达到平衡时，凝聚态生成物和凝聚态反应物的活度；$p'_{气态生成物}$、$p'_{气态反应物}$ 分别为实际反应中气态生成物和气态反应物的分压。

在固相反应中，在一定温度下，有气相存在的反应，其进行的方向和程度主要与各气体的分压有关，忽略凝聚态的影响后，式（7-22）可简化为

$$\Delta G_m = -RT \ln \frac{p_{气态生成物}}{p_{气态反应物}} + RT \ln \frac{p'_{气态生成物}}{p'_{气态反应物}} \tag{7-23}$$

式中：$p_{气态生成物}$、$p_{气态反应物}$ 分别为标准状态下反应达到平衡时气态生成物和气态反应物的分压。反应若要向正方向进行，需要 $\Delta G_T < 0$，即

$$\frac{p_{气态生成物}}{p_{气态反应物}} > \frac{p'_{气态生成物}}{p'_{气态反应物}} \tag{7-24}$$

在氯气或氯化氢的生成反应中，氧气或水蒸气为反应物，氯气或氯化氢为生成物；在氯化反应中，氯气或氯化氢为反应物，氧气或水蒸气为生成物，为了使生成的氯气可以与金属氧化物反应，需要满足

$$\frac{p_{Cl_2或HCl生成}}{p_{O_2或H_2O反应}} > \frac{p'_{Cl_2或HCl实际}}{p'_{O_2或H_2O实际}} > \frac{p_{Cl_2或HCl反应}}{p_{O_2或H_2O生成}} \tag{7-25}$$

各生成反应和氯化反应的标准平衡分压比如表 7-11 所示。

表 7-11　各生成反应和氯化反应的标准平衡分压比

生成反应	$p_{Cl_2或HCl} / p_{O_2或H_2O}$	氯化反应	$p_{Cl_2或HCl} / p_{O_2或H_2O}$
NaCl 生成 Cl$_2$	3.69×10^{-11}	Cl$_2$ 氯化 Al$_2$O$_3$	5.51×10^{18}
NaCl 生成 HCl	8.75×10^{-5}	HCl 氯化 Al$_2$O$_3$	7.03×10^{12}
KCl 生成 Cl$_2$	3.03×10^{-15}	Cl$_2$ 氯化 SiO$_2$	2.72×10^7
KCl 生成 HCl	7.94×10^{-7}	HCl 氯化 SiO$_2$	5.65×10^9
CaCl$_2$ 生成 Cl$_2$	5.09×10^{-2}	Cl$_2$ 氯化 Fe$_2$O$_3$	2.70×10^7
CaCl$_2$ 生成 HCl	3.25	HCl 氯化 Fe$_2$O$_3$	1.55×10^7
		Cl$_2$ 氯化 CaO	2.43×10^{17}
		HCl 氯化 CaO	7.83×10^{-4}

在氧气和水蒸气分压不变时，各反应产生的氯气或氯化氢气体分压基本都远小于氯化反应所需要的量，仅使用 CaCl$_2$ 作为产氯反应物时，其产生的氯化氢气体分压可满足与 CaO 反应的条件。由此可知，使用 NaCl 和 KCl 等氯盐作为氯化焙烧的氯化剂来处理石英，难以有效去除石英中 Al、Fe 等常见且含量相对较高的杂质元素，与试验结果相符。

在焙烧过程中，钠盐可与某些难溶组分如氧化物反应生成对应易溶解的钠盐，可能发生的化学反应如式（7-26）~式（7-31）[210] 所示，反应的吉布斯自由能如表 7-12 所示。

$$Al_2O_3 + 2NaOH \longleftrightarrow 2NaAlO_2 + H_2O \tag{7-26}$$

$$Al_2O_3 + Na_2CO_3 \longleftrightarrow 2NaAlO_2 + CO_2 \uparrow \tag{7-27}$$

$$SiO_2 + 2NaOH \longleftrightarrow Na_2SiO_3 + H_2O \tag{7-28}$$

$$SiO_2 + Na_2CO_3 \longleftrightarrow Na_2SiO_3 + CO_2 \uparrow \qquad (7\text{-}29)$$

$$Fe_2O_3 + 2NaOH \longleftrightarrow 2NaFeO_2 + H_2O \qquad (7\text{-}30)$$

$$Fe_2O_3 + Na_2CO_3 \longleftrightarrow 2NaFeO_2 + CO_2 \uparrow \qquad (7\text{-}31)$$

表 7-12　反应的吉布斯自由能 $\Delta G_{1000℃}^{\ominus}$ （单位：kJ/mol）

反应物	$\Delta G_{1000℃}^{\ominus}$		
	Al_2O_3	SiO_2	Fe_2O_3
NaOH	−108.1	−148.9	−27.4
Na_2CO_3	−42.0	−82.8	−42.4

由表 7-12 可知，在 1 000 ℃焙烧过程中，NaOH、Na_2CO_3 与石英中 SiO_2 及可能存在的 Al_2O_3 和 Fe_2O_3 等成分都可以在标准状况下自发进行，生成对应的钠盐。这是焙烧试验中添加 NaOH、Na_2CO_3 比添加 NaCl 后石英中 Na 的残留量更高的一个可能原因。

结合上述化学成分分析、热力学计算结果、XRD 分析结果可知如下结论。

（1）在掺杂焙烧中掺入含不同阳离子和阴离子的化合物后，石英中相应的阳离子含量都大幅升高。在掺杂焙烧的第一阶段，所掺元素与石英混合后主要集中附着在石英表面，从而在表面和石英体相之间形成浓度差，并通过扩散使掺杂元素沿浓度梯度进入石英体相中。在掺杂焙烧的第二阶段，将石英表面剩余的掺杂添加剂清除后，石英体相内的掺杂元素浓度要大于石英表面的掺杂元素浓度，部分掺杂元素在浓度梯度的作用下从石英体相中向石英表面扩散。但第二阶段石英体相与表面的浓度差比第一阶段的浓度差要小得多，并且在第二阶段中随着扩散的进行，掺杂元素在体相和表面的浓度差越来越小。根据菲克定律可知扩散通量与浓度差成正比，因此第二阶段中掺杂元素由体相向表面扩散的速度比第一阶段的扩散速度慢，而且随着扩散的进行，扩散速度还会继续降低。石英内掺杂元素难以清除，相较于无掺杂焙烧，掺杂焙烧后石英中所掺元素的含量更高。

（2）掺入 Na^+ 焙烧相较不掺杂焙烧时 K^+ 浓度降低，掺入 K^+ 焙烧的 Na^+ 浓度比不掺杂焙烧时上升，掺入 Ca^{2+} 焙烧比不掺杂焙烧时 Na 浓度升高而 K 浓度基本没有变化，说明 Na^+ 与 K^+ 或 Ca^{2+} 之间存在一些相互作用，而 K^+ 与 Ca^{2+} 之间则无明显作用。Roselieb 等[211] 和 Freda 等[212]的研究分别证明了在硬玉和正长石熔体中，Na 和 K 之间存在相互扩散。在石英晶体中，Na 和 K 之间也可能存在相互作用，有相互扩散发生。

K^+ 与 Na^+ 价态相同，但 K^+ 离子半径（0.138 nm）比 Na^+ 离子半径（0.102 nm）大约 40%；Ca^{2+} 离子半径为 0.1 nm，与 Na^+ 相似，但价态更高。由于 α-石英晶格间隙较小，容纳不下比 Li^+ 直径更大的 Na^+、K^+、Ca^{2+} 等离子，这些离子会使石英晶格发生畸变，而 Na^+ 离子半径小于 K^+，价态低于 Ca^{2+}，因此石英晶格间隙中存在 Na^+ 的晶格畸变比存在 K^+ 时小，体系自由能比存在 K^+ 或 Ca^{2+} 时低。

Na^+ 在格点占位竞争中占有优势，因而加入 Na^+ 时，Na^+ 可能会取代 K^+，进入 K^+ 所存在的晶格间隙，被挤出原本位置的 K^+ 如要在其他晶格间隙稳定存在，则会引起所在晶格发生畸变而使体系自由能升高。因此，K^+ 更倾向于向晶粒间隙、晶体表面移动。即，除 K^+ 在石英介质中由加热而产生的扩散趋势以外，石英体相中 Na^+ 浓度升高时，K^+ 也会产生向表面移动的趋势，从而使 K^+ 更容易更快速地向表面移动，形成 Na^+ 沿浓度梯度由表面向内部扩散、K^+ 由内部向表面/界面扩散的扩散对，因此加入 Na^+ 后石英中 K^+ 的浓度显著降低。

而加入 K^+ 或 Ca^{2+} 时，由于 K^+ 或 Ca^{2+} 在晶体表面的浓度远高于内部浓度，K^+ 或 Ca^{2+} 会向石英内部扩散。虽然 Na^+ 在石英介质中也有向表面运动而降低体系自由能的趋势，但在加入 K^+ 后，由于要取代 K^+ 在晶格间隙中的位置，其难以向表面移动，即在 K^+ 介质中 Na^+ 有从表面向内部扩散的趋势。Na^+ 的实际扩散方向和速度由 Na^+ 在 K^+ 作用下产生的扩散梯度和 Na^+ 在石英中扩散梯度的差值决定。

综上可知，Na^+、K^+ 相互作用不符合氯化焙烧及钠盐烧结焙烧的规律，符合杂质元素在掺杂元素浓度梯度作用下的扩散规律。

第8章 偏析剥蚀纯化技术

在使用浸出剂从表面向内部逐渐剥蚀溶解石英颗粒时，浸出纯化后石英中某杂质元素含量可表示为

$$C = \frac{C_0 n_0 - \Delta C \Delta n}{n_0 - \Delta n} \tag{8-1}$$

式中：C_0 为该元素的初始平均含量；n_0 为石英初始物质的量；ΔC 为石英被溶解部分中该元素的平均含量；Δn 为石英被溶解的物质的量。剥蚀溶解石英过程中，如果被溶解部分中该元素平均含量大于石英初始平均含量，石英精矿中该元素平均含量会下降；若被溶解部分中该元素平均含量小于石英初始平均含量，则纯化后石英中该元素平均含量升高。

Al、Na、K 等元素可能发生扩散偏析现象，并在石英表层附近形成富集区和亏损区。由前述试验和测试表征结果可知，焙烧后石英中 Al 元素发生了偏析，经过预处理后石英表面杂质元素已基本去除。某杂质元素在石英颗粒中的初始平均含量即为石英基体中的含量。发生偏析后某杂质元素富集区中杂质元素含量高于其在基体中的含量，而亏损区该元素含量低于基体中含量，在剥蚀富集区剩余石英中该元素浓度降低，并在剥蚀完富集区达到最低值，剥蚀到达亏损区时，剩余部分该元素浓度会升高，当亏损区被完全剥蚀溶解掉后，剩余部分中该元素浓度会再次与基体中相同，再继续剥蚀石英，该元素浓度基本不再变化。

利用这一现象和原理，联合焙烧与浸出工艺，通过焙烧使石英内部 Al 等杂质金属元素发生扩散并偏析到石英表面内几微米范围形成局部富集区，再利用可以溶解石英的浸出剂溶解富集区，降低石英内杂质金属元素含量。这种方法可以将杂质金属元素特别是 Al 元素的去除范围从一般方法的表面及表面附近数个原子层扩散到石英表面以内几到几十微米的区域，即达到亏损区内边界，从而使纯化后石英中 Al 等杂质金属元素含量大幅度降低。

8.1 扩散浓度分布曲线

扩散浓度分布曲线是基体内扩散元素浓度随深度变化的趋势曲线，反映了扩散元素在基体中的分布规律，是研究扩散性质的重要手段。用于原位定量分析矿物中元素浓度的方法主要有激光剥蚀等离子体质谱法（LA-ICP-MS）、二次离子质谱法（secondary ion mass spectrometry，SIMS）和电子探针波谱法（electron probe micro-analyzer wavelength dispersive spectrometry，EPMA-WDS），其中 EPMA 最适合低浓度微量元素的定量分析，其分析的浓度下限可达到几十微克每克，尺度可精确到 10 μm[213]。

但高纯石英中各微量元素质量分数一般在 10 μg/g 以下，只有个别元素可能达到十

几微克每克，在 EPMA 分析的浓度下限以下。由于高纯石英中微量元素含量低，其偏析尺度也小，富集区和亏损区厚度可能只有零点几到几微米，远低于 EPMA 单次测量范围下限，而要分析各个区中 Al 浓度的变化所需范围精度则更高，各种测试方法的样品需要量及分析尺度如图 8-1[214]所示。而且实际矿物中的微量元素在石英个体中的分布非常不均匀，由图 8-2 可见，经氢氟酸浸出后，各个颗粒被侵蚀程度差异很大。各石英颗粒之间的差异程度使微区分析方法需要大量测量数据才能反映矿样的整体规律。此外，由于石英晶体具有各向异性，晶格杂质元素在石英体相中的扩散偏析具有显著的方向性，不同晶面偏析量会有明显差异。使用 EPMA 等分析晶格杂质元素的扩散偏析时需要先确定晶轴和晶面，并且每次测量相同晶面。因此用 EPMA 定量分析高纯石英中微量元素偏析浓度变化，目前仍是非常困难的[215]。

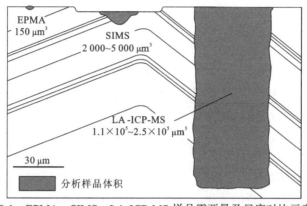

图 8-1　EPMA、SIMS、LA-ICP-MS 样品需要量及尺度对比示意图

（a）图像一　　　　　　　　　　　　　（b）图像二

图 8-2　氢氟酸浸出样品 SEM 表面形貌图

8.1.1　杂质元素浓度

针对上述情况，本小节介绍一种晶格杂质元素浓度剖面分布计算分析方法。该方法通过间接计算得到晶格杂质元素浓度剖面分布，并根据晶格杂质元素浓度剖面分布和变化趋势来推断晶格杂质元素扩散偏析情况。

该方法具体步骤：使用不同浓度浸出剂剥蚀石英表面，设两次不同浓度浸出剂的剥蚀量分别为 m_a 和 m_b，其中 $m_a < m_b$，剩余石英样品中杂质元素含量分别为 c_a 和 c_b，石英样品初始质量为 m_0 时，剥蚀量如图 8-3 所示。剥蚀量由 m_a 增加到 m_b 过程中溶解的那部分石英即为图 8-3（c）中的阴影部分，其质量为 m_{ab}，该部分中杂质元素平均含量 c_{ab} 可由式（8-2）计算，该部分距表面距离由两次剥蚀量的平均数对石英样品初始质量 m_0 的质量百分比（mass%）来表示，如式（8-3）所示。通过多组不同剥蚀量试验可以计算出偏析区从表面到内部的杂质元素含量的变化情况。

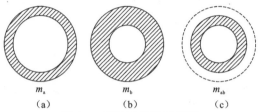

$$m_a \qquad m_b \qquad m_{ab}$$
$$\text{（a）} \qquad\qquad \text{（b）} \qquad\qquad \text{（c）}$$

图 8-3　剥蚀量假设示意图

$$c_{ab} = \frac{c_a(V_0 - V_a) - c_b(V_0 - V_b)}{(V_0 - V_a) - (V_0 - V_b)} = \frac{c_a \rho(V_0 - V_a) - c_b \rho(V_0 - V_b)}{\rho(V_0 - V_a) - \rho(V_0 - V_b)} = \frac{c_a(m_0 - m_a) - c_b(m_0 - m_b)}{(m_0 - m_a) - (m_0 - m_b)} \qquad (8\text{-}2)$$

$$\text{mass\%} = \frac{m_a + m_b}{2m_0} \qquad (8\text{-}3)$$

式中：V_0 为石英颗粒初始体积，μm^3；V_a 为剥蚀量为 m_a 时被溶解石英的体积，μm^3；V_b 为剥蚀量为 m_b 时被溶解石英的体积，μm^3；ρ 为石英的密度，$g/\mu m^3$。

若要得到偏析区的具体厚度需要进一步将质量百分比转换为以长度单位的深度。因为实际石英样品颗粒形状不规则，大小不等，各种理化性质也有差别，杂质元素的含量和分布在各个颗粒中差别巨大，几乎无法准确计算或测量杂质元素在石英中的偏析厚度。

为使计算方便可行，需对实际石英颗粒做统一和近似处理。假设每个石英颗粒大小相同，且为标准的理想球体，剥蚀时每个石英各个面溶解情况都相同。将实际石英颗粒的平均粒径作为理想石英球体直径，则理想石英球体半径为 r_0，在假设条件下可计算出单个理想石英颗粒的体积 V_0 和质量 m_0。根据剥蚀前后理想球体体积关系，可以推出式（8-4），进而计算出剥蚀深度 d，如式（8-5）所示。

$$\Delta V = V_0 - V_r = \frac{3}{4}\pi r_0^3 - \frac{3}{4}\pi(r_0 - d)^3 \qquad (8\text{-}4)$$

$$d = r_0 - \sqrt[3]{r_0^3 - \frac{4\Delta V}{3\pi}} = r_0 - \sqrt[3]{r_0^3 - \frac{4\Delta m}{3\pi\rho}} \qquad (8\text{-}5)$$

式中：d 为剥蚀深度，μm；Δm 为理想石英球体被剥蚀溶解的质量，g；ΔV 为理想石英球体被剥蚀溶解的体积，μm^3；V_0 为理想石英球体颗粒初始体积，μm^3；V_r 为理想石英球体被剥蚀后剩余的体积，μm^3；r_0 为理想石英球体的初始半径，μm。

为了得出 c_{ab} 所对应深度 d_{ab}，式（8-6）中 Δm 应为剥蚀量 m_a 和 m_b 的平均值，如式（8-6）所示。

$$\Delta m = m_0 - \frac{m_a + m_b}{2} \tag{8-6}$$

将式（8-6）代入式（8-5）可得出剥蚀量为 m_a 和 m_b 时剥蚀深度的质量平均深度 d_{ab}，则式（8-5）可变为

$$d_{ab} = r - \sqrt[3]{r^3 - \frac{4m_0 - 2(m_a + m_b)}{2\pi\rho}} \tag{8-7}$$

8.1.2 石英剥蚀量

间接计算法中每次称量较为麻烦，而且因为被剥蚀量较小，剥蚀后洗涤烘干等步骤中产生的误差对剥蚀量影响较大，剥蚀后石英样品质量难以准确称量。为更加方便准确地获得剥蚀量数据，尝试建立浸出剂用量与石英剥蚀量的关系，利用浸出剂用量计算石英剥蚀量。

氢氟酸和氢氧化钠可以破坏二氧化硅结构，溶解石英，本小节分别研究氢氟酸和氢氧化钠用量与石英剥蚀量的关系。试验所用液固比为 6∶1，石英样品为 5 g，浸出温度为 200 ℃，浸出时间为 8 h。此外，氢氟酸剥蚀试验中还加入了盐酸以增强酸性，盐酸浓度为 2 mol/L，试验结果如图 8-4 所示。

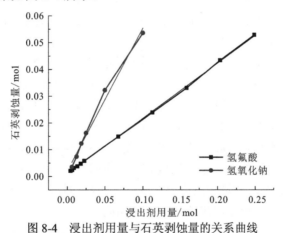

图 8-4 浸出剂用量与石英剥蚀量的关系曲线

氢氟酸 $y = 0.206\,9x + 0.000\,97$，$R_{adj}^2 = 0.999\,61$

氢氧化钠 $y = 0.534\,22x + 0.001\,94$，$R_{adj}^2 = 0.984\,93$

由图 8-4 可知，氢氟酸用量与石英剥蚀量的线性关系比氢氧化钠好，氢氧化钠的浸出曲线在用量为 0.05 mol 时发生了明显偏移，氢氟酸试验的修正可决系数为 0.999 61，比氢氧化钠的 0.984 93 更接近 1，因此用氢氟酸浸出剂用量与石英剥蚀量关系公式计算石英剥蚀量更准确。剥蚀单位摩尔量石英所需氢氟酸量是氢氧化钠量的 2.7 倍，因此使用氢氟酸量时，浸出剂用量误差对计算石英剥蚀量的影响更小。

综上所述，浸出剂采用氢氟酸时结果更准确，石英剥蚀量根据式（8-8）计算。

$$n_{SiO_2} = 0.206\,9 \cdot n_{HF} + 0.000\,97 \tag{8-8}$$

式中：n_{SiO_2} 为二氧化硅剥蚀量，mol；n_{HF} 为氢氟酸用量，mol。

8.2 剥 蚀 方 法

对于偏析剥蚀工艺，富集区中杂质元素浓度和富集区范围决定了石英内金属杂质元素的分离效果，焙烧过程中石英表面空位数量决定了 Al 元素的扩散速度及富集区 Al 元素浓度，石英表面空位数量对扩散浸出剥蚀工艺效果有很大的影响。本节分别用正火法、氢氟酸侵蚀法、氢氧化钠侵蚀法三种方法在石英表面形成裂缝、蚀坑等来增加石英比表面积和缺陷数量，以增加扩散过程空位的生成数量，提高 Al 元素富集，以利于后续分离效果。由前述结论可知，细粒的浸出和扩散偏析效果更好。因此，采用细粒石英作为试样。

正火法是冶金行业常用的 4 种热处理工艺（淬火、回火、正火、退火）之一，是指将工件加热至全部转变为奥氏体的终了温度，保温一段时间后，在空气中冷却[216]，试验中利用正火工艺将石英加热至稍低于石英向方石英转变的温度，保温后在空气中冷却。通过高温焙烧和冷却过程使石英颗粒开裂，还可使杂质相脱落，增大石英裸露表面积[200]。

正火法试验流程为盐酸浸出→正火→焙烧→剥蚀浸出。其中盐酸浸出在高压反应釜中进行，每个反应釜中放入石英样品 5 g，共 100 g，盐酸浓度为 4 mol/L，液固比为 6∶1，反应釜在恒温箱中于 200 ℃浸出 8 h。正火在管式炉中进行，试样在石英舟中于 1 400 ℃焙烧 4 h，然后在空气中冷却至室温，为了防止正火过程中试样被污染，正火后试样再用盐酸浸出步骤中的条件浸出。焙烧阶段也在管式炉中进行，焙烧温度为 1 000 ℃，焙烧时间为 30 h，以为 Al 等金属元素提供足够的扩散时间。剥蚀浸出在高压反应釜中进行，每份试样 5 g，浸出剂为盐酸和氢氟酸的混合溶液，其中盐酸浓度为 2 mol/L，氢氟酸浓度分别为 0 mol/L、0.075 mol/L、0.150 mol/L、0.225 mol/L、0.300 mol/L、0.450 mol/L、0.600 mol/L、0.900 mol/L、1.200 mol/L，液固比为 6∶1，试样在 200 ℃浸出 8 h。

氢氟酸侵蚀法的流程为盐酸、氢氟酸混合浸出→焙烧→剥蚀浸出。氢氟酸腐蚀石英表面时需要加入盐酸增强酸性，因此与盐酸浸出步骤合并，所用盐酸、氢氟酸混合酸溶液中盐酸浓度为 4 mol/L，氢氟酸浓度为 2 mol/L，浸出温度为 200 ℃，浸出时间为 8 h。氢氟酸侵蚀法的焙烧和剥蚀浸出步骤与正火法相同。

氢氧化钠侵蚀法的流程为盐酸浸出→氢氧化钠侵蚀→焙烧→剥蚀浸出。其中盐酸浸出、焙烧、剥蚀浸出这三个步骤与正火法中相同，氢氧化钠侵蚀步骤所用氢氧化钠溶液浓度为 0.666 7 mol/L（在 200 ℃浸出 8 h 的条件下，0.666 7 mol/L 的氢氧化钠溶液与 2 mol/L 氢氧化钠溶液溶解石英量相近），浸出温度为 200 ℃，浸出时间为 8 h。三种方法的结果如图 8-5 所示。

由图 8-5 可知，石英剥蚀量为 0 时，正火法处理的石英中 Al 元素含量最高，其次为氢氧化钠侵蚀法，最少的为氢氟酸侵蚀法，与正火法相比，氢氧化钠侵蚀法和氢氟酸侵蚀法在侵蚀过程中就可以溶解部分含 Al 元素的杂质。石英剥蚀量从 0 增加到 1%，三种方法处理的石英中 Al 含量都大幅下降。石英剥蚀量为 1%时，仍是氢氟酸侵蚀法处理的石英中 Al 元素含量明显低于其他两种方法，氢氟酸侵蚀法处理的石英含量只比正火法略低一点，但三种方法之间的差距在缩小。石英剥蚀量从 1%继续增加时，正火法和氢氟酸侵蚀法处理的石英中 Al 含量缓慢降低，而氢氧化钠侵蚀法处理的石英中 Al 含量在剥蚀量

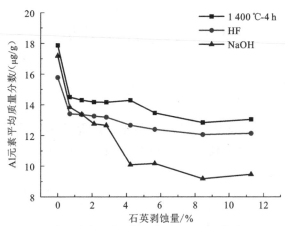

图 8-5 三种方法中石英剥蚀量与 Al 元素平均含量的关系

1%~4%时第二次大幅降低,且低于氢氟酸侵蚀法。虽然三种方法处理后石英在扩散偏析过程中形成 Al 元素富集区,尽管 Al 元素最高含量相似,但氢氧化钠侵蚀法处理的石英富集区范围可能更大。

氢氧化钠可以有效溶解石英,且在试验条件下,溶解单位物质的量的石英所需氢氧化钠物质的量约为氟化氢的 1/3,如果在剥蚀浸出工序中可以用氢氧化钠代替氢氟酸不仅可以减少浸出剂的用量,还可以避免使用对环境不友好的氢氟酸,从而减少后续废液处理成本。因此,本节对比研究剥蚀浸出工序采用氢氧化钠作浸出剂与氢氟酸作浸出剂时的效果。

为了使氢氧化钠和氢氟酸溶解量相同以减少试验变量,提高准确性,重新对图 8-4 中氢氧化钠量较小的点进行线性回归分析,得到氢氧化钠用量小于 1.67 mol/L 时氢氧化钠用量与石英剥蚀量之间的关系为

$$n_{SiO_2} = 0.656\,5n_{NaOH} - 0.000\,45 \tag{8-9}$$

由式(8-3)可知,要使氢氧化钠浸出时石英剥蚀量与氢氟酸浸出时相同,氢氧化钠用量应为 0.023 7 mol/L、0.047 5 mol/L、0.071 2 mol/L、0.095 0 mol/L、0.142 5 mol/L、0.189 9 mol/L、0.284 9 mol/L、0.379 9 mol/L。氢氧化钠补充强化试验所用试样为经过盐酸浸出→氢氧化钠侵蚀→焙烧工序的细粒石英样品,液固比为 6∶1,浸出温度为 200 ℃,浸出时间 8 h,结果如图 8-5 所示。

从整体来看,氢氟酸剥蚀与氢氧化钠剥蚀的整体趋势较相似,二者都有两段 Al 元素快速下降区间,但氢氧化钠侵蚀法中 Al 元素快速下降区间更长,使得氢氧化钠剥蚀的石英样品中 Al 含量比氢氟酸剥蚀的石英样品更低。结合图 8-5 可知,由于氢氟酸浸出时选择性更强,石英溶解部分主要集中在少部分石英颗粒上,颗粒和颗粒之间剥蚀程度差异大,部分颗粒已剥蚀到亏损区,另一部分颗粒富集区可能还没剥蚀完,使得剥蚀效果变差;而氢氧化钠剥蚀石英颗粒时较平均,各个颗粒剥蚀情况比氢氟酸差距小,因此氢氧化钠剥蚀后,纯化石英中 Al 元素质量分数降到了 8.54 μg/g,比用氢氟酸剥蚀后 Al 质量分数 9.18 μg/g 低。

由以上结果可知,在剥蚀浸出中,用氢氧化钠代替氢氟酸是可行的,并且效果更好。

8.3 剥蚀样品分析

8.3.1 剖面杂质含量

为更清楚分析三种方法处理的石英在扩散偏析过程后 Al 元素的分布差异，采用 8.1 节方法，根据石英 Al 元素数据绘制剖面 Al 元素浓度分布图，如图 8-6 所示。

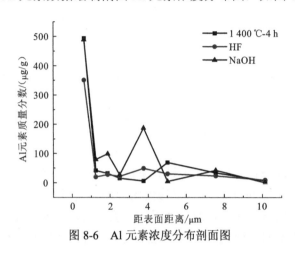

图 8-6　Al 元素浓度分布剖面图

由图 8-6 可知，三种方法处理后石英都形成了两个 Al 元素局部富集区。距表面距离为 0～1.24 μm 的区间为第一富集区，第一富集区中 Al 含量明显高于其他区域。其中，正火法、氢氧化钠侵蚀法结果相近，氢氟酸侵蚀法处理后局部 Al 含量相对低一些，因为正火法、氢氧化钠侵蚀法处理后表面杂质的清除没有氢氟酸法彻底，有部分残留的表面杂质在剥蚀浸出过程中溶解，使最贴近表层区域计算得到的浓度比实际浓度偏高。正火法、氢氟酸侵蚀法和氢氧化钠侵蚀法的第二富集区分别在 3.75～7.57 μm、2.50～5.02 μm 和 2.50～5.02 μm，其中氢氧化钠侵蚀法第二富集区中 Al 最高质量分数为 187.17 μg/g，数倍于正火法（68.99 μg/g）和氢氟酸侵蚀法（49.04 μg/g）。这是剥蚀量超过 1.4%后，氢氧化钠侵蚀法处理后石英精矿中 Al 元素平均含量逐渐低于另外两种方法的原因。

8.3.2 比表面积

为了分析三种方法增加石英比表面积的效果差异，使用氮气吸附 BET 法分析盐酸浸出→正火、盐酸、氢氟酸混合浸出、盐酸浸出→氢氧化钠侵蚀三种试样及只经过盐酸浸出的试样的比表面积，其中只经过盐酸浸出的试样为空白样，结果如表 8-1 和图 8-7 所示。

表 8-1　石英的比表面积　　　　　　　　（单位：m²/g）

样品	空白样	正火法样品	氢氟酸侵蚀法样品	氢氧化钠侵蚀法样品
比表面积	0.063 2	0.095 9	0.086 4	0.063 1

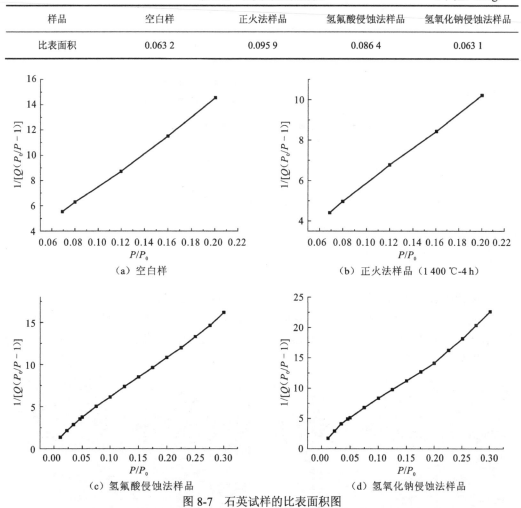

图 8-7　石英试样的比表面积图

　　由表 8-1 和图 8-7 可知，与空白样相比，正火法处理后，石英颗粒比表面积增加了 51.74%；氢氟酸侵蚀法处理后的石英颗粒比表面积增加了 36.71%；而氢氧化钠侵蚀法处理后的石英颗粒比表面积基本没有变化。三种方法的比表面积结果与石英精矿 Al 元素含量结果并不一致，正火法处理得到的比表面积最大，而石英精矿 Al 元素含量却最高；氢氧化钠侵蚀法几乎没有增大比表面积，却显著降低了石英精矿 Al 元素含量。

　　氢氟酸侵蚀法和氢氧化钠侵蚀法处理后的石英颗粒虽然比表面积小于正火法，但是处理过程中，氢氟酸和氢氧化钠可溶解石英颗粒表面，形成新表面。因此，氢氟酸侵蚀法和氢氧化钠侵蚀法处理后的石英颗粒新比表面积大于正火法。新表面处由于原子排列突然中断，系统自由能增加，表面附近原子会进行调整以降低表面的自由能。表面原子的调整结果有弛豫、重构及杂质元素的偏析和析出，如图 8-8 所示[217]。焙烧前形成新表面可以促进焙烧过程中杂质元素的偏析。

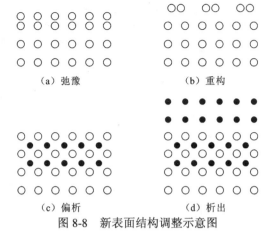

(a) 弛豫   (b) 重构

(c) 偏析   (d) 析出

图 8-8　新表面结构调整示意图

8.3.3　颗粒表面形貌

　　石英颗粒表面缺陷数量对焙烧过程中空位的生成量也可能有影响，为了确定石英颗粒表面缺陷数量是否对空位生成量的影响更为显著，而使比表面积小的样品在焙烧过程中反而产生了较多的空位，利用 EPMA 对三种方法处理的石英样品进一步进行形貌分析，结果如图 8-9 所示。

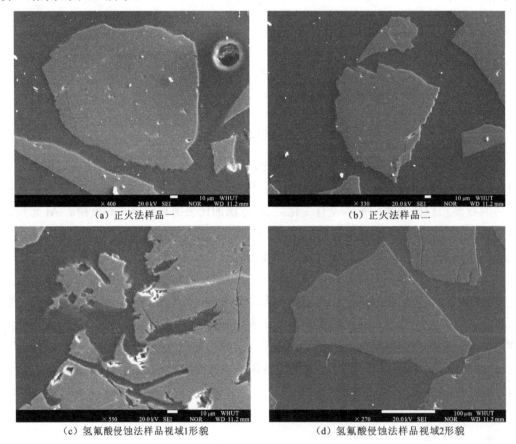

(a) 正火法样品一   (b) 正火法样品二

(c) 氢氟酸侵蚀法样品视域1形貌   (d) 氢氟酸侵蚀法样品视域2形貌

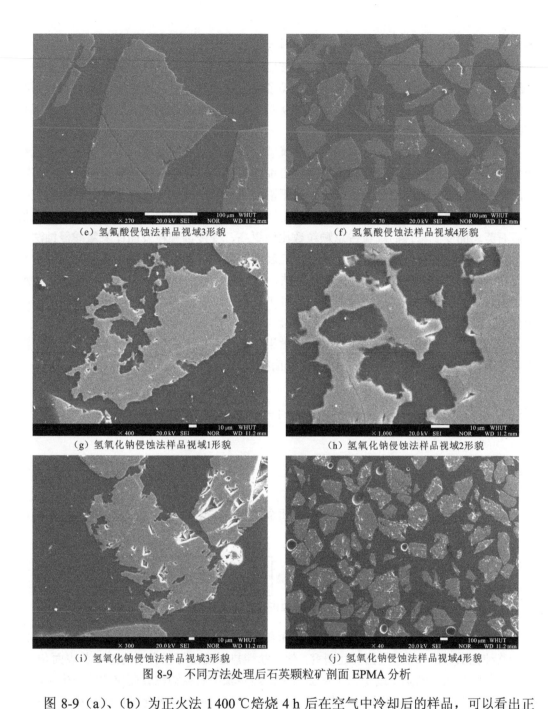

（e）氢氟酸侵蚀法样品视域3形貌

（f）氢氟酸侵蚀法样品视域4形貌

（g）氢氧化钠侵蚀法样品视域1形貌

（h）氢氧化钠侵蚀法样品视域2形貌

（i）氢氧化钠侵蚀法样品视域3形貌

（j）氢氧化钠侵蚀法样品视域4形貌

图 8-9　不同方法处理后石英颗粒矿剖面 EPMA 分析

　　图 8-9（a）、（b）为正火法 1400 ℃焙烧 4 h 后在空气中冷却后的样品，可以看出正火法处理使石英颗粒中产生了少量裂缝，对石英表面影响比较小。图 8-9（c）～（f）所示为氢氟酸侵蚀法样品，由图 8-9（c）可知，氢氟酸法处理后石英颗粒产生了很多蚀坑和侵蚀缝，蚀坑内壁较粗糙，而侵蚀缝内壁则较为平滑；由图 8-9（d）可知，右上角石英颗粒由于氢氟酸侵蚀产生了一些较为平滑的侵蚀缝，而中心石英颗粒则十分完整，表面及颗粒中间没有明显被侵蚀的痕迹；由图 8-9（e）可知，左、中、右三个颗粒中都形成了一些平滑的侵蚀缝，但其表面依然十分平整；由图 8-9（f）可知，一些石英颗粒被侵蚀得很严重，有很多侵蚀缝，但很多石英颗粒表面依然很平整，几乎没有被侵蚀痕迹。

图 8-9（g）～（j）所示为氢氧化钠侵蚀法样品，可以看出，氢氧化钠侵蚀法处理后的石英颗粒也产生了很多侵蚀缝，而且与氢氟酸侵蚀法不同的是，氢氧化钠侵蚀法产生的侵蚀缝并不平滑，有很多分叉，内壁上也布满了突起与凹坑，并且颗粒表面上也有较为明显的被侵蚀后形成的不平整痕迹；由图 8-9（j）可知，表面被侵蚀的石英颗粒占全部石英颗粒比例要比氢氟酸侵蚀法更加显著。

综合可知，正火法、氢氟酸侵蚀法、氢氧化钠侵蚀法处理石英后，石英表面形貌有较大区别。正火法处理后石英只多了一些很细的裂缝；氢氟酸侵蚀法处理后，部分石英表面有一些蚀坑，石英中产生了一些较为平滑的侵蚀缝，侵蚀缝比正火法处理后的裂缝宽，而且由于氢氟酸选择性较强，侵蚀缝主要集中在少部分颗粒上；氢氧化钠侵蚀法处理后石英表面受到侵蚀的颗粒占总颗粒数比例更高，受侵蚀颗粒表面比氢氟酸侵蚀法更不平整，且产生的侵蚀缝也布满了分叉、突起和凹陷。由此可以推断，各方法处理后石英表面缺陷浓度的顺序为：氢氧化钠侵蚀法＞氢氟酸侵蚀法＞正火法，与石英精矿中 Al 元素去除量的顺序相同，这说明在试验条件下石英表面缺陷浓度的影响比表面积的影响更显著，对石英中 Al 元素的扩散影响更大。

经过对比三种方法，氢氧化钠侵蚀法效果更好，可使用氢氧化钠侵蚀法来增加石英表面缺陷浓度来提高扩散焙烧中 Al 元素的偏析量。

8.4　扩散偏析与剥蚀联合技术

8.4.1　流程与效果

基于扩散偏析规律构建降低石英中杂质金属 Al 含量的扩散偏析-剥蚀技术，步骤如图 8-10 所示，过程示意如图 8-11 所示。

图 8-10　扩散偏析-剥蚀技术步骤

清除石英颗粒表面杂质是为了防止表面杂质在后续焙烧过程中向石英内部扩散而影响最终纯化石英的品质。根据前述研究，使用盐酸热压浸出可以有效清除石英表面杂质。提高石英颗粒表面缺陷浓度是为了增加后续焙烧步骤中石英颗粒表面空位的产生量，进而提高 Al 等杂质金属元素在石英表面的偏析量。因此，使用氢氧化钠或氢氟酸侵蚀石英表面可以提高石英表面缺陷浓度，在本小节试验条件下，氢氧化钠侵蚀法效果更好。扩散偏析的目的是改变杂质金属元素在石英基体中的分布，通过焙烧使石英表面产生大量空位，促使杂质金属元素向表面扩散并偏析在表层附近，形成富集区。焙烧过程中较长的保温时间是因为 Al 元素等取代型杂质金属元素在石英内扩散速度很慢，需要较长时间向表面扩散。浸出剥蚀步骤的目的是溶解除去金属杂质元素含量远高于石英基体的富集区，从而降低石英整体的杂质金属元素含量。氢氧化钠或氢氟酸热压浸出都可以达到这一目的，其中氢氧化钠浸出时剥蚀更为均匀，综合效能更好。

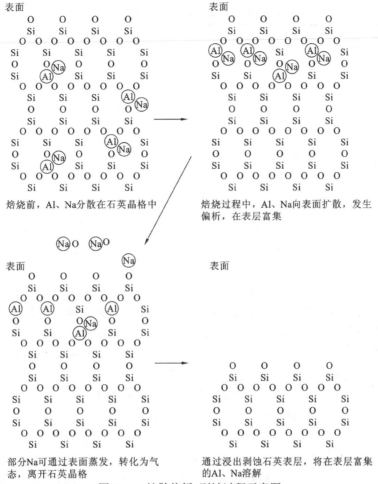

图 8-11 扩散偏析-剥蚀过程示意图

扩散偏析-剥蚀工艺各阶段石英中 Al 元素含量见表 8-2，石英最终纯化后，主要杂质元素质量分数见表 8-3。其中，各阶段试验条件如下。

（1）清除石英表面杂质：HCl 浓度为 4 mol/L，液固比为 6:1，浸出温度为 200 ℃，浸出时间为 8 h。

（2）提高颗粒表面缺陷浓度：氢氧化钠浓度为 0.6667 mol/L，液固比为 6:1，浸出温度为 200 ℃，浸出时间为 8 h。

（3）扩散偏析：焙烧温度为 1000 ℃，焙烧时间为 60 h。

（4）剥蚀偏析富集区：氢氧化钠浓度为 0.3799 mol/L，液固比为 6:1，浸出温度为 200 ℃，浸出时间为 8 h。

表 8-2　偏析-剥蚀工艺各阶段石英中 Al、Na、K 元素平均质量分数　（单位：μg/g）

元素	HCl 浸出阶段	NaOH 浸出阶段	焙烧阶段	NaOH 剥蚀阶段
Al	20.2	18.1	17.9	7.8
Na	36.5	35.6	18.2	11.3
K	10.3	9.1	4.4	2.3

表 8-3 纯化后石英主要杂质元素质量分数 （单位：μg/g）

元素	质量分数	元素	质量分数
Al	7.8	Fe	1.8
Li	0.6	Ti	2.7
Na	11.3	Mn	0.9
K	2.3	Cr	0
Mg	0	Ni	0
Be	0	Cu	0.3
Ca	10.5	综合	38.2

经过偏析剥蚀处理，石英中 Al 元素质量分数由 58.8 μg/g 降至 7.8 μg/g，达到了 IOTA 6 系列对 Al 质量分数 8 μg/g 的要求，杂质元素总质量分数降至 8.2 μg/g，远低于高纯石英标准要求的 50 μg/g。

由表 8-2 和表 8-3 可知，晶格取代元素 Al 与晶格填隙元素 Na、K 在焙烧过程中的扩散偏析行为有较大的差异，而 Al 元素在焙烧过程中直接扩散到石英表面及空气中的量很少，绝大部分的 Al 元素偏析在石英内表层附近，需要靠剥蚀来去除；而 Na、K 元素则大部分会在焙烧过程中气化进入空气，一部分吸附在石英外表面，只需盐酸浸出就可去除，少部分吸附在石英内表面，需要剥蚀分离。

综合以上结论，偏析剥蚀法对晶格取代杂质元素 Al 等的分离更有优势，晶格填隙元素如 Na、K 等的分离纯化效果稍逊于更高温度的短时间焙烧及氯化焙烧。偏析剥蚀法纯化精矿继续在 1400 ℃焙烧 4 h，并经过盐酸浸出后，Al 元素几乎没有变化，但 Na 和 K 元素质量分数则分别降低至 9.71 μg/g 和 0.58 μg/g。由前述结果可知，在 1000 ℃焙烧条件下，加入 NaCl 对 Al 元素含量影响不大，而 K 元素质量分数则几乎降到了 0，但氯盐焙烧会引入氯盐，所含阳离子污染石英，因此应采用 HCl 或 Cl$_2$ 气体气氛焙烧，可在偏析剥蚀法的焙烧步骤中全程或部分时间段通入 HCl 或 Cl$_2$ 气体，或将偏析剥蚀法纯化后的石英样品再用氯气气氛焙烧处理，以发挥两种方法的各自优势，获得更低杂质含量的石英精矿。氯气气氛焙烧方面的研究已有很多报道[218-220]，虽然 Al 的分离效果较差，但对 Na、K 有良好的纯化效果[221, 222]。

8.4.2 特点与优势

（1）石英晶格取代杂质是最难分离的杂质之一，通常的分离方法对去除晶格中的 Al 元素无能为力，偏析剥蚀法对石英晶格的 Al 元素有良好的去除能力。

（2）延长扩散偏析时间可进一步降低石英体相中 Al 含量。虽然随扩散时间增加，Al 元素偏析量的增加速度越来越慢，但 Al 偏析量可随扩散时间的增加而不断增加，直到亏损区范围达到颗粒中心，使石英中 Al 含量降到比实际试验数值更低。

（3）该方法避免了使用氢氟酸、氯气、氯化氢气体等对环境不友好或危险性高的物质，而且盐酸浸出步骤和氢氧化钠浸出步骤产生的废液可以互相中和，显著减少石英工业废水处理成本。

第9章　热压酸浸技术及机理

热压浸出最早用于拜耳法浸出铝土矿回收氧化铝，已有90多年历史。目前，在工业上已经成熟应用热压浸出技术进行综合利用的金属有铀、钨、钼、铜、镍、钴、锌、锰、铝、钒等[223]。

热压浸出分为两类，即无气相参加和有气相参加的热压浸出。无气相热压浸出，其目的只是单纯提高温度，增加物质在水溶液中溶解度，常见的有铝土矿的酸法、碱法浸出，钨精矿的碱性、酸性浸出，碳酸盐浸出钾钒铀矿等[224]。有气相热压浸出，是指有气相参与的非均相反应，气相在液相中的溶解度与温度压力相关。同时，气相物质能与溶液中固相在较高温度和压力下发生化学反应，常见的有黄铜矿和方铅矿的高压氧化浸出、钴镍热压氨浸和热压酸浸、难处理金矿热压预处理、白钨矿热压碱浸。

然而，热压浸出方法主要集中在金属矿湿法冶金应用中，很少用于非金属矿领域。随着全球新能源、新材料高技术科学的发展，对非金属材料晶体石英提出了高纯的技术要求，特别是制造单晶硅、多晶硅及太阳能硅薄膜电池芯片、石英坩埚、电子级石英、半导体器件用石英，都要求 SiO_2 纯度达到99.999%以上，杂质金属元素总质量分数小于10 μg/g。常温常压浸出技术显然不能满足这种需求。

本章利用水淬石英样在热压条件下进行系列纯化试验，并制备高纯晶体石英。采用AAS、ICP-MS、SEM-EDS 等多种测试表征手段，分析热压浸出过程中杂质矿物化学反应、溶液平衡、E_h-pH 关系等热力学行为，分析浸出过程反应阻力及控制步骤，建立热压浸出过程动力学模型并研究石英热压浸出纯化机理。

9.1　热压酸浸研究方法

常温常压浸出技术能满足对纯度要求不高的矿物提纯，随着热压浸出技术的出现，常温常压浸出技术许多无法实现的反应过程及反应速度慢、耗时过长等缺点得到彻底改变[223-225]。相对常温常压浸出技术，热压浸出具有明显的技术优点[226, 227]：反应温度高，能加快浸出过程反应速度，提高浸出效率；反应压力高，能够实现常温常压无法实现的过程，使不能进行的反应成为可能，从而使常温常压下难以浸出的物质得以浸出；反应容器密闭，能增加水溶液饱和蒸汽压，提高溶液沸点，且能使某些气体或易挥发试剂反应过程具有较高的分压，提高效率，满足非金属矿更严格的提纯要求；反应容器耐热耐压耐腐蚀，并不会带入新的杂质金属污染。

9.1.1　热压酸浸试验装置

试验准确称取（10.000 0±0.000 2）g 石英焙烧水淬样，并置于洗净、去离子水润洗后的水热反应釜聚四氟乙烯内胆中，向内胆中加入 50 mL 混合酸浸出剂，盖上内盖，装于反应釜外套中，仔细拧紧反应釜外套，并迅速将反应釜放入能精确控温的高温恒温烘箱中，开始计时，试验装置如图 9-1 所示。

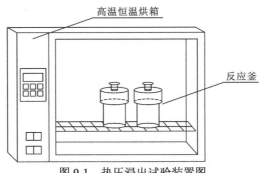

图 9-1　热压浸出试验装置图

达到反应时间后，迅速将反应釜取出，放入通风橱内盛满自来水的水浴锅内，迅速冷却，终止反应。快速冷却后，取出内胆中反应溶液及石英纯化样品，混合酸溶液置于指定容器中，统一进行无害化处理[228]。石英纯化样品小心转入清洗洁净并经过润洗的培养皿中，在超净工作台内，用去离子水反复清洗 5～10 遍，至 pH 呈中性。洗涤过后的石英纯化样品连同培养皿一起放入带盖托盘，在真空干燥或在专用洁净烘箱内烘干，冷却后称重，制样进行检测分析。

9.1.2　溶液饱和蒸汽压

溶液沸点与蒸汽压有一定关系。纯水在一个大气压下的沸点是 100℃。在密闭容器中，压力增加，水沸点升高，水的饱和蒸汽压与温度的关系如图 9-2[227]所示。

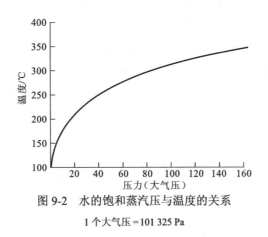

图 9-2　水的饱和蒸汽压与温度的关系

1 个大气压 = 101 325 Pa

水的临界温度为 374℃，因此，一般的湿法冶金过程不超过 300℃，因为 300℃以上时，水的蒸汽压超过 100 个大气压，这对设备、操作、安全提出了更高的要求[229]。

9.2 热压酸浸影响因素

热压浸出工艺试验研究主要采用单因素试验研究方法,主要考察混合酸热压浸出工艺中 HF、HCl、HNO₃ 用量的影响,以及物理影响因素液固比、反应时间、反应温度的影响。

第 5 章已讨论常温常压下单一酸浸出效果远差于混合酸,HF + HCl + HNO₃ 的混合酸浸出效果最优。本章在第 5 章试验条件基础上,将混合酸中各酸浓度减半作为初始条件,通过试验研究,考察混合酸在热压条件下的浸出效果与行为。

9.2.1 混酸

1. HF 用量

配制反应所需混合溶液,组成为 1.5 mol/L HCl、0.5 mol/L HNO₃,并保持 HCl 与 HNO₃ 浓度不变,分别考察 HF 浓度为 0.25 mol/L、0.5 mol/L、0.8 mol/L、1.0 mol/L、1.2 mol/L、1.5 mol/L、2.0 mol/L 对石英热压浸出效果的影响。

将 6 套相同反应釜用黑色粗记号笔编号,内胆、外套编号一致。分别称取石英焙烧水淬样各 (10.000 0±0.000 2)g,置于洗净、去离子水润洗后的水热反应釜聚四氟乙烯内胆中,准确量取上述不同浓度混合酸浸出剂各 50 mL,依次加入已编号反应釜内胆内,盖上内盖,正确装好反应釜外套,并迅速将反应釜放入 200 ℃的耐高温恒温烘箱中,反应 5 h。HF 浓度对热压浸出效果的影响如图 9-3 所示。

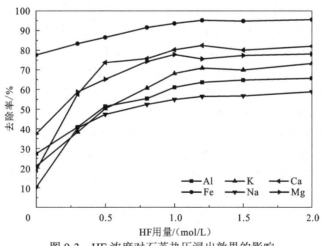

图 9-3 HF 浓度对石英热压浸出效果的影响

由图 9-3 可知,热压浸出过程中,HF 用量对石英中金属杂质元素的浸出效果影响显著。当混合酸溶液中不加入 HF 时,金属杂质元素 Al、Fe、K、Na、Ca 和 Mg 去除率较低,仅为 27.33%、77.64%、20.96%、10.25%、18.97%和 37.45%,随 HF 用量增加,上述杂质元素去除率有较大幅度升高;当 HF 浓度为 1.2 mol/L 时,各杂质元素去除率均趋于平缓,金属杂质元素 Al、Fe、K、Na、Ca、Mg 去除率分别为 63.63%、95.20%、70.87%、56.42%、82.39%和 75.57%。HF 对杂质去除影响显著,这是因为石英中主要杂质 Al、Fe、

K、Na、Ca、Mg 等主要赋存于硅酸盐、铝硅酸盐矿物包裹体中，HF 能分解铝硅酸盐及硅酸盐，使杂质浸出得以去除。

2. HCl 用量

配制反应需要的混合溶液，组成为 1.2 mol/L HF、0.5 mol/L HNO₃，并保持 HF 与 HNO₃ 浓度不变，改变 HCl 浓度，采用不同 HCl 浓度：0.5 mol/L、1.0 mol/L、1.5 mol/L、2.0 mol/L、2.5 mol/L、3.0 mol/L、3.5 mol/L、4.0 mol/L。称取石英焙烧水淬样（10.000 0±0.000 2）g，量取上述浓度混合酸浸出剂各 50 mL，反应时间 5 h，反应温度 200℃，其他试验操作同上。考察 HCl 用量对石英热压浸出效果的影响，如图 9-4 所示。

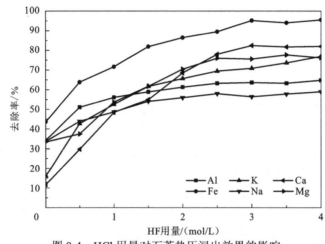

图 9-4　HCl 用量对石英热压浸出效果的影响

由图 9-4 可知，混合酸中 HCl 的用量对石英热压浸出纯化效果影响明显。杂质 Al、Fe、K、Na、Ca、Mg 去除率随 HCl 用量增加，增幅较大，至 3.0 mol/L 时，趋于平缓。HCl 用量对杂质元素 Fe、K、Ca 的影响尤为显著，当 HCl 用量为 0 mol/L 时，杂质的去除率分别为 43.63%、16.15%、11.76%，当 HCl 用量增加至 3.0 mol/L 时，Fe、K、Ca 去除率高达 95.20%、56.42% 和 82.39%。

HCl 与 HF 不同浓度组合对铝硅酸盐及硅酸盐矿物的分解效果差异较大。由第 4 章热力学分析可知，当 [HF]/[HCl] 为 0.2~2 时，混合酸对铝硅酸盐及硅酸盐矿物的分解效果区别相对不大。在合理范围内，当 HCl 浓度升高，可以较大程度减小 HF 用量，同时能提高杂质元素去除率。试验结果显示，[HF]/[HCl] 约为 1/3 时，杂质去除率较高，HF 用量最小，故最佳 HCl 用量为 3 mol/L。

3. HNO₃ 用量

确定混合酸溶液中 HF 与 HCl 浓度分别为 1.2 mol/L 及 3 mol/L，并保持 HF 与 HCl 浓度不变，分别考察 HNO₃ 浓度为 0.3 mol/L、0.5 mol/L、0.8 mol/L、1.0 mol/L、1.2 mol/L、1.5 mol/L、2.0 mol/L 对石英热压浸出效果的影响。称取石英焙烧水淬样（10.000 0±0.000 2）g，量取上述不同浓度混合酸浸出剂各 50 mL，反应时间为 5 h，反应温度为 200℃，其他试验操作同上。考察不同 HNO₃ 浓度对石英热压浸出过程的影响，如图 9-5 所示。

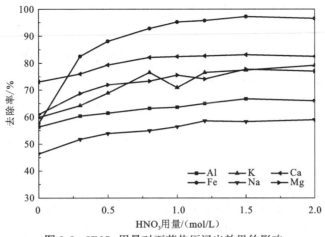

图 9-5　HNO₃用量对石英热压浸出效果的影响

　　由图 9-5 可知，HNO₃用量对石英热压浸出中各杂质去除影响并不显著，但对杂质 Fe 元素影响十分明显。随着 HNO₃浓度升高，杂质 Fe 去除率快速增加；当 HNO₃浓度达到 1.0 mol/L 时，继续升高混合酸溶液中 HNO₃浓度，Fe 去除率几乎不再升高。因此，可取 1.0 mol/L 为 HNO₃最佳用量。石英中部分 Fe 杂质以黄铁矿形式存在，在高温高压条件下，HNO₃能快速氧化黄铁矿，使其浸出扩散进入溶液中去除；HNO₃分解硅酸盐、铝硅酸盐的能力较弱，但其电离得到的 H⁺能提高混合酸中 H⁺浓度，因此在一定程度上能提高其他各杂质元素的去除率。

9.2.2　液固比

　　准确称取石英焙烧水淬样（10.000 0±0.000 2）g，置于洗净、去离子水润洗后的水热反应釜聚四氟乙烯内胆中，向内胆中加入混合酸浸出剂，混合酸中 HF、HCl、HNO₃浓度分别为 1.2 mol/L、3 mol/L 及 1 mol/L。反应时间为 5 h，反应温度为 200 ℃，考察液固比为 1:1、2:1、2.5:1、3:1、4:1、5:1 及 6:1 对石英热压浸出过程的影响，结果如图 9-6 所示。

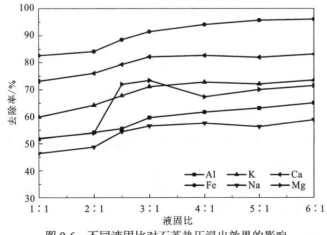

图 9-6　不同液固比对石英热压浸出效果的影响

由图 9-6 可知，随着液固比升高，各杂质元素去除率逐渐升高，液固比大于 3∶1 后，杂质元素 K、Na、Ca、Mg 去除率相对趋于平缓。

热压浸出过程中液固比升高，相当于反应容器中固体样品不变，混合酸用量增加，反应可供消耗的无机酸更充足，且反应釜内液体体积增大，釜内空间变小，作用在矿物颗粒上的分压相对加大。这些都是加快反应速率、提高杂质金属元素去除率不可忽视的因素。

9.2.3　反应时间

准确称取石英焙烧水淬样（10.000 0±0.000 2）g，置于洗净、去离子水润洗后的水热反应釜聚四氟乙烯内胆中，向内胆中加入混合酸浸出剂 50 mL，混合酸中 HF、HCl、HNO_3 浓度分别为 1.2 mol/L、3 mol/L 及 1 mol/L，反应温度为 200 ℃，考察不同的反应时间（2 h、4 h、6 h、8 h、10 h、12 h 及 24 h）对石英热压浸出过程的影响，结果如图 9-7 所示。

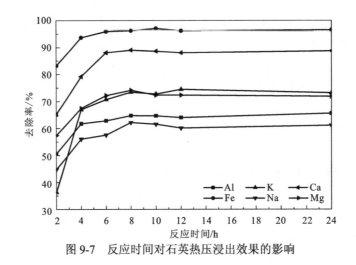

图 9-7　反应时间对石英热压浸出效果的影响

由图 9-7 可知，反应前 4 h，各杂质金属元素去除率升高很快，杂质元素 Al 去除率曲线已经出现拐点；当反应时间增加至 6 h 时，Fe、K、Na、Ca、Mg 的去除率曲线趋平缓，出现拐点；反应时间进一步增加，各杂质元素去除率升高不明显。综合考虑，应取反应时间 6 h 为最佳。

随着反应时间的增加，石英颗粒反应区内杂质矿物包裹体快速分解，并扩散进入液相；随着反应进行，混合酸溶液中 HF 及 H^+ 消耗较快，同时，H^+ 扩散进入石英颗粒内部的扩散阻力增大，进一步扩散至石英晶体内部杂质缺陷处并且很难发生化学反应，表现为杂质金属元素浸出效率不再提高。

此外，在反应时间 6 h 以内，杂质元素热压浸出去除过程反应达到终点，此时，试验仅仅考察了 2 h、4 h 和 6 h 三个时间点，不能准确全面地反映浸出过程机理，需缩短时间间隔，增加试验点。

9.2.4　反应温度

准确称取石英焙烧水淬样（10.000 0±0.000 2）g，置于洗净、去离子水润洗后的水热反应釜聚四氟乙烯内胆中，向内胆中加入混合酸浸出剂 50 mL，混合酸中 HF、HCl、HNO_3 浓度分别为 1.2 mol/L、3 mol/L 及 1 mol/L，反应时间 6 h，考察不同的反应温度（120 ℃、140 ℃、160 ℃、180 ℃、200 ℃、220 ℃、240 ℃、260 ℃、280 ℃及 300 ℃）对石英热压浸出效果的影响，结果如图 9-8 所示。

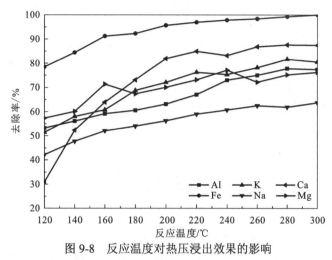

图 9-8　反应温度对热压浸出效果的影响

由图 9-8 可知，随着反应温度升高，各杂质金属浸出逐渐增加，但曲线并未出现明显拐点。当热压浸出反应温度小于 140 ℃时，除 Fe 外，其余金属去除率均小于 60%；随着反应温度升高，浸出率逐渐升高，Ca 去除率升高最快，Fe 去除率最高，Na 最低；反应温度大于 220 ℃时，去除率升高趋势相对趋于平缓；当反应温度大于 240 ℃时，除 Na 外，其他各杂质元素去除率均大于 70%。

提高反应温度会增加能耗和成本、加速设备老化，因此最佳反应温度建议采用 220 ℃。若需要更高杂质浸出去除率，可适当提高反应温度。反应温度为 280 ℃时，经热压浸出后样品中 Al、Fe、K、Na、Ca 和 Mg 质量分数分别为 9.375 μg/g、0.185 μg/g、3.375 μg/g、14.755 μg/g、3.475 μg/g 和 0.550 μg/g；反应温度为 300 ℃时，杂质 Fe 甚至低于 ICP、AAS 检出限。石英浸出后主要杂质金属元素 Al、Fe、K、Na、Ca、Mg 总质量分数仅为 31.21 μg/g。

聚四氟乙烯软化温度为 280～320 ℃，该反应温度时水热反应釜聚四氟乙烯内胆变软、变形；同时，反应温度升高，釜内压力剧增，易造成安全事故，因此现有试验条件下浸出反应试验温度应低于 280 ℃。如有更耐高温的抗腐蚀材料内胆或反应器，可以进行 300 ℃以上浸出研究，这将是适合高纯纯化技术的反应试验装置。

石英混合酸热压浸出工艺试验研究表明，混合酸热压浸出最佳工艺参数：浸出剂混合酸中 HF 浓度为 1.2 mol/L、HCl 浓度为 3 mol/L、HNO_3 浓度为 1 mol/L，液固比为 5∶1，反应时间为 6 h，反应温度为 220 ℃。热压浸出与常压浸出效果的比较见表 9-1。

表 9-1 热压浸出与常压浸出后各元素含量及去除率

项目	Al	Fe	K	Na	Ca	Mg
焙烧水淬样杂质质量分数/(μg/g)	42.22	24.08	18.40	38.69	28.06	2.21
常压最佳浸出工艺后杂质质量分数/(μg/g)	21.42	6.37	14.07	19.48	20.16	0.73
常压浸出去除率/%	49.27	73.55	23.53	49.65	28.15	66.97
热压最佳浸出工艺后杂质质量分数/(μg/g)	13.92	0.73	4.37	15.87	4.22	0.59
热压浸出去除率/%	67.04	96.96	76.25	58.97	84.97	73.18
浸出去除率增量/%	17.77	23.41	52.72	9.32	56.82	6.21

由表 9-1 可知，热压浸出效果明显优于常压浸出。无论是杂质金属含量还是浸出去除率，热压浸出工艺各指标都高于常压浸出。试验证明对于纯度要求很高的晶体石英纯化，采用热压混合酸浸出技术是十分必要的，且能满足现代高科技应用领域对高纯晶体石英材料的质量要求。

9.3 热压酸浸固体分析

为研究热压浸出过程中石英杂质的去除机理，基于湿法冶金过程高温高压 Al、Fe 杂质元素 E_h-pH 图对浸出过程杂质矿物热力学稳定性、分解、溶液平衡等热力学行为进行分析，采用 SEM 观察热压浸出纯化后石英颗粒表面裂隙、腐蚀形貌。

9.3.1 石英颗粒表面形貌

为深入研究热压浸出过程中杂质去除作用机理，采用电子扫描显微镜对浸出后的石英颗粒进行表面形貌分析，热压浸出反应温度为 220℃时，经热压浸出后的石英颗粒表面形貌如图 9-9 所示。

由图 9-9 可知，与常压浸出石英颗粒表面形貌相比，220℃时石英颗粒表面出现许多裂纹，部分裂纹排列毫无规则，似表面龟裂形成的裂隙，如图 9-9（a）和（b）所示；部分裂隙排列规则，裂缝或接近平行排列，如图 9-9（c）和（d）所示。反应温度为 220℃时，反应压力急剧上升，此时容器反应压力较大，浸出剂溶液中活性成分 HF、H^+ 分子进行剧烈热运动，混合酸溶液沿石英晶体表面微裂隙扩散，迅速与杂质矿物发生化学反应，随后与裂隙处石英活性点反应，使得微细裂隙处腐蚀形成宽度为 $1\sim5$ μm 的明显裂隙。

图 9-10 所示为经热压浸出后，石英颗粒表面形成的腐蚀缝隙、腐蚀坑。热压浸出工艺能使混合酸浸出剂活性成分深入到石英晶体内部，分解石英中杂质矿物包裹体，使杂质金属元素 Al、Fe、Ca、Mg、K、Na 得到有效的去除。反应过程中，虽然有部分石英晶格发生分解，但并未破坏石英晶体结构，保持了石英晶体的自然属性。

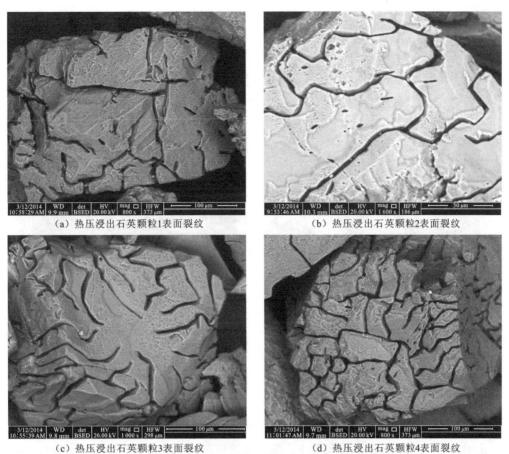

(a) 热压浸出石英颗粒1表面裂纹　　　　　　(b) 热压浸出石英颗粒2表面裂纹

(c) 热压浸出石英颗粒3表面裂纹　　　　　　(d) 热压浸出石英颗粒4表面裂纹

图 9-9　石英颗粒 220 ℃热压浸出表面形貌图

(a) 热压浸出石英颗粒表面腐蚀形貌　　　　　　(b) 热压浸出石英颗粒表面腐蚀坑

图 9-10　石英颗粒 220 ℃热压浸出表面腐蚀形貌图

9.3.2　石英颗粒剖面形貌

采用热树脂固化石英颗粒，冷却成型后磨削、抛光，将制备好的石英样品进行电子扫描显微镜分析，石英颗粒剖面 SEM 图像如图 9-11 所示。

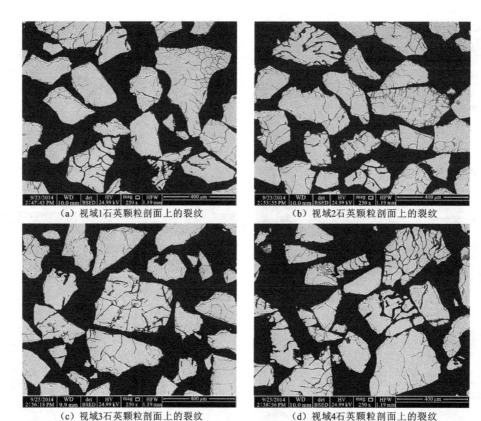

(a) 视域1石英颗粒剖面上的裂纹   (b) 视域2石英颗粒剖面上的裂纹

(c) 视域3石英颗粒剖面上的裂纹   (d) 视域4石英颗粒剖面上的裂纹

图 9-11　热压浸出后石英颗粒剖面形貌图

由图 9-11 可知，高温高压条件下，混合酸溶液与石英中杂质矿物及石英反应，形成了大量裂隙，并延伸至石英颗粒内部。部分裂隙完全贯穿石英颗粒，部分裂隙伸入石英颗粒核心部分。石英颗粒表面及内部裂隙的形成，使得浸出剂溶液能沿着裂隙扩散至石英晶体内部，并与晶体内部的杂质发生化学反应，使包裹在石英晶格中、晶体与晶体之间晶界处的杂质分解溶出，杂质金属离子得以去除。由于混合酸浸出剂过量，分解杂质矿物所消耗的混合酸几乎对浸出浓度没有影响，高活性、强腐蚀性混合酸浸出剂溶液中的 HF 同时会与石英发生化学反应，分解石英晶体，在石英颗粒表面、石英晶体界面、裂隙处形成明显的腐蚀痕迹。

这是由于石英颗粒在活化焙烧-水淬过程中，不同石英颗粒晶面会产生不同形状的微细裂纹，这些裂纹甚至无法在电子显微镜下观察出来。裂纹多处于石英细粒结合体晶界处，晶界处石英晶体之间靠范德瓦耳斯力连接，且杂质包裹体多处于这些部位。沿石英晶体生长方向的微细裂隙，无规则地在石英细粒聚合体晶界处延伸、裂开；垂直于石英晶体生长方向的微细裂隙，由于石英细粒结合体沿着晶体生长方向平行生长，晶体与晶体之间的晶界大多是平行的，活化焙烧-水淬的过程中，这些微裂隙沿着晶体生长方向形成平行的裂缝。

同时，由于热压浸出过程中反应温度升高、反应压力增大，混合酸热运动加剧，石英及杂质矿物分解反应速度加快，浸出剂溶液中的活性 HF、H^+ 在微裂隙处的活性位点迅速吸附，发生化学反应，反应加剧了微裂隙变宽、并向晶体内部延伸。另外，浸出剂溶液中的 HF、H^+ 迅速向石英晶体内部扩散，使石英晶体内部杂质包裹体得以与浸出剂活性成分发生化学反应，将金属离子离解进入溶液中。

为进一步研究杂质金属元素在石英颗粒内部的分布，探究热压浸出工艺对石英颗粒内部杂质的纯化机理，采用 SEM-EDS 对石英颗粒剖面杂质金属元素 Al、Fe、K、Na、Ca、Mg 能谱面分布进行分析，如图 9-12、图 9-13 所示。

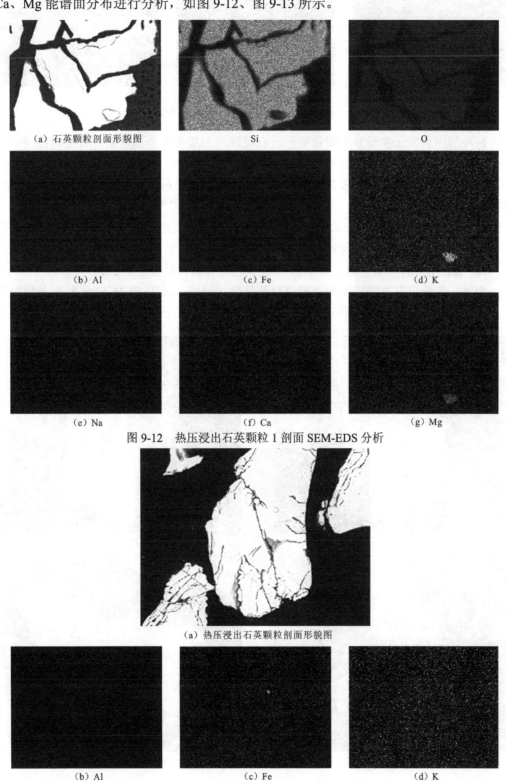

（a）石英颗粒剖面形貌图　　　　　　　　Si　　　　　　　　　　　O

（b）Al　　　　　　　　　（c）Fe　　　　　　　　　（d）K

（e）Na　　　　　　　　　（f）Ca　　　　　　　　　（g）Mg

图 9-12　热压浸出石英颗粒 1 剖面 SEM-EDS 分析

（a）热压浸出石英颗粒剖面形貌图

（b）Al　　　　　　　　　（c）Fe　　　　　　　　　（d）K

| (e) Na | (f) Ca | (g) Mg |

图 9-13 热压浸出石英颗粒 2 剖面 SEM-EDS 分析

颗粒剖面杂质元素面分布图像显示，石英颗粒内部杂质金属元素分布较常压浸出有较大幅度减少，杂质元素面分布图像已难以判断颗粒外形，颗粒部分与黑色空白区域能谱图像亮点密度相差不大，多为能谱背景值。经热压浸出后，石英颗粒内部杂质含量较常压浸出有明显降低。

图 9-12 中杂质矿物包裹体靠近颗粒边缘，但并未被浸出，可见石英杂质矿物包裹体必须暴露在浸出剂溶液中才能被有效去除；能谱面扫描分析表明，该包裹体为含 Al、Fe、K、Ca、Mg 元素的杂质矿物。图 9-13 中固体包裹体为含铁类杂质矿物。

为进一步确定石英颗粒剖面上矿物包裹体物相组成，采用 SEM-EDS 对石英颗粒剖面上矿物包裹体进行微区能谱分析，如图 9-14 和表 9-2 所示。

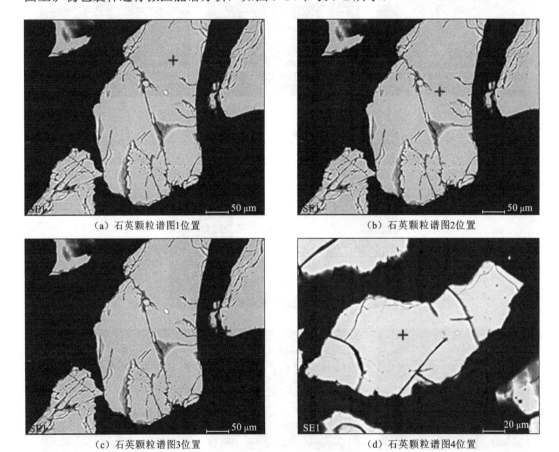

| (a) 石英颗粒谱图1位置 | (b) 石英颗粒谱图2位置 |

| (c) 石英颗粒谱图3位置 | (d) 石英颗粒谱图4位置 |

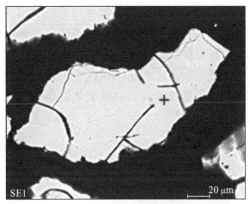
（e）石英颗粒谱图5位置

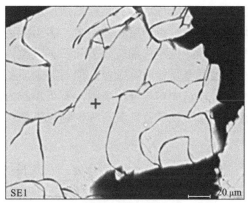
（f）石英颗粒谱图6位置

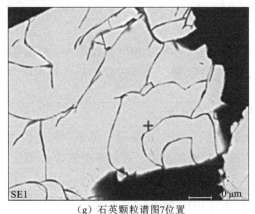
（g）石英颗粒谱图7位置

图 9-14　热压浸出石英颗粒剖面包裹体 SEM-EDS 微区分析

表 9-2　常压浸出石英颗粒包裹体 EDS 微区分析结果　　　　　（单位：%）

谱图	元素质量分数								
	O	Si	Mn	S	Cl	Ca	Fe	Co	合计
谱图 1	41.13	58.87	—	—	—	—	—	—	100.00
谱图 2	4.19	8.17	1.60	—	—	—	86.04	—	100.00
谱图 3	41.61	39.99	—	—	—	—	17.05	1.35	100.00
谱图 4	39.59	60.41	—	—	—	—	—	—	100.00
谱图 5	43.15	49.53	—	0.67	0.32	0.66	5.67	—	100.00
谱图 6	39.73	60.27	—	—	—	—	—	—	100.00
谱图 7	35.66	49.38	—	—	—	—	14.96	—	100.00

　　由图 9-14 可知，（a）、（d）、（f）分别为石英颗粒剖面形貌图像，（b）、（c）、（e）、（g）分别为石英颗粒剖面上的包裹体形貌图像，能谱微区分析结果如表 9-2 所示，石英颗粒剖面主要为石英，图 9-14（b）对应包裹体物相为铁、锰氧化物及 SiO_2 本底；图 9-14（c）对应包裹体为铁、钴的氧化矿物及 SiO_2 本底；图（e）对应的包裹体物相组成为黄铁矿、硅灰石及部分 SiO_2 本底；而图（f）所示包裹体物相组成为铁氧化物及 SiO_2 本底。经热

压浸出工艺处理后，石英颗粒杂质金属元素得以较大程度去除，颗粒部分与黑色空白区域能谱图像亮点密度相差不大，多为能谱背景值，杂质元素面分布图像已难以判断颗粒外形。经热压浸出能有效去除石英颗粒内部杂质；石英颗粒表面及内部有较深裂纹，部分裂纹甚至贯穿石英颗粒，但石英杂质矿物包裹体必须暴露在浸出剂溶液中，才能有效去除，能谱面扫描分析表明，石英颗粒内部无裂隙处可见铁、锰、钴等氧化物包裹体，还有少量黄铁矿及硅灰石等矿物包裹体。

9.4　热压酸浸热动力学

9.4.1　酸浸过程 E_h-pH 图

本书采用 E_h-pH 图来解释石英热压浸出纯化过程中，金属杂质 Al、Fe 等元素在混合酸溶液中的热力学行为、稳定性区域、杂质去除的最佳热力学条件等[229]。

1. Al-F-H_2O 系 E_h-pH 图

热压浸出过程中 E_h-pH 图的绘制，先要确定体系中可能发生的各类化学反应的化学平衡方程式；再由公式计算出相应的 $\Delta G_T^{\ominus}$，求出平衡常数 K 或标准电极电位 $E_T^{\ominus}$；然后导出各个反应 $E_T^{\ominus}$ 与 pH 的关系式；最后根据 $E_T^{\ominus}$ 与 pH 的关系式，在指定的离子活度和相应分压下，计算各温度下的 $E_T^{\ominus}$ 与 pH，据此绘制 E_h-pH 图。在绘制 E_h-pH 图时，习惯规定：电位使用还原电位，反应方程式左边写氧化态、电子 e、H^+，反应方程式右边写还原态。

石英常温常压浸出、热压浸出纯化过程中，杂质 Al 元素在混合酸溶液中会发生一系列的化学反应，通过反应吉布斯自由能的计算，根据电化学原理，可得出杂质元素 Al 在 HF、HCl、HNO_3 混合酸溶液中平衡方程式。25℃时 Al-F-H_2O 系各化学反应 E_h-pH 关系式如表 9-3 所示。

表 9-3　25℃时 Al-F-H_2O 系各反应的 E_h-pH 关系式

序号	反应方程式	E_h-pH 关系式
a	$O_2 + 4H^+ + 4e^- = 3H_2O$	$E_h = 1.229 - 0.059\,2pH$
b	$2H^+ + 2e^- = H_2$	$E_h = -0.059\,2pH$
1	$Al + 6H^+ + 3e^- = Al^{3+} + 3H_2$	$E_h = 0.906\,3 + 0.019\,7lg[Al^{3+}] - 0.177pH$
2	$Al^{3+} + HF = AlF^{2+} + H^+$	$pH = 0.001\,07 + lg[Al^{3+}]/[AlF^{2+}]$
3	$Al^{3+} + 2HF = AlF_2^+ + 2H^+$	$pH = 0.000\,82 + 0.5lg[Al^{3+}]/[AlF_2^+]$
4	$Al^{3+} + 3HF = AlF_3 + 3H^+$	$pH = 0.000\,61 + 1/3lg[Al^{3+}]/[AlF_3]$
5	$Al^{3+} + 4HF = AlF_4^- + 4H^+$	$pH = 0.000\,43 + 0.25lg[Al^{3+}]/[AlF_4^-]$
6	$Al^{3+} + 5HF = AlF_5^{2-} + 5H^+$	$pH = 0.000\,23 + 0.2lg[Al^{3+}]/[AlF_5^{2-}]$
7	$Al^{3+} + 6HF = AlF_6^{3-} + 6H^+$	$pH = 0.000\,08 + 1/6lg[Al^{3+}]/[AlF_6^{3-}]$

序号	反应方程式	E_h-pH 关系式
8	$2AlF^{2+}+F_2+2e^-\Longrightarrow 2AlF_2^+$	$E_h = 0.459\ 9+0.029\ 55\lg[AlF^{2+}]^2/[AlF_2^+]^2$
9	$2AlF_2^++F_2+2e^-\Longrightarrow 2AlF_3$	$E_h = 0.437\ 5+0.029\ 55\lg[AlF_2^+]^2/[AlF_3]^2$
10	$2AlF_3+F_2+2e^-\Longrightarrow 2AlF_4^-$	$E_h = 0.420\ 1+0.029\ 55\lg[AlF_3]^2/[AlF_4^-]^2$
11	$2AlF_4^-+F_2+2e^-\Longrightarrow 2AlF_5^{2-}$	$E_h = 0.392\ 9+0.029\ 55\lg[AlF_4^-]/[AlF_5^{2-}]$
12	$2AlF_5^{2-}+F_2+2e^-\Longrightarrow 2AlF_6^{3-}$	$E_h = 0.387+0.029\ 55\lg[AlF_5^{2-}]^2/[AlF_6^{3-}]^2$
13	$F_2+2e^-\Longrightarrow 2F^-$	$E_h = 0.384\ 5+0.029\ 55\lg[F^-]^2$
14	$Al^{3+}+3F_2+6e^-\Longrightarrow AlF_6^{3-}$	$E_h = 1.294+0.009\ 85\lg[AlF_6^{3-}]$
15	$Al^{3+}+HF\Longrightarrow AlF^{2+}+H^+$	$pH=0.001\ 07+\lg[AlF^{2+}]/[Al^{3+}]$
15'	$AlF^{2+}+HF\Longrightarrow AlF_2^++H^+$	$pH=0.000\ 564+\lg[AlF_2^+]/[AlF^{2+}]$
16	$AlF_2^++HF\Longrightarrow AlF_3+H^+$	$pH=0.000\ 185+\lg[AlF_2^+]/[AlF_3]$
17	$AlF_3+HF\Longrightarrow AlF_4^-+H^+$	$pH=-0.000\ 11+\lg[AlF_3]/[AlF_4^-]$
18	$AlF_4^-+HF\Longrightarrow AlF_5^{2-}+H^+$	$pH=-0.000\ 592+\lg[AlF_4^-]/[AlF_5^{2-}]$
19	$AlF_5^{2-}+HF\Longrightarrow AlF_6^{3-}+H^+$	$pH=-0.000\ 667+\lg[AlF_5^{2-}]/[AlF_6^{3-}]$
20	$Al_2O_3+3F_2+6H^++12e^-\Longrightarrow 2AlF_6^{3-}+3H_2O$	$E_h = 7.738+0.004\ 925\lg[AlF_6^{3-}]-0.029\ 5pH$
21	$Al_2O_3+6H^++6e^-\Longrightarrow 2Al+3H_2O$	$E_h = 4.572-0.078\ 67pH$
22	$Al_2O_3+5H_2O\Longrightarrow 2Al(OH)_4^-+2H^+$	$pH=-0.113\ 995+0.5\lg[Al(OH)_4^-]^{-2}$
20'	$Al(OH)_2^++HF\Longrightarrow Al(OH)_2F+H^+$	$pH=-0.490\ 9+\lg[Al(OH)_2^+]/[Al(OH)_2F]$
21'	$Al(OH)_2^++2H^++3e^-\Longrightarrow Al+2H_2O$	$pH=0.072\ 43+\lg[Al(OH)_2^+]$
22'	$Al(OH)_4^-+HF\Longrightarrow Al(OH)_3F^-+H_2O$	$pH=-0.081\ 6+\lg[Al(OH)_4^-]/[Al(OH)_3F^-]$
23	$Al(OH)_4^-+4H^++3e^-\Longrightarrow Al+4H_2O$	$pH=0.041\ 55+0.25\lg[Al(OH)_4^-]$
24	$2HF\Longrightarrow HF_2^-+H^+$	$pH=0.002\ 88+\lg[HF]/[HF_2^-]$
25	$F_2+H^++2e^-\Longrightarrow HF_2^-$	$E_h = 0.435+0.029\ 55\lg P_{F_2}/[HF_2^-]-0.118pH$
26	$2F^-+H^+\Longrightarrow HF_2^-$	$pH=0.001\ 73+\lg[F^-]^{-2}/[HF_2^-]$

注：线 15 与 15'重合；20'、21'、22'为温度大于 200 ℃时发生的反应，低于 150 ℃时，反应按 20、21、22 进行。

当反应温度为 100 ℃、150 ℃、200 ℃时，需查阅热力学相关资料[113-117]，并根据化学反应方程式计算得到各反应温度下的反应吉布斯自由能及 lnK，再计算得到 E_h-pH 关系式，此处仅列出常温时关系式。

根据表 9-3，借助热力学软件 HSC Chemistry 5.11，分别绘制不同反应温度、反应压力下，石英热压浸出过程中的 Al-F-H₂O 系 E_h-pH 图，如图 9-15 所示。

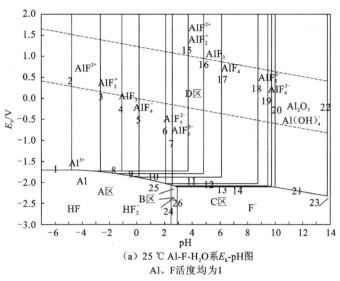

（a）25 ℃ Al-F-H₂O系E_h-pH图
Al、F活度均为1

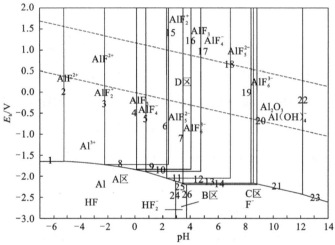

（b）100 ℃ Al-F-H₂O系E_h-pH图
Al、F活度均为1

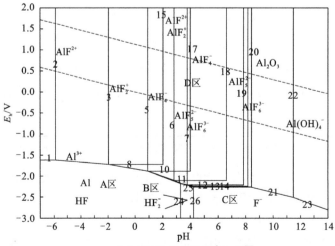

（c）150 ℃ Al-F-H₂O系E_h-pH图
Al、F活度均为1，压力为4.625 MPa

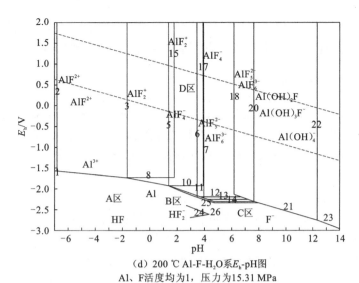

(d) 200 ℃ Al-F-H₂O系E_h-pH图

Al、F活度均为1，压力为15.31 MPa

图 9-15　热压浸出过程 Al-F-H₂O 系 E_h-pH 图

由图 9-15 可知，石英中含 Al 杂质矿物包裹体、晶格取代 Al 杂质可以在混合酸溶液中浸出去除；杂质元素 Al 在含 HF 的混合酸溶液中发生化学反应，生成一系列复杂的氟铝络合物，且在溶液中存在氟铝络合物的络合平衡。

Al-F-H₂O 系 E_h-pH 图中各热力学稳定区域主要分为如下几种。

1) 氟铝络合物稳定区

线 2、8、15 及 A、D 区之间的斜线构成的区域为 AlF^{2+} 稳定区。

线 3、8、15 所构成的长方形区域为 AlF_2^+ 稳定区。

线 4、9、16 所构成的长方形区域为 AlF_3 稳定区。

线 5、10、17 所构成的长方形区域为 AlF_4^- 稳定区。

线 6、11、18 所构成的长方形区域为 AlF_5^{2-} 稳定区。

线 6、11、18 所构成的长方形区域为 AlF_6^{3-} 稳定区。

氟铝络合物之间的平衡关系复杂，不同的氟铝络合物热力学稳定区互相重合，能互相共存，且由低 F 原子络合物逐渐转化为多 F 原子氟铝络合物；当 H^+ 浓度较高，pH 小于 -3 时，溶液中全部为 AlF^{2+}；随着 pH 升高，逐渐出现 AlF_2^+，且 AlF^{2+} 与 AlF_2^+ 在较大稳定区域内共存，AlF^{2+} 逐步转化为 AlF_2^+，在转化为 F 原子更多的氟铝络合物后，二者稳定区同时消失；常温常压下，随着 pH 升高，AlF^{2+} 与 AlF_2^+ 随着 pH 升高逐渐转化为 AlF_3，而 AlF_3 逐渐转化生成 AlF_4^-、AlF_5^{2-} 及 AlF_6^{3-}。

在热压浸出条件下，反应温度升高至 150 ℃ 及 200 ℃ 时，溶液中 AlF_3 无法稳定存在，瞬间转化为 AlF_4^-、AlF_5^{2-} 及 AlF_6^{3-}；AlF^{2+} 与 AlF_2^+ 则直接转化为 AlF_4^-、AlF_5^{2-} 及 AlF_6^{3-}。同时，氟铝络合物离子稳定区域向低 pH 区扩大，高 pH 区稳定区逐渐缩小，但缩小幅度不大。

2) 铝稳定区

图 9.15 中 A、B、C 区为 Al 的稳定区；D 区为 Al^{3+} 及其化合物稳定区。

线 1、2 及坐标轴之间的长方形区域为 Al^{3+} 稳定区，稳定区较小，且随着反应温度的升高进一步缩小；Al^{3+} 主要以氟铝络合物及铝的氟铝羟基络合物存在于浸出剂溶液中。

3）HF 电离产物稳定区

图 9.15 中 A、B 区为 HF 的稳定区；B 区为 HF_2^- 的稳定区；B、C 区为 F^- 稳定区；B 区可以解释 HF 水解电离反应现象，HF 在酸性水溶液中可以电离形成 H^+、F^-、HF_2^- 等离子，这些离子在 B 区可以共存，HF 与 F^- 分别在 A、C 区独立存在。D 区中，F^- 主要以氟铝络合物及铝的氟铝羟基络合物存在。

综上所述，热压浸出过程中，不同反应压力、反应温度条件下杂质元素 Al 的 Al-F-H_2O 系 E_h-pH 图研究表明，杂质 Al 元素在混合酸中多以氟铝络合物稳定存在，各络合物离子在 E_h-pH 图上共存，热力学稳定区多有重叠。AlF^{2+} 与 AlF_2^+ 随着 pH 升高逐渐转化为 AlF_3、AlF_4^-、AlF_5^{2-} 及 AlF_6^{3-}。随着反应温度升高，络合物离子重叠区域变小，而且 AlF_3 在热压浸出过程中不存在。

2. FeS_2-F-H_2O 系 E_h-pH 图

近些年，许多国内湿法冶金学者对黄铁矿、黄铅矿、硫化锌等硫化矿的湿法冶金机理进行了深入细致的研究[230-236]。昆明理工大学学者研究了 E_h-pH 图在硫化矿、氧化矿湿法冶金过程中的应用[234-236]。不少研究资料对 Fe 的湿法冶金过程中热力学行为进行了探讨，并绘制了 Fe-H_2O 系、FeS_2-H_2O 系、FeS_2-H_2SO_4-H_2O 系 E_h-pH 图[230-231, 233-236]，本书在前人研究[232-236] 基础上，研究并绘制出黄铁矿在含 HF 的混合酸溶液体系下的 FeS_2-F-H_2O 系 E_h-pH 图。

25 ℃时 FeS_2-F-H_2O 系各反应方程式的 E_h-pH 关系式如表 9-4 所示。

表 9-4　25 ℃时 FeS_2-F-H_2O 系各反应的 E_h-pH 关系式

序号	反应方程式	E_h-pH 关系式
a	$O_2+4H^++4e^-\rightleftharpoons 2H_2O$	$E_h=-1.688+0.019\,7\lg[Al^{3+}]$
b	$2H_2O+2e^-\rightleftharpoons H_2+2OH^-$	$E_h=-1.688+0.019\,7\lg[Al^{3+}]$
1	$Fe^{2+}+S+2e^-\rightleftharpoons FeS$	$E_h=0.113+0.029\,6\lg[Fe^{2+}]$
2	$Fe^{2+}+2S+2e^-\rightleftharpoons FeS_2$	$E_h=0.458+0.029\,6\lg[Fe^{2+}]$
3	$Fe^{2+}+2SO_4^{2-}+16H^++14e^-\rightleftharpoons FeS_2+8H_2O$	$E_h=0.308+0.059\,1\lg[Fe^{2+}]+\lg[Fe^{2+}]+0.047\,1\lg[SO_4^{2-}]$
4	$Fe^{3+}+e^-\rightleftharpoons Fe^{2+}$	$E_h=+0.769V$
5	$Fe^{3+}+HF\rightleftharpoons FeF^{2+}+H^+$	$pH=0.002\,47+\lg[Fe^{3+}]/[FeF^{2+}]$
6	$FeF^{2+}+HF\rightleftharpoons FeF_2^++H^+$	$pH=-0.001\,89+\lg[FeF^{2+}]/[FeF_2^+]$
7	$FeF_2^++HF\rightleftharpoons FeF_3+H^+$	$pH=-0.000\,087\,6+\lg[FeF_2^+]/[FeF_3]$
8	$FeF_2^++2H^+\rightleftharpoons Fe^{3+}+2HF$	$E_h=-0.138\,6+0.059\,1\lg[FeF_2]/[Fe^{3+}]-0.118pH$
9	$Fe^{3+}+3HF\rightleftharpoons FeF_3+3H^+$	$pH=-0.001\,89+\lg[Fe^{2+}]/[FeF_2]$
10	$Fe^{2+}+2e^-\rightleftharpoons Fe$	$E_h=-0.409-0.029\,6\lg[Fe^{2+}]$
11	$FeO+2H^+\rightleftharpoons Fe^{2+}+H_2O$	$E_h=\lg[Fe^{2+}]+2pH$
12	$Fe_2O_3+6H^++2e^-\rightleftharpoons 2Fe^{2+}+3H_2O$	$E_h=0.658+0.059\,2\lg[Fe^{2+}]-0.178pH$
13	$Fe_2O_3+6H^+\rightleftharpoons 2Fe^{3+}+3H_2O$	$E_h=0.24+0.333\lg[Fe^{3+}]$

序号	反应方程式	E_h-pH 关系式
14	$Fe_3O_4+8H^++2e^-$ ==== $3Fe^{2+}+4H_2O$	$E_h=0.88-0.088\lg[Fe^{2+}]-0.237pH$
15	$Fe_3O_4+8H^++8e^-$ ==== $3Fe+4H_2O$	$E_h=-0.086\,7-0.592pH$
16	$3Fe_2O_3+2H^++2e^-$ ==== $2Fe_3O_4+H_2O$	$E_h=0.214-0.592pH$
17	$Fe_2O_3+2H^++2e^-$ ==== $2FeO+H_2O$	$E_h=0.072\,5-0.592pH$
18	$S+2H^++2e^-$ ==== H_2S	$E_h=0.171-0.591pH-0.029\,5\lg P_{H_2S}$
19	$S+H^++2e^-$ ==== HS^-	$E_h=-0.065\,27-0.059\,1pH-0.029\,5\lg HS^-$
20	$SO_4^{2-}+H^+$ ==== HSO_4^-	$pH=1.91+\lg[SO_4^{2-}]-0.009\,8\lg[HSO_4^-]$
21	$HSO_4^-+7H^++6e^-$ ==== $S+4H_2O$	$E_h=0.338-0.069\,3pH-0.098\,1\lg[HSO_4^-]$
22	$SO_4^{2-}+8H^++6e^-$ ==== $S+4H_2O$	$E_h=0.357-0.078\,1pH-0.009\,8\lg[SO_4^{2-}]$
23	$SO_4^{2-}+8H^++8e^-$ ==== $S^{2-}+4H_2O$	$E_h=0.014\,8-0.059\,1pH-0.073\,9\lg[SO_4^{2-}]/[S^{2-}]$

根据上述化学反应方程式、电位 E_h、pH 计算式，在以 E_h 为 y 轴、pH 为 x 轴的平面坐标系中绘制 E_h-pH 图，如图 9-16 所示。

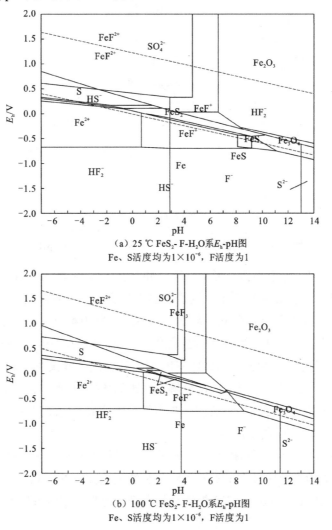

(a) 25 ℃ FeS_2- F-H_2O 系 E_h-pH 图
Fe、S 活度均为 $1×10^{-6}$，F 活度为 1

(b) 100 ℃ FeS_2- F-H_2O 系 E_h-pH 图
Fe、S 活度均为 $1×10^{-6}$，F 活度为 1

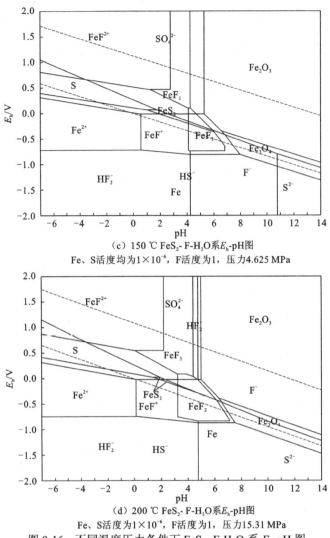

（c）150 ℃ FeS$_2$- F-H$_2$O系E_h-pH图

Fe、S活度均为1×10^{-6}，F活度为1，压力4.625 MPa

（d）200 ℃ FeS$_2$- F-H$_2$O系E_h-pH图

Fe、S活度为1×10^{-6}，F活度为1，压力15.31 MPa

图 9-16　不同温度压力条件下 FeS$_2$- F-H$_2$O 系 E_h-pH 图

　　由图 9-16 可知，正中央斜长形不规则、并标有 FeS$_2$ 字样的区域为黄铁矿热力学稳定区域；FeS$_2$-F-H$_2$O 系 E_h-pH 图中，黄铁矿热力学稳定区域面积较小[237-240]。25 ℃时，黄铁矿热力学稳定区主要分布在 pH 为-2.0～9.0、E_h 为-0.4～0.3 V，分解黄铁矿条件为 pH<-2.0；热压浸出过程中，随着反应温度升高、反应压力增加，黄铁矿热力学稳定区域逐步缩小，反应温度为 200 ℃、15.31 MPa 时，其稳定区域仅在 pH 为 1.4～4.7、E_h 为-0.1～0.25 V 的一个狭长三角形区域，分解黄铁矿的条件为 pH<1.4。由此可见，升高反应温度、增加反应压力，可以缩小黄铁矿热力学稳定区域，提高黄铁矿分解 pH，耗酸量更少，设备腐蚀小，分解黄铁矿更容易。

　　在混合酸溶液中，因存在 HF 分子，溶液中 Fe^{3+}热力学稳定区域全部被 FeF^{2+}、FeF$_3$ 所代替；Fe^{2+}热力学稳定区域在 pH 为 0.5～7.5 的区域被 FeF$^+$、FeF$_2$ 所取代。同时，温度及压力对溶液中 Fe^{2+}、Fe^{3+}及其氟铁络合物离子热力学稳定区域影响并不大。

9.4.2 杂质矿物分解动力学

确定化学反应速率及化学反应级数,能为研究化学反应动力学、浸出过程宏观动力学提供必要的参数。同第 4 章方法,将纯矿物钾长石、钠长石、白云母、黄铁矿的分解浸出作为研究对象,进行模拟杂质矿物混合酸热压浸出反应动力学研究。

钾长石、钠长石、白云母矿物分解反应,需分别准确称取粒径为 0.106～0.212 mm 的纯矿物样品(10.000 0±0.000 2)g,置于 80 mL 聚四氟乙烯反应容器中,加入 3 mol/L HCl、0.5 mol/L HNO₃,改变 HF 浓度,液固比为 3:1,反应温度为 220 ℃,并置于高温恒温烘箱内进行热压分解反应。黄铁矿分解反应采用 3 mol/L HCl、1.2 mol/L HF,改变 HNO₃浓度,液固比为 5:1,反应温度为 220 ℃,并置于高温恒温烘箱中进行热压分解反应。

纯矿物混合酸热压分解试验,待反应 6 h 后,迅速将反应釜从高温烘箱中取出,放入通风橱内盛满自来水的水浴锅内,迅速冷却,终止反应。快速冷却后,小心打开反应釜,取出反应釜内胆,并将内胆中反应溶液及样品取出,混合酸溶液置于指定的容器中,统一进行无害化处理;热压分解反应后的纯矿物样品,小心转入清洗洁净并润洗的培养皿中,于超净工作台内,用去离子水反复清洗 5～10 遍,至 pH 呈中性。烘干,在干燥器中冷却至室温,使用校准准确的万分之一精度的分析天平,准确称重,并计算质量损失 Δm。

根据式(9-6)～式(9-8),做 $\ln r$ 与 $\ln C_{HF}$ 或 $\ln C_{HNO_3}$ 的关系图,如图 9-17 所示。

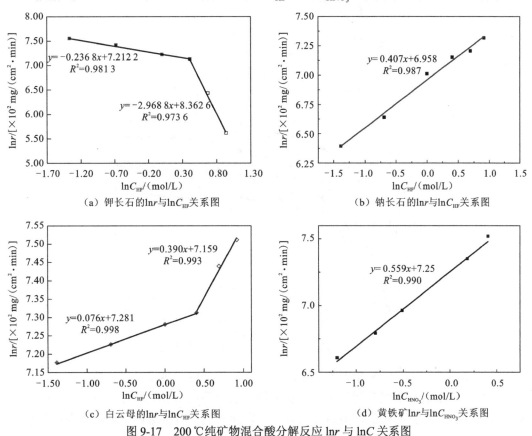

图 9-17　200 ℃纯矿物混合酸分解反应 $\ln r$ 与 $\ln C$ 关系图

由图 9-17 可知，200℃水热反应釜中，纯矿物钾长石、钠长石、白云母及黄铁矿与混合酸的反应要比 60℃时反应复杂得多。钠长石、黄铁矿与混合酸的反应相对简单，仍均属于一级化学反应，反应级数分别为 0.407、0.559。在热压浸出最佳工艺条件下，分解钠长石仅改变 HF 用量，分解黄铁矿仅改变 HNO_3 用量，钠长石与黄铁矿混合酸分解反应速度分别为 598.69 mg/$(cm^2 \cdot L)$、741.32 mg/$(cm^2 \cdot L)$。钾长石在石英热压浸出最佳工艺条件下分解，改变 HF 浓度时，其化学反应速度与 HF 浓度的关系如图 9-17（a）所示。钾长石分解反应复杂，为二级反应。

9.4.3 杂质元素浸出动力学

缩短反应时间间隔，进行反应浸出动力学研究，试验结果如图 9-18～图 9-20 所示。

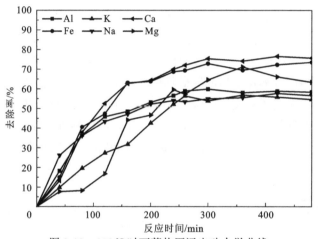

图 9-18　150℃时石英热压浸出动力学曲线

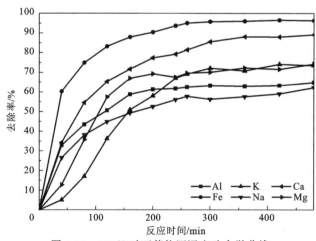

图 9-19　200℃时石英热压浸出动力学曲线

热压浸出不同于常温常压下的浸出反应，从常温常压、热压浸出试验样品 SEM 表征分析可知，常温常压混合酸浸出后，石英颗粒表面形成明显的腐蚀痕迹，混合酸作用留下大量腐蚀坑，分布密集，但腐蚀坑较小，颗粒表面仅有少数微细裂纹出现；而热压

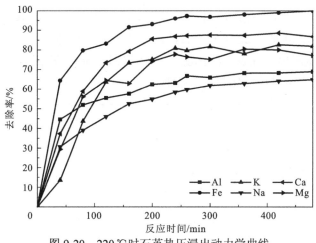

图 9-20　220℃时石英热压浸出动力学曲线

浸出后石英颗粒表面形成大量较大腐蚀坑，且遍布石英颗粒表面。同时，颗粒表面形成大量宽 1~8 μm 的裂缝，混合酸进入裂缝并扩散至颗粒内部接近未反应核部分，分解杂质矿物包裹体，加速并强化对杂质金属的浸出去除。

1. Al 浸出动力学

对不同温度下杂质金属元素 Al 去除率进行动力学模拟。线性相关性分析表明，Al 元素浸出过程符合 Avrami 模型，热压浸出过程动力学曲线如图 9-21 所示。

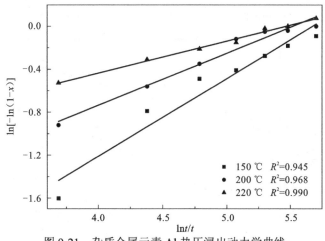

图 9-21　杂质金属元素 Al 热压浸出动力学曲线

反应温度为 150℃、200℃、220℃时，根据图 9-21 求得 n 值分别为 0.772、0.484、0.297。当热压浸出反应温度为 150℃时，$0.5 < n < 1$，混合酸开始吸附于石英颗粒表面，并通过石英表面微细裂隙，扩散进入石英颗粒内部，扩散与化学反应同时进行，二者速度相近，都能决定浸出过程。因此，浸出过程受扩散与化学反应联合控制。可通过升高反应温度增加杂质金属 Al 元素浸出。当热压浸出温度升高至 200℃、220℃时，$n < 0.5$，杂质矿物包裹体分解加快，浸出过程的化学反应速度随温度升高快速升高，化学反应阻力小于浸出剂内扩散阻力，热压浸出反应过程受内扩散控制。

根据上述各温度条件下热压浸出反应的化学反应速度常数 k，作 $\ln k$ 与 $1\,000/T$ 关系图，如图 9-22 所示。由图 9-22 可知，直线斜率为 $-7.005\,9$，根据阿伦尼乌斯方程，可求得杂质元素 Al 热压浸出过程表观活化能 $E_a = 58.247$ kJ/mol。在热压浸出过程中，Al 去除率随温度变化的动力学过程受化学反应控制。

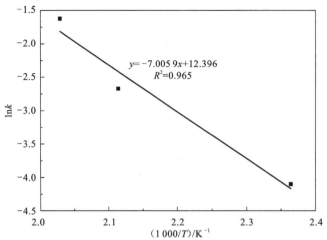

图 9-22　杂质金属元素 Al 热压浸出过程表观活化能曲线

2. Fe 浸出动力学

对不同温度条件下杂质金属元素 Fe 去除率进行动力学模拟。线性相关性分析表明，Fe 元素浸出过程符合 Avrami 模型，去除率 $\ln[-\ln(1-x)]$ 与 $\ln t$ 之间关系如图 9-23 所示。

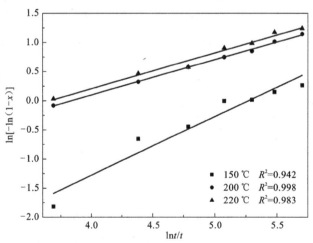

图 9-23　杂质金属元素 Fe 热压浸出动力学曲线

由图 9-23 可知，Fe 元素热压浸出过程符合 Avrami 模型，通过线性关系可求得热压浸出反应速度常数及 n 值。反应温度分别为 150 ℃、200 ℃、220 ℃时，n 值分别为 1.006、0.605、0.614。这表明，热压浸出反应温度为 150 ℃时，$n > 1$，反应初始速度接近 0，此时石英中黄铁矿矿物包裹体的氧化分解速度很慢，赤铁矿及其他铁氧化物在反应一开始与混合酸溶液迅速反应，受反应温度影响不大。当反应温度升高至 200 ℃、220 ℃时，$0.5 < n < 1$，反应初始速度升高，石英中含铁杂质矿物分解加快，黄铁矿矿物包裹体开始

氧化分解。在热压浸出过程中，化学反应阻力与内扩散阻力相当，热压浸出过程受内扩散与化学反应混合控制。

将图9-23所得$\ln k$值与$1\,000/T$作图，得到关系曲线如图9-24所示。由图9-24可知，直线斜率为-9.728，根据阿伦尼乌斯方程，可求得杂质金属元素Fe热压浸出过程表观活化能E_a=80.878 kJ/mol。根据浸出动力学理论，可知杂质金属元素Fe热压浸出过程受化学反应控制，这是由于反应温度为150℃时，含铁矿物包裹体分解速度慢，为决定热压浸出过程及控制反应速度的步骤。

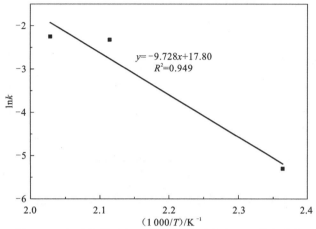

图9-24 杂质金属元素Fe热压浸出过程表观活化能曲线

3. K浸出动力学

不同温度条件下杂质金属元素K浸出过程符合Avrami模型，K元素浸出去除率$\ln[-\ln(1-x)]$与$\ln t$之间的关系如图9-25所示。由图9-25可知，K元素热压浸出过程符合Avrami模型，通过线性关系可求得热压浸出常数n值及反应速度常数$\ln k$值。反应温度为150℃、200℃、220℃时，n值分别为1.185、1.219、1.208，均大于1，表明杂质元素K热压浸出过程的反应初始速度几乎为0。纯矿物热压浸出分解反应化学动力学研究表明，钾长石随反应温度升高分解速度降低，升高反应温度对分解钾长石不利。

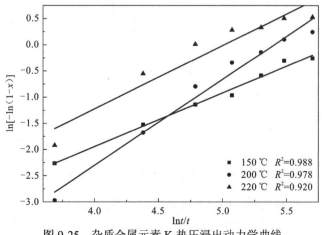

图9-25 杂质金属元素K热压浸出动力学曲线

将图 9-25 所得 ln$k$ 值与 1 000/T 作图，得到关系曲线如图 9-26 所示。由图 9-26 可知，直线斜率为 -2.409，根据阿伦尼乌斯方程，可求得杂质元素 K 热压浸出过程表观活化能 E_a=20.028 kJ/mol。根据浸出动力学理论，可知杂质元素 K 热压浸出过程受化学反应控制，这是由于提升反应温度，钾长石矿物包裹体分解反应初始速度接近 0，是热压浸出过程中速度最慢的步骤。

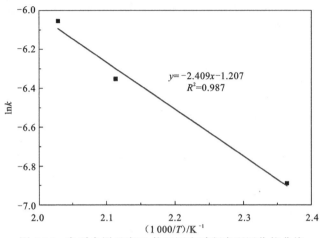

图 9-26　杂质金属元素 K 热压浸出过程表观活化能曲线

4. Na 浸出动力学

不同温度条件下杂质金属元素 Na 浸出过程符合 Avrami 模型，Na 元素去除率的 ln[-ln(1-x)] 与 ln$t$ 关系曲线如图 9-27 所示。由图 9-27 可知，Na 元素热压浸出过程符合 Avrami 模型，通过线性关系可求得热压浸出过程与反应机理相关的常数 n 值及反应速度常数 ln$k$ 值。反应温度分别为 150 ℃、200 ℃、220 ℃时，n 值分别为 0.500、0.504、0.492。

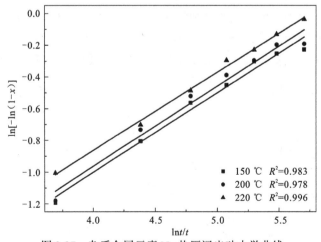

图 9-27　杂质金属元素 Na 热压浸出动力学曲线

根据动力学控制过程判断，n<0.5 时浸出受扩散控制，0.5<n<1 时浸出受化学反应和扩散联合控制。反应温度为 150 ℃、200 ℃、220 ℃时，n 值均约为 0.5，可见，Na 元素热压浸出过程内扩散阻力与化学反应阻力数值接近。反应温度大于 220 ℃时，随着反

应温度升高，化学反应速度加快，内扩散成为速度最慢的步骤；反应温度低于220℃时，热压浸出过程受化学反应和扩散联合控制。反应温度高于 220℃，是 Na 元素热压浸出反应去除过程中提高去除率的关键。

将图 9-27 所得 ln$k$ 值与 1 000/T 作图，得到关系曲线如图 9-28 所示。由图 9-28 可知，直线斜率为-0.427，根据阿伦尼乌斯方程，可求得杂质金属元素 Na 热压浸出过程表观活化能 E_a=3.55 kJ/mol。

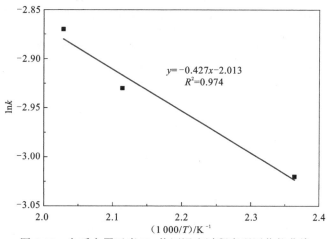

图 9-28　杂质金属元素 Na 热压浸出过程表观活化能曲线

5. Ca 浸出动力学

反应温度不同时，杂质金属元素 Ca 去除率差异较大，对杂质 Ca 元素去除率进行动力学模拟，线性相关性分析表明，Ca 元素浸出过程符合内扩散控制模型，其内扩散控制模型曲线如图 9-29 所示。

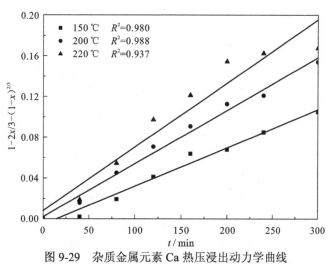

图 9-29　杂质金属元素 Ca 热压浸出动力学曲线

由图 9-29 可知，杂质金属元素 Ca、Fe 去除过程近似内扩散控制模型。图 9-29 中各动力学曲线不经过原点，反应温度为 150℃、200℃时，动力学模型拟合曲线线性相关性较高，反应温度升至 220℃时，线性相关性反而变差。表明杂质元素 Ca 热压浸出纯化过程并不完全受内扩散控制，这与杂质元素 Ca 在石英中的赋存状态关系密切。石英中，Ca 主要存在于透辉石、白云母等包裹体中，透辉石与白云母在混合酸溶液中分解反应复杂，属二级反应，并有新物相生成。因此杂质元素 Ca 热压浸出纯化动力学过程并不是简单的内扩散控制动力学过程。

由上述不同反应温度动力学模拟计算结果，根据阿伦尼乌斯方程，可计算得到杂质 Ca 元素去除过程表观活化能，如图 9-30 所示。由图 9-30 可知，直线斜率为-0.464，根据阿伦尼乌斯方程，可求得杂质元素 Ca 热压浸出过程表观活化能 E_a=3.858 kJ/mol，接近 4 kJ/mol，可大致认为反应过程受内扩散控制。

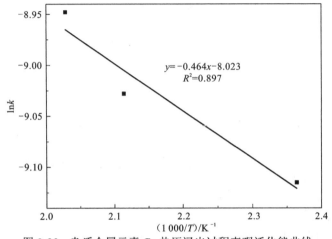

图 9-30　杂质金属元素 Ca 热压浸出过程表观活化能曲线

6. Mg 浸出动力学

不同温度条件下，杂质金属元素 Mg 的浸出动力学模拟曲线线性相关性分析表明，Mg 元素浸出过程符合 Avrami 模型，Mg 元素去除率 $\ln[-\ln(1-x)]$ 与 $\ln t$ 之间的关系如图 9-31 所示。由图 9-31 可知，Mg 元素热压浸出过程符合 Avrami 模型，通过线性关系可求得热压浸出过程与反应机理有关的常数 n 值及反应速度常数的 $\ln k$ 值。由图 9-31 可知，反应温度分别为 150℃、200℃、220℃时，n 值分别为 1.487、1.097、0.492。Mg 元素热压浸出过程：当反应温度为 150℃、200℃时，$n>1$，石英中含 Mg 矿物包裹体与混合酸分解反应初始速度接近 0，分解速度很慢，浸出受化学反应控制；当反应温度增至 220℃时，$n<0.5$，反应温度升高，反应釜内压力、混合酸中各浸出剂分子（离子）反应活性增强，化学反应速度迅速升高，化学反应阻力小于内扩散阻力，浸出过程受内扩散控制。

将图 9-31 所得 $\ln k$ 值与 1000/T 作图，得到关系曲线如图 9-32 所示。由图 9-32 可知，直线斜率为-15.31，根据阿伦尼乌斯方程，可求得杂质元素 Mg 热压浸出过程表观活化能 E_a=127.287 kJ/mol。根据浸出动力学理论，可知杂质元素 Mg 热压浸出过程受化学反应控制，这是由于反应温度为 150℃、200℃、220℃时，含 Mg 杂质矿物包裹体分解反应初始速度接近 0，反应速度慢，是决定热压浸出过程及控制反应速度的步骤。

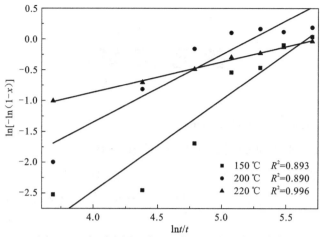

图 9-31 杂质金属元素 Mg 热压浸出动力学曲线

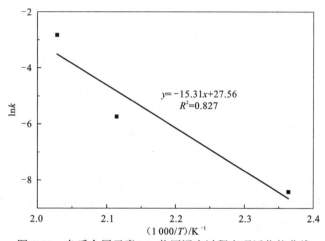

图 9-32 杂质金属元素 Mg 热压浸出过程表观活化能曲线

参 考 文 献

[1] 王嘉荫. 石英[M]. 北京: 地质出版社, 1956.

[2] 白玉章. 石英玻璃生产[M]. 北京: 中国建筑工业出版社, 1985.

[3] 王泽杭. 用硅石生产高纯石英粉新技术[J]. 中国建材, 2001(11): 75-77.

[4] 汪灵, 李彩侠, 王艳, 等. 我国高纯石英加工技术现状与发展建议[J]. 矿物岩石, 2011, 31(4): 110-114.

[5] FORDEL C. 二氧化硅矿物[M]. 王文魁, 译. 武汉: 中国地质大学出版社, 1985.

[6] 王濮, 潘兆橹, 翁玲宝. 系统矿物学(上册)[M]. 北京: 地质出版社, 1982.

[7] 潘兆橹, 万朴. 应用矿物学[M]. 武汉: 武汉工业大学出版社, 1993.

[8] 南京大学地质系岩矿教研室. 结晶学与矿物学[M]. 北京: 地质出版社, 1978.

[9] GÖTZE J. Chemistry, textures and physical properties of quartz-geological interpretation and technical application[J]. Mineralogical Magazine, 2009, 73(4): 645-671.

[10] MASCHMEYER D, LEHMANN G. A trapped-hole center causing rose coloration of natural quartz[J]. Zeitschrift für Kristallographie, 1983, 163(3-4): 181-196.

[11] MÜLLER A, KOCH-MÜLLER M. Hydrogen speciation and trace element contents of igneous, hydrothermal and metamorphic quartz from Norway[J]. Mineralogical Magazine, 2009, 73(4): 569-583.

[12] KLEMD R. Mineralogie[M]. Berlin: Springer, 2005.

[13] GÖTZE J. Quartz: Deposits, mineralogy and analytics[M]. Berlin: Springer, 2012.

[14] STERNERS M, BODNAR R J. Synthetic fluid inclusions: VII. Re-equilibration of fluid inclusions in quartz during laboratory simulated metamorphic burial and uplift[J]. Journal of Metamorphic Geology, 1989, 7(2): 243-260.

[15] PERNY B, EBERHARDT P, RAMSEYER K, et al. Microdistribution of Al, Li, and Na in α-quartz: Possible causes and correlation with short-lived cathodoluminescence[J]. American Mineralogist, 1992, 77(6): 534-544.

[16] KERKHOF A M, HEIN U F. Fluid inclusion petrography[J]. Lithos, 2001, 55(1): 27-47.

[17] HAUS R. High demands on high purity[J]. Industrial Minerals, 2005, 10: 62-67.

[18] MÜLLER A, KRONZ A, BREITER K. Trace elements and growth patterns in quartz: A fingerprint of the evolution of the subvolcanic Podlesí Granite System (Krušne hory Mts., Czech Republic)[J]. Bulletin of the Czech Geological Survey, 2002, 77(2): 135-145.

[19] HAUS R, PRINZ S, PRIESS C. Quartz: Deposits, mineralogy and analytics[M]. Berlin: Springer, 2012.

[20] 韩宪景. 超高纯石英砂深加工生产[J]. 国外金属矿选矿, 1987(7): 31-32.

[21] SEIFERT W, RHEDE D, THOMAS R, et al. Distinctive properties of rock-forming blue quartz: Inferences from a multi-analytical study of submicron mineral inclusions[J]. Mineralogical Magazine, 2011, 75(4): 2519-2534.

[22] PARKER R B. Blue quartz from the Wind River Range Wyoming[J]. American Mineralogist, 1962, 47: 1201-1202.

[23] PACNS J B. Origin and significance of blue coloration in quartz from Llano rhyolite (llanite), north-central Llano County, Texas[J]. American Mineralogist, 1988, 73: 313-323.

[24] MÜLLER A, LENNOX P, TRZEBSKI R. Cathodoluminescence and micro-structural evidence for crystallization and deformation processes of granites in the Eastern Lachlan Fold Belt (SE Australia)[J]. Contributions to Mineralogy and Petrology, 2002, 143(4): 510-524.

[25] HEYNKE U, LEEDER O, SCHULZ H. On distinguishing quartz of hydrothermal or metamorphogenic origin in different monomineralic veins in the eastern part of Germany[J]. Mineralogy and Petrology, 1992, 46(4): 315-329.

[26] MCLAREN A C, COOK R F, HYDE S T, et al. The mechanism of the formation and growth of water bubbles and associated dislocation loops in synthetic quartz[J]. Physics and Chemistry of Minerals, 1983, 9: 79-94.

[27] DENNEN W H. Stoichiometric substitution in natural quartz[J]. Geochimica et Cosmochimica Acta, 1966, 30(12): 1235-1241.

[28] 洪璐, 金小宁. 高纯石英玻璃原料[C]// 第四届高新技术用硅质材料及石英制品技术与市场研讨会论文集, 2006: 96-100.

[29] YILDIRIM K, CHO H, AUSTIN L G. The modeling of dry grinding of quartz in tumbling media mills[J]. Powder Technology, 1999, 105(1): 210-221.

[30] DAL MARTELLO E, BERNARDIS S, LARSEN R B, et al. Electrical fragmentation as a novel route for the refinement of quartz raw materials for trace mineral impurities[J]. Powder Technology, 2012, 224: 209-216.

[31] PALANIANDY S, AZIZI MOHD AZIZLI K, HUSSIN H, et al. Mechanochemistry of silica on jet milling[J]. Journal of Materials Processing Technology, 2008, 205(1): 119-127.

[32] MOSKOWITZ J P. Method and apparatus for making high purity silica powder by ball milling: US 10/351035[P]. 2003-01-24.

[33] KOVALCHUK B M, KHARLOV A V, VIZIR V A, et al. High-voltage pulsed generator for dynamic fragmentation of rocks[J]. Review of Scientific Instruments, 2010, 81(10): 103506.

[34] 刘建辉, 刘敦一, 张玉海, 等. 岩石样品破碎新方法: SelFrag 高压脉冲破碎仪[J]. 岩石矿物学杂志, 2012, 31(5): 767-770.

[35] EL-SHALL H, VIDANAGE S, SOMASUNDARAN P. Grinding of quartz in amine solutions[J]. International Journal of Mineral Processing, 1979, 6(2): 105-117.

[36] RAHIMI M, DEHGHANI F, REZAI B, et al. Influence of the roughness and shape of quartz particles on

their flotation kinetics[J]. International Journal of Minerals, Metallurgy, and Materials, 2012, 19(4): 284-289.

[37] 张福忠. 石英提纯应用的 DG 型磁选机与 SXG 型擦洗机[J]. 化工矿山技术, 1995, 24(5): 26-27.

[38] 张宇平, 黄可龙, 刘素琴. 反浮选法分离粉石英和斜绿泥石及其机理[J]. 中南大学学报(自然科学版), 2007, 38(2): 285-290.

[39] 银锐明, 陈琳璋, 侯清麟, 等. 金属镁离子活化石英浮选的机理研究[J]. 功能材料, 2013, 44(15): 2193-2196.

[40] 石云良, 邱冠周, 胡岳华, 等. 石英浮选中的表面化学反应[J]. 矿冶工程, 2001, 21(3): 43-48.

[41] 张杰, 王维清, 董发勤, 等. 锂辉石浮选尾矿中长石和石英浮选分离[J]. 非金属矿, 2013, 36(3): 26-28.

[42] 于福顺. 石英长石无氟浮选分离工艺研究现状[J]. 矿产保护与利用, 2005(3): 52-54.

[43] 罗清平. 红柱石与石英浮选分离的研究[J]. 有色金属(选矿部分), 1990(6): 19-21.

[44] 闫勇, 赵长峰, 黎德玲, 等. 石英与钠长石浮选分离的研究[J]. 矿物学报, 2009, 29(2): 196-200.

[45] 张予钊, 梁燕文. 无氟浮选工艺影响因素及机理[J]. 非金属矿, 1989, 6: 6-7.

[46] 陈雯, 曹佳宏, 罗立群. 无氟少酸浮选分离石英与长石的试验研究[J]. 矿冶工程, 2003, 23(3): 35-37.

[47] 李萍, 汪灵, 范博文, 等. 丁基黄药用作沐川黄丹石英砂岩浮选除铁提纯捕收剂的试验研究[J]. 非金属矿, 2011, 34(1): 29-32.

[48] 丁亚卓, 卢冀伟, 印万忠, 等. 低品位石英矿浮选提纯的试验研究[J]. 金属矿山, 2009, 5: 84-87.

[49] MALGHAN S G. Effect of process variables in feldspar flotation using non-hydrofluoric acid system[J]. Mining Engineering, 1981, 33(11): 1616-1623.

[50] GURPINAR G, SONMEZ E, BOZKURT V. Effect of ultrasonic treatment on flotation of calcite, barite and quartz[J]. Mineral Processing and Extractive Metallurgy, 2004, 113(2): 91-95.

[51] ÇINAR M, ŞAHBAZ O, ÇINAR F, et al. Effect of Jameson cell operating variables and design characteristics on quartz-dodecylamine flotation system[J]. Minerals Engineering, 2007, 20(15): 1391-1396.

[52] SEKULIĆ Ž, CANIĆ N, BARTULOVIĆ Z, et al. Application of different collectors in the flotation concentration of feldspar, mica and quartz sand[J]. Minerals Engineering, 2004, 17(1): 77-80.

[53] VIDYADHAR A, HANUMANTHA R K. Adsorption mechanism of mixed cationic/anionic collectors in feldspar-quartz flotation system[J]. Journal of Colloid and Interface Science, 2007, 306(2): 195-204.

[54] VIDYADHAR A, RAO K H, FORSSBERG K S E. Adsorption of N -tallow 1, 3-propanediamine-dioleate collector on albite and quartz minerals, and selective flotation of albite from greek stefania feldspar ore[J]. Journal of Colloid and Interface Science, 2002, 248(1): 19-29.

[55] BIRINCI M, MILLER J D, SARIKAYA M, et al. The effect of an external magnetic field on cationic flotation of quartz from magnetite[J]. Minerals Engineering, 2010, 23(10): 813-818.

[56] ENGLERT A H, RODRIGUES R T, RUBIO J. Dissolved air flotation (DAF) of fine quartz particles using an amine as collector[J]. International Journal of Mineral Processing, 2009, 90(1): 27-34.

[57] VIEIRA A M, PERES A E C. The effect of amine type, pH, and size range in the flotation of quartz[J]. Minerals Engineering, 2007, 20(10): 1008-1013.

[58] MASSEY W T, HARRIS M C, DEGLON D A. The effect of energy input on the flotation of quartz in an oscillating grid flotation cell[J]. Minerals Engineering, 2012, 36: 145-151.

[59] 田金星. 高纯石英砂的提纯工艺研究[J]. 中国矿业, 1999, 8(3): 26-31.

[60] 林康英, 洪金庆, 汤培平, 等. 太阳能硅制备过程湿法提纯 SiO$_2$ 的工艺优化[J]. 精细化工, 2011, 12(28): 1194-1198.

[61] 林康英, 汤培平, 游淳毅, 等. 湿法提纯石英过程的动力学研究[J]. 厦门大学学报(自然科学版), 2012, 51(3): 14-15.

[62] KHALIFA M, HAJJI M, EZZAOUIA H. Impurity removal process for high-purity silica production by acid leaching[C]// EPJ Web of Conferences, EDP Sciences, 2012, 29: 10-14.

[63] LEE K Y, YOON Y Y, JEONG S B, et al. Acid leaching purification and neutron activation analysis of high purity silicas[J]. Journal of Radioanalytical and Nuclear Chemistry, 2009, 282(2): 629-633.

[64] LI J, LI X, SHEN Q, et al. Further purification of industrial quartz by much milder conditions and a harmless method[J]. Environmental Science and Technology, 2010, 44(19): 7673-7677.

[65] FARMER A D, COLLINGS A F, JAMESON G J. Effect of ultrasound on surface cleaning of silica particles[J]. International Journal of Mineral Processing, 2000, 60(2): 101-113.

[66] FARMER A D, COLLINGS A F, JAMESON G J. The application of power ultrasound to the surface cleaning of silica and heavy mineral sands[J]. Ultrasonics Sonochemistry, 2000, 7(4): 243-247.

[67] LEE S O, TRAN T, JUNG B H, et al. Dissolution of iron oxide using oxalic acid[J]. Hydrometallurgy, 2007, 87(3): 91-99.

[68] LEE S O, TRAN T, PARK Y Y, et al. Study on the kinetics of iron oxide leaching by oxalic acid[J]. International Journal of Mineral Processing, 2006, 80(2): 144-152.

[69] VEGLIO F, PASSARIELLO B, BARBARO M, et al. Drum leaching tests in iron removal from quartz using oxalic and sulphuric acids[J]. International Journal of Mineral Processing, 1998, 54(3): 183-200.

[70] VEGLIO F, PASSARIELLO B, ABBRUZZESE C. Iron removal process for high-purity silica sands production by oxalic acid leaching[J]. Industrial and Engineering Chemistry Research, 1999, 38(11): 4443-4448.

[71] MARTÍNEZ-LUÉVANOS A, RODRÍGUEZ-DELGADO M G, URIBE-SALAS A, et al. Leaching kinetics of iron from low grade kaolin by oxalic acid solutions[J]. Applied Clay Science, 2011, 51(4): 473-477.

[72] TAXIARCHOU M, PANIAS D, DOUNI I, et al. Removal of iron from silica sand by leaching with oxalic acid[J]. Hydrometallurgy, 1997, 46(1): 215-227.

[73] PANIAS D, TAXIARCHOU M, PASPALIARIS I, et al. Mechanisms of dissolution of iron oxides in aqueous oxalic acid solutions[J]. Hydrometallurgy, 1996, 42(2): 257-265.

[74] LALITHAMBIKA M. Effect of organic acids on ferric iron removal from iron-stained kaolinite[J]. Applied Clay Science, 2000, 16(3): 133-145.

[75] LORITSCH K B, JAMES R D. Purified quartz and process for purifying quartz: US 5037625[P]. 1991-08-06.

[76] DU X, ZENG Z, YUAN H, et al. High vacuum in-situ refining method for high-purity materials and an apparatus thereof: US 7753987[P]. 2010-07-13.

[77] SARKAR M, DONNE S W, EVANS G M. Utilization of hydrogen in electroflotation of silica[J]. Advanced Powder Technology, 2011, 22(4): 482-492.

[78] SARKAR M, DONNE S W, EVANS G M. Hydrogen bubble flotation of silica[J]. Advanced Powder Technology, 2010, 21(4): 412-418.

[79] SARKAR M, DONNE S W, EVANS G M. Hydrogen utilization in electroflotation of silica at varying solids concentration[C]//Chemeca 2010: Engineering at the Edge. 26-29 September 2010, Hilton Adelaide, South Australia: 2465-2474.

[80] KOHP T L, SCHWARZ M P. CFD modelling of bubble-particle attachments in flotation cells[J]. Minerals Engineering, 2006, 19(6-8): 619-626.

[81] AULICH H, EISENRITH K H, SCHULZE F W, et al. Method for producing high purity Si for solar cells: US 4460556[P]. 1984-07-17.

[82] LAVENDER M D, BERNARD V F H. Treatment of sand: UK 2111035 A[P]. 1983-07-29.

[83] CHAKRAVORTTY M, SRIKANTH S. Kinetics of salt roasting of chalcopyrite using KCl[J]. Thermochimica Acta, 2000, 362(1): 25-35.

[84] 颜群轩. 锂云母中有价金属的高效提取研究[D]. 长沙: 中南大学, 2012.

[85] KHALIFA M, HAJJI M, EZZAOUIA H. An efficient method combining thermal annealing and acid leaching for impurities removal from silica intended for photovoltaic application[J]. Bulletin of Materials Science, 2013, 36(6): 1097-1101.

[86] ŠTYRIAKOVÁ I, MOCKOVČIAKOVÁ A, ŠTYRIAK I, et al. Bioleaching of clays and iron oxide coatings from quartz sands[J]. Applied Clay Science, 2012, 61: 1-7.

[87] XIA G H, LU M, SU X L, et al. Iron removal from kaolin using thiourea assisted by ultrasonic wave[J]. Ultrasonics Sonochemistry, 2012, 19(1): 38-42.

[88] HOU Q L, LI J, YIN R M, et al. Study on gas-liquid inclusions in quartz sand under microwave field[J]. Advanced Materials Research, 2012, 2044(12): 706-709.

[89] ARSLAN V, BAYAT O. Iron removal from Turkish quartz sand by chemical leaching and bioleaching[J]. Mining, Metallurgy and Exploration, 2009, 26(1): 35-40.

[90] 张思华. 扩散激活能的尺寸效应[D]. 长春: 吉林大学, 2004.

[91] ZHANG Y, VELBEL M A. Geochemical kinetics[J]. Physics Today, 2009, 62(9): 53-54.

[92] ZHANG Y. Diffusion in minerals and melts: Theoretical background[J]. Reviews in Mineralogy and Geochemistry, 2010, 72(1): 5-59.

[93] 张克立. 固体无机化学[M]. 武汉: 武汉大学出版社, 2004: 245-246.

[94] GANGULY J. Cation diffusion kinetics in aluminosilicate garnets and geological applications[J]. Reviews in Mineralogy and Geochemistry, 2015, 72(1): 559-601.

[95] LASAGA A C. Kinetic theory in the earth sciences[M]. Princeton: Princeton University Press, 2014: 446-496.

[96] BAKER D R. Tracer versus trace element diffusion: Diffusional decoupling of Sr concentration from Sr isotope composition[J]. Geochimica et Cosmochimica Acta, 1989, 53(11): 3015-3023.

[97] ZHANG Y X, NI H W, CHEN Y. Diffusion data in silicate melts[J]. Reviews in Mineralogy and Geochemistry, 2010, 72(1): 311-408.

[98] DOREMUS ROBERT H. Diffusion of water in silica glass[J]. Journal of Materials Research, 1995, 10(9): 2379-2389.

[99] TRIAL A F, SPERA F J. Measuring the multicomponent diffusion matrix: Experimental design and data analysis for silicate melts[J]. Geochimica et Cosmochimica Acta, 1994, 58(18): 3769-3783.

[100] CRANK J. The mathematics of diffusion[M]. Oxford: Clarendon Press, 1975: 2-5.

[101] GÖTZE J, MÖCKEL R. Quartz: Deposits, mineralogy and analytics[M]. Berlin: Springer, 2012.

[102] CHERNIAK D J, WATSON E B, WARK D A. Ti diffusion in quartz[J]. Chemical Geology, 2007, 236(1): 65-74.

[103] PANKRATH R, FLÖRKE O W. Kinetics of Al-Si exchange in low and high quartz: Calculation of Al diffusion coefficients Kinetics of Al-Si exchange in low and high quartz: calculation of Al diffusion coefficients[J]. European Journal of Mineralogy, 1994, 6: 435.

[104] BÉJINA F, JAOUL O. Silicon diffusion in silicate minerals[J]. Earth and Planetary Science Letters, 1997, 153(3): 229-238.

[105] XU T, ZHENG L, WANG K, et al. Unified mechanism of intergranular embrittlement based on non-equilibrium grain boundary segregation[J]. International Materials Reviews, 2013, 58(5): 263-295.

[106] XU T. Kinetics of non-equilibrium grain-boundary segregation induced by applied tensile stress and its computer simulation[J]. Scripta Materialia, 2002, 46(11): 759-763.

[107] 刘粤惠, 刘平安. X射线衍射分析原理与应用[M]. 北京: 化学工业出版社, 2003.

[108] 孙传尧, 印万忠. 硅酸盐矿物浮选原理[M]. 北京: 科学出版社, 2001.

[109] 杨军. 太阳能电池国外信息及硅材料市场情况介绍[C]// 中国(无锡)绿色建筑, 光伏技术(BIPV)高层论坛暨尚德第三届太阳能光伏产品技术交流会论文集, 2005: 80-99.

[110] 张泾生, 阙煊兰. 矿用药剂(下卷)[M]. 北京: 冶金工业出版社, 2008.

[111] 闫旭, 张猛, 吴倩倩, 等. 湿法冶金新工艺新技术及设备选型应用手册[M]. 北京: 冶金工业出版

社, 2006.

[112] 马荣骏. 湿法冶金原理[M]. 北京: 冶金工业出版社, 2007.

[113] 叶大伦, 胡建华. 实用无机物热力学数据手册[M]. 2 版. 北京: 冶金工业出版社, 2002.

[114] 王海川, 董元篪. 冶金热力学数据测定与计算方法[M]. 北京: 冶金工业出版社, 2005.

[115] 梁英教, 车萌昌, 刘晓霞, 等. 无机物热力学数据手册[M]. 沈阳: 东北大学出版社, 1993.

[116] 黎海雁, 韩勇. 化学选矿[M]. 长沙: 中南工业大学出版社, 1989.

[117] 伊赫桑. 纯物质热化学数据手册(上卷)[M]. 程乃良, 牛四通, 徐桂英, 等, 译. 北京: 科学出版社, 2003.

[118] 闫旭, 张猛, 吴倩倩, 等. 湿法冶金新工艺详解与新技术开发及创新应用手册[M]. 北京: 中国知识出版社, 2005.

[119] 林传仙, 白正华, 张哲儒, 等. 矿物及有关化合物热力学数据手册[M]. 北京: 科学出版社, 1985.

[120] 蒋汉瀛. 湿法冶金过程物理化学[M]. 北京: 冶金工业出版社, 1984.

[121] 梅光贵, 钟竹前. 湿法冶金新工艺[M]. 长沙: 中南工业大学出版社, 1994.

[122] 陈家镛. 湿法冶金手册[M]. 北京: 冶金工业出版社, 2005.

[123] 亚诺什. 络合平衡的分析应用[M]. 刘士斌, 译. 长春: 吉林大学出版社, 1987.

[124] 谢刚, 于占良, 赵群, 等. 冶金溶液热力学原理及应用[M]. 北京: 科学出版社, 2013.

[125] TERRY B. The acid decomposition of silicate minerals part I: Reactivities and modes of dissolution of silicates[J]. Hydrometallurgy, 1983, 10(2): 135-150.

[126] TERRY B. The acid decomposition of silicate minerals part II: Hydrometallurgical applications[J]. Hydrometallurgy, 1983, 10(2): 151-171.

[127] FOGLER H S, LUND K, MCCUNE C C. Acidization III: The kinetics of the dissolution of sodium and potassium feldspar in HF/HCl acid mixtures[J]. Chemical Engineering Science, 1975, 30(11): 1325-1332.

[128] 苏英, 周永恒, 黄武, 等. 石英玻璃与 HF 酸反应动力学研究[J]. 硅酸盐学报, 2004, 32(3): 287-293.

[129] LUND K, FOGLER H S, MCCUNE C C. Acidization I: The dissolution of dolomite in hydrochloric acid[J]. Chemical Engineering Science, 1973, 28(3): 691-701.

[130] LUND K, FOGLER H S, MCCUNE C C, et al. Acidization II: the dissolution of calcite in hydrochloric acid[J]. Chemical Engineering Science, 1975, 30(8): 825-835.

[131] HEKIM Y, FOGLER H S. Acidization VI: On the equilibrium relationships and stoichiometry of reactions in mud acid[J]. Chemical Engineering Science, 1977, 32(1): 1-9.

[132] DIETZEL M. Dissolution of silicates and the stability of polysilicic acid[J]. Geochimica et Cosmochimica Acta, 2000, 64(19): 3275-3281.

[133] 张祥麟. 络合物化学[M]. 北京: 冶金工业出版社, 1979.

[134] 孙来九. 磷矿与钾长石酸法生产磷钾复合肥料的研究[J]. 西北大学学报(自然科学版), 1981, 1:

9-15.

[135] 马鸿文, 王英滨, 王芳, 等. 硅酸盐体系的化学平衡: (2)反应热力学[J]. 现代地质, 2006, 20(3): 159-164.

[136] 薛彦辉, 杨静. 钾长石低温烧结法制钾肥[J]. 非金属矿, 2000, 23(1): 19-21.

[137] 黄来法, 张利芳, 张光荣. 硫酸分解钾长石磷矿萤石混矿的试验研究[J]. 无机盐工业, 1985(4): 10-13.

[138] 赖兴运, 于炳松, 陈军元, 等. 碎屑岩骨架颗粒溶解的热力学条件及其在克拉 2 气田的应用[J]. 中国科学(D 辑: 地球科学), 2004, 34(1): 45-53.

[139] HELLMANN R, TISSERAND D. Dissolution kinetics as a function of the Gibbs free energy of reaction: An experimental study based on albite feldspar[J]. Geochimica et Cosmochimica Acta, 2006, 70(2): 364-383.

[140] 黄可可, 黄思静, 佟宏鹏, 等. 长石溶解过程的热力学计算及其在碎屑岩储层研究中的意义[J]. 地质通报, 2009, 28(4): 474-482.

[141] 赵海玲, 王成, 刘振文, 等. 火山岩储层斜长石选择性溶蚀的岩石学特征和热力学条件[J]. 地质通报, 2009, 28(4): 412-419.

[142] STILLINGS L L, BRANTLEY S L. Feldspar dissolution at 25 ℃ and pH 3: Reaction stoichiometry and the effect of cations[J]. Geochimica et Cosmochimica Acta, 1995, 59(8): 1483-1496.

[143] SCHEPERS A, MILSCH H. Dissolution-precipitation reactions in hydrothermal experiments with quartz-feldspar aggregates[J]. Contributions to Mineralogy and Petrology, 2013, 165(1): 83-101.

[144] 王宝峰. 砂岩基质酸化中土酸与铝硅酸盐的化学反应研究[D]. 北京: 清华大学, 1999.

[145] 王宝峰, 赵忠扬, 薛芳渝. 砂岩基质酸化中的化学平衡研究[J]. 西南石油学院学报, 2000, 22(2): 57-61.

[146] 李年银, 赵立强, 刘平礼, 等. 多氢酸酸化技术及其应用[J]. 西南石油大学学报(自然科学版), 2009, 31(6): 84-89.

[147] 郭春平, 周健, 文小强, 等. 锂云母硫酸盐法提锂研究[J]. 无机盐工业, 2014, 46(3): 41-44.

[148] 黄珂, 王光龙. 钾长石低温提钾工艺的机理探讨[J]. 化学工程, 2012, 40(5): 57-60.

[149] MARTÍNEZ-LUÉVANOS A, RODRÍGUEZ-DELGADO M G, URIBE-SALAS A, et al. Leaching kinetics of iron from low grade kaolin by oxalic acid solutions[J]. Applied Clay Science, 2011, 51(4): 473-477.

[150] 杨晓光, 侯书恩, 靳洪允, 等. 不同试剂对超细金刚石提纯效果的影响[J]. 金刚石与磨料磨具工程, 2008(1): 43-46.

[151] 雷绍民, 王欢, 王恩文, 等. 工业废水中多金属离子的吸附净化[J]. 环境工程学报, 2013, 7(2): 513-517.

[152] DASH K, CHANDRASEKARAN K, THANGAVEL S, et al. Determination of trace metallic impurities in high-purity quartz by ion chromatography[J]. Journal of Chromatography A, 2004, 1022(1): 25-31.

[153] AUDÉTAT A, GÜNTHER D, HEINRICH C A. Causes for large-scale metal zonation around mineralized plutons: Fluid inclusion LA-ICP-MS evidence from the Mole Granite, Australia[J]. Economic Geology, 2000, 95(8): 1563-1581.

[154] GÖTZE J, PLÖTZE M, GRAUPNER T, et al. Trace element incorporation into quartz: A combined study by ICP-MS, electron spin resonance, cathodoluminescence, capillary ion analysis, and gas chromatography[J]. Geochimica et Cosmochimica Acta, 2004, 68(18): 3741-3759.

[155] UENG R L, JIANG S J, WAN C C, et al. Microwave-assisted volatilization of silicon fluorides for the determination of trace impurities in high purity silicon powder and quartz by ICP-MS[J]. Analytica Chimica Acta, 2005, 536(1): 295-299.

[156] BEDRICH B. New method for decomposition and comprehensive analysis of silicates by atomic absorption spectrometry[J]. Analytical Chemistry, 1968, 40(11): 1682-1686.

[157] ULRICH T, GÜNTHER D, HEINRICH C A. The evolution of a porphyry Cu-Au deposit, based on LA-ICP-MS analysis of fluid inclusions: Bajo de la Alumbrera, Argentina[J]. Economic Geology, 2001, 96(8): 1743-1774.

[158] NOËL L, CARL M, VASTEL C, et al. Determination of sodium, potassium, calcium and magnesium content in milk products by flame atomic absorption spectrometry (FAAS): A joint ISO/IDF collaborative study[J]. International Dairy Journal, 2008, 18(9): 899-904.

[159] 杨军. 美国尤尼明高纯度石英砂[C]// 全国高新技术用石英制品及相关材料技术研讨会论文集, 2003: 77-84.

[160] 曹占芳. 辉钼矿湿法冶金新工艺及其机理研究[D]. 长沙: 中南大学, 2010.

[161] 雷绍民, 龚文琪, 张高科, 等. 阴/阳离子捕收剂反浮选制备高纯石英砂研究[J]. 金属矿山, 2002(9): 25-26, 29.

[162] 雷绍民, 项婉茹, 刘云涛, 等. 脉石英反浮选制备高纯石英砂技术研究[J]. 非金属矿, 2012, 35(3): 25-28.

[163] 曾华东, 雷绍民, 刘云涛, 等. 石英氧化浸出提纯中的络合离子的作用及机理[J]. 矿业研究与开发, 2012, 32(6): 39-45.

[164] 周永恒. 高纯度石英的酸浸实验研究[J]. 矿物岩石, 2005, 25(3): 23-26.

[165] 姜波. 氨-铵盐-水系浸出低品位氧化镍矿的动力学研究[D]. 长沙: 中南大学, 2010.

[166] 刘德新, 岳湘安, 汪龙梅, 等. 河砂颗粒与缓速土酸的反应动力学模型[J]. 西安石油大学学报(自然科学版), 2006, 21(4): 38-44.

[167] DIETZEL M. Dissolution of silicates and the stability of polysilicic acid[J]. Geochimica et Cosmochimica Acta, 2000, 64(19): 3275-3281.

[168] TAN K, ZHANG Z, WANG Z. The mechanism of surface chemical kinetics of dissolution of minerals[J]. Chinese Journal of Geochemistry, 1996, 15(1): 51-60.

[169] AVRAMI M. Kinetics of phase change I[J]. Journal of Chemical Physics, 1939, 7: 1103-1112.

[170] 赵忠魁, 孙清洲, 张普庆, 等. 石英砂加热时的相变与膨胀性研究[J]. 材料工程, 2006(10): 25-27.

[171] AVRAMI M. Kinetics of phase change II[J]. Journal of Chemical Physics, 1940, 8: 212-224.

[172] RAY H S. The kinetic compensation effect in the decomposition of calcium carbonate[J]. Journal of Thermal Analysis and Calorimetry, 1982, 24: 35-41.

[173] 林书弘, 邓茂华. 微米方解石热分解反应的主导曲线[J]. 过程工程学报, 2009, S2: 131-134.

[174] 王正烈, 周亚平, 李松林, 等. 物理化学[M]. 北京: 高等教育出版社, 2002.

[175] CHI R A, TIAN J, GAO H, et al. Kinetics of leaching flavonoids from pueraria lobata with ethanol[J]. Chinese Journal of Chemical Engineering, 2006, 14(3): 402-406.

[176] DEHGHAN R, NOAPARAST M, KOLAHDOOZAN M. Leaching and kinetic modelling of low-grade calcareous sphalerite in acidic ferric chloride solution[J]. Hydrometallurgy, 2009, 96(4): 275-282.

[177] JIN B, YANG X, SHEN Q. Kinetics of copper dissolution during pressure oxidative leaching of lead-containing copper matte[J]. Hydrometallurgy, 2009, 99(1): 119-123.

[178] 郭学益, 吴展, 李栋, 等. 红土镍矿常压盐酸浸出工艺及其动力学研究[J]. 矿冶工程, 2011, 31(4): 69-72, 76.

[179] 黎铉海, 马宸, 俸余, 等. 硫化铟常压硫酸浸出动力学研究[J]. 金属矿山, 2011(6): 37-42.

[180] 郑雅杰, 陈昆昆. Na_2SO_3 从硒碲富集物中浸出硒动力学[J]. 中国有色金属学报(英文版), 2014, 24(2): 536-543.

[181] 畅永锋, 翟秀静, 符岩, 等. 还原焙烧红土矿的硫酸浸出动力学[J]. 分子科学学报, 2008, 24(4): 241-245.

[182] 胡余龙. 草木灰浸取提钾研究[D]. 天津: 天津大学, 2007.

[183] 姚金环. 从铟铁酸锌中用机械活化方法强化浸出铟、锌的机理研究[D]. 南宁: 广西大学, 2013.

[184] 莫鼎成. 冶金动力学[M]. 长沙: 中南工业大学出版社, 1987.

[185] 叶大伦. 冶金热力学[M]. 长沙: 中南工业大学出版社, 1987.

[186] 雷绍民, 裴振宇, 钟乐乐, 等. 脉石英砂无氟反浮选热压浸出技术与机理研究[J]. 非金属矿, 2014, 37(2): 40-43.

[187] TAXIARCHOU M, PANIAS D, DOUNI I, et al. Removal of iron from silica sand by leaching with oxalic acid[J]. Hydrometallurgy, 1997, 46(1): 215-227.

[188] 张黎明, 任书泉. 硅质岩石矿物在土酸中溶解动力学机理模型[J]. 油田化学, 1996, 13(2): 85-90.

[189] 陈荣三, 柳海澄, 王金啼, 等. 硅酸及其盐的研究(XII): 氟离子与硅酸的反应及其平衡常数[J]. 高等学校化学学报, 1982, 3(1): 107-113.

[190] LIANG D A T, READEY D W. Dissolution kinetics of crystalline and amorphous silica in hydrofluoric-hydrochloric acid mixtures[J]. Journal of the American Ceramic Society, 1987, 70(8): 570-577.

[191] BRIAN T Z, KEVIN L S, KIM T W, et al. Planarization and processing of metamorphic buffer layers grown by hydride vapor-phase epitaxy[J]. Journal of Electronic Materials, 2014, 43(4): 873-879.

[192] KLINE W E, FOGLER H S. Dissolution of silicate minerals by hydrofluoric acid[J]. Industrial and Engineering Chemistry Fundamentals, 1981, 20(2): 155-161.

[193] KNOTTER D M. Etching mechanism of vitreous silicon dioxide in hf-based solutions[J]. Journal of the American Chemical Society, 2000, 122: 4345-4351.

[194] UEMATSU M. Self-diffusion and impurity diffusion in silicon dioxide[J]. Journal of Phase Equilibria and Diffusion, 2005, 26(5): 547-554.

[195] LA FERLA A, GALVAGNO G, RINAUDO S, et al. Ion implantation and diffusion of Al in a SiO_2 Si system[J]. Nuclear Instruments and Methods in Physics Research Section B: Beam Interactions with Materials and Atoms, 1996, 116(1): 378-381.

[196] WHITE S. Ionic diffusion in quartz[J]. Nature, 1970, 225(5230): 375-376.

[197] 严奉林. 石英中有害杂质元素分布特征和赋存状态及提纯方法[J]. 地质学刊, 2009, 33(3): 277-279.

[198] 申士富. 高纯石英砂研究与生产现状[J]. 中国非金属矿工业导刊, 2006(5): 13-16.

[199] GÖTZE J, MÖCKEL R. Quartz: Deposits, mineralogy and analytics[M]. Berlin: Springer, 2012.

[200] 赵忠魁, 孙清洲, 张普庆, 等. 高温焙烧对石英砂表面的影响[J]. 矿物学报, 2005, 25(4): 385-388.

[201] 周光乐. 矿石学基础[M]. 北京: 冶金工业出版社, 1990.

[202] 谈高. 天然脉石英制备高纯超细硅微粉及其应用研究[D]. 绵阳: 西南科技大学, 2013.

[203] 荆海鸥, 孙清洲, 张普庆. 高温焙烧对石英砂热膨胀性能的影响[J]. 热加工工艺, 2005(10): 8-9.

[204] FARVER J R, YUND R A. Interphase boundary diffusion of oxygen and potassium in K-feldspar/quartz aggregates[J]. Geochimica et Cosmochimica Acta, 1995, 59: 3697-3705.

[205] AVRAMI M. Kinetics of phase change: I general theory[J]. The Journal of Chemical Physics, 1939, 7(12): 1103-1112.

[206] COHEN A J, SUMNER G G. Relationships among impurity contents, color centers and lattice constants in quartz[J]. American Mineralogist, 1958, 43: 58-68.

[207] 王玉芬, 刘连城. 石英玻璃[M]. 北京: 化学工业出版社, 2007.

[208] 田青越. 脉石英晶体化学特征及其与高纯石英提纯效果的关系[D]. 成都: 成都理工大学, 2017.

[209] 曹烨, 李胜荣, 张华锋, 等. 冀西石湖金矿黄铁矿和石英的晶胞参数特征及其地质意义[J]. 矿物岩石地球化学通报, 2010, 29(2): 185-191.

[210] 黄礼煌. 化学选矿[M]. 2 版. 北京: 冶金工业出版社, 2012.

[211] ROSELIEB K, JAMBON A. Tracer diffusion of potassium, rubidium, and cesium in a supercooled jadeite melt[J]. Geochimica et Cosmochimica Acta, 1997, 61(15): 3101-3110.

[212] FREDA C, BAKER D R. Na-K interdiffusion in alkali feldspar melts[J]. Geochimica et Cosmochimica Acta, 1998, 62(17): 2997-3007.

[213] AUDÉTAT A, GARBE-SCHÖNBERG D, KRONZ A, et al. Characterisation of a natural quartz crystal as a reference material for microanalytical determination of Ti, Al, Li, Fe, Mn, Ga and Ge[J].

Geostandards and Geoanalytical Research, 2015, 39(2): 171-184.

[214] KRONZ A, KERKHOF A, MÜLLER A. Analysis of low element concentrations in quartz by electron microprobe//GÖTZE J, MÖCKEL R. Quartz: Deposits, mineralogy and analytics. Berlin: Springer, 2012.

[215] MÜLLER A, WANVIK J E, IHLEN P M. Petrological and chemical characterisation of high-purity quartz deposits with examples from norway//GÖTZE J, MÖCKEL R. Quartz: Deposits, mineralogy and analytics, Berlin: Springer, 2012.

[216] 刘宗昌, 冯佃臣. 热处理工艺学[M]. 北京: 冶金工业出版社, 2015.

[217] 恽正中, 王恩信, 完利祥. 表面与界面物理[M]. 成都: 电子科技大学出版社, 1993.

[218] 雷绍民, 钟乐乐, 张凤凯, 等. 一种石英晶型转换金属元素气化一体化提纯方法: CN102674377A[P]. 2012-09-19.

[219] 邓仁卿, 杨华, 胡灯红, 等. 一种生产高纯石英砂的氯化系统与方法: CN104418334A[P]. 2015-03-18.

[220] 张大虎. 以脉石英为原料加工 5N 高纯石英的试验研究[D]. 成都: 成都理工大学, 2016.

[221] 娄陈林, 张国君, 欧阳葆华, 等. 石英砂高温氯化提纯研究[J]. 化工矿物与加工, 2020, 49(1): 16-19.

[222] 杨亚运, 何海权, 邵文浩, 等. 高纯石英砂高温气氛深度提纯研究[J]. 建材世界, 2020, 41(05): 35-37.

[223] 吴成友, 余红发, 郑利娜, 等. 加压酸浸法提取粉煤灰中的 Al_2O_3 和 Fe_2O_3[J]. 化工环保, 2012, 32(2): 173-176.

[224] 宋复伦. 加压湿法冶金的过去、现在和未来[J]. 湿法冶金, 2001, 20(3): 165-166.

[225] 柯家骏. 湿法冶金中加压浸出过程的进展[J]. 湿法冶金, 1996, 15(2): 1-13.

[226] 邱定蕃. 加压湿法冶金过程化学与工业实践[J]. 湿法冶金, 1994, 13(4): 55-67.

[227] 雷绍民, 钟乐乐, 裴振宇, 等. 一种混合酸热压浸出反应制备超低金属元素超高纯石英的方法: CN103539133A[P]. 2014-01-29.

[228] 于站良. 超冶金级硅的制备研究[D]. 昆明: 昆明理工大学, 2010.

[229] 王淀佐, 邱冠周, 徐竞. FeAsS、FeS_2、Au 的 NaClO-NaOH 体系热力学分析与金的一步浸出[J]. 有色金属, 1998, 50(1): 35-42.

[230] 谢克强, 杨显万, 王吉坤. 硫化锌精矿加压浸出过程的热平衡[J]. 有色金属设计, 2007, 34(1): 69-75.

[231] MU W Z, ZHANG T A, LIU Y, et al. E_h-pH diagram of ZnS-H_2O system during high pressure leaching of zinc sulfide[J]. Transactions of Nonferrous Metals Society of China, 2010, 20(10): 2012-2019.

[232] 罗超. 热酸浸出-铅黄铁矾法除铁工艺研究[D]. 长沙: 中南大学, 2012.

[233] 王吉坤, 李存兄, 李勇, 等. 高铁闪锌矿高压酸浸过程中 ZnS-FeS-H_2O 系的电位-pH 图[J]. 有色金属(冶炼部分), 2006(2): 2-5.

[234] 孙天友. 高铁硫化锌精矿加压浸出的动力学研究[D]. 昆明: 昆明理工大学, 2006.

[235] 周廷熙. 高铁硫化锌精矿加压浸出工业化研究[D]. 昆明: 昆明理工大学, 2005.

[236] 金创石, 张廷安, 牟望重, 等. 难处理金矿浸出预处理过程的 FeS_2-FeAsS-H_2O 系电位-pH 图[J]. 材料与冶金学报, 2011, 10(2): 120-124.

[237] 覃文胜. 软锰矿和黄铁矿在硫酸介质中的浸出[J]. 矿冶工程, 1993, 13(4): 52-56.

[238] 唐际流, 周晓源. 铁在硫化锌精矿加压浸出过程中的行为[J]. 有色金属(冶炼部分), 1987(2): 15-23.

[239] GÉNIN J M R, OLOWE A A, REFAIT P, et al. On the stoichiometry and pourbaix diagram of Fe(II)-Fe(III) hydroxy-sulphate or sulphate-containing green rust 2: An electrochemical and Mössbauer spectroscopy study[J]. Corrosion Science, 1996, 38(10): 1751-1762.

[240] FEDOROČKOVÁ A, HREUS M, RASCHMAN P, et al. Dissolution of magnesium from calcined serpentinite in hydrochloric acid[J]. Minerals Engineering, 2012, 32: 1-4.

附录 A HF 分解缔合反应电离平衡计算

表 A-1 HF 分解缔合电离平衡计算结果 （单位：mol/L）

加入 HF	加入 HCl	总 HF	总 H^+	HF	H^+	F^-	HF_2^-	$(HF)_2$
0.2	0	0.199 6	0.077 8	0.037 0	0.076 0	0.000 3	0.077 4	0.003 7
0.4	0	0.401 5	0.150 9	0.072 0	0.148 0	0.000 3	0.150 6	0.014 0
0.6	0	0.600 0	0.214 6	0.108 0	0.234 0	0.000 3	0.214 3	0.031 5
0.8	0	0.800 6	0.277 5	0.140 0	0.304 0	0.000 3	0.277 2	0.052 9
1	0	1.001 0	0.344 6	0.165 0	0.340 0	0.000 3	0.344 3	0.073 5
2	0	1.995 7	0.605 0	0.300 0	0.640 0	0.000 3	0.604 7	0.243 0
3	0	3.000 9	0.855 2	0.405 0	0.825 0	0.000 3	0.854 9	0.442 9
4	0	4.000 3	1.075 3	0.500 0	1.000 0	0.000 3	1.075 0	0.675 0
5	0	5.021 1	1.238 7	0.600 0	1.250 0	0.000 3	1.238 4	0.972 0
6	0	5.990 9	1.365 1	0.690 0	1.500 0	0.000 3	1.364 8	1.285 5
7	0	7.007 0	1.517 8	0.770 0	1.680 0	0.000 3	1.517 5	1.600 8
8	0	8.021 7	1.685 9	0.840 0	1.800 0	0.000 3	1.685 6	1.905 1
9	0	8.960 0	1.843 2	0.900 0	1.890 0	0.000 3	1.842 8	2.187 0
10	0	9.908 8	2.042 8	0.950 0	1.900 0	0.000 3	2.042 5	2.436 8
11	0	11.106 9	2.082 7	1.045 0	2.255 0	0.000 3	2.082 3	2.948 5
12	0	12.022 9	2.322 3	1.080 0	2.160 0	0.000 3	2.322 0	3.149 3

附录 B 硅酸盐矿物分解电离平衡计算

（单位：mol/L）

表 B-1 硅酸盐矿物分解电离平衡计算结果

总HF	溶解Si	总HF	总Si	HF	H^+	F^-	HF_2^-	H_2F_2	SiF_4	SiF_6^{2-}	SiF_5^-	H_4SiO_4
12	0.5	12.000 6	0.500 0	1.260 0	6.300 0	0.000 1	1.083 6	4.286 6	$2.520\ 55\times10^{-6}$	$8.632\ 95\times10^{-14}$	$1.726\ 6\times10^{-14}$	0.500 0
11	0.5	10.999 5	0.500 0	1.155 0	4.345 0	0.000 2	1.320 2	3.601 9	$1.779\ 68\times10^{-6}$	$8.101\ 56\times10^{-14}$	$2.153\ 59\times10^{-14}$	0.500 0
10	0.5	9.999 3	0.500 0	1.100 0	4.400 0	0.000 2	1.182 5	3.267 1	$1.464\ 15\times10^{-6}$	$6.268\ 45\times10^{-14}$	$1.567\ 12\times10^{-14}$	0.500 0
9	0.5	8.997 9	0.500 0	1.035 0	4.230 0	0.000 2	1.089 0	2.892 4	$1.147\ 57\times10^{-6}$	$4.808\ 53\times10^{-14}$	$1.176\ 56\times10^{-14}$	0.500 0
8	0.5	8.001 0	0.500 0	0.960 0	3.840 0	0.000 2	1.032 0	2.488 4	$8.493\ 83\times10^{-7}$	$3.636\ 45\times10^{-14}$	$9.091\ 2\times10^{-15}$	0.500 0
7	0.5	7.000 3	0.500 0	0.945 0	6.230 0	0.000 1	0.616 4	2.411 2	$7.975\ 28\times10^{-7}$	$2.071\ 69\times10^{-14}$	$3.142\ 5\times10^{-15}$	0.500 0
6	0.5	5.999 0	0.500 0	0.840 0	4.500 0	0.000 1	0.674 3	1.905 2	$4.978\ 94\times10^{-7}$	$1.591\ 62\times10^{-14}$	2.971×10^{-15}	0.500 0
5	0.5	4.998 9	0.500 0	0.700 0	2.550 0	0.000 2	0.826 3	1.323 0	$2.401\ 14\times10^{-7}$	$1.128\ 78\times10^{-14}$	$3.098\ 6\times10^{-15}$	0.500 0
4	0.5	4.000 5	0.500 0	0.500 0	1.000 0	0.000 3	1.075 0	0.675 0	$6.250\ 5\times10^{-8}$	5.352×10^{-15}	$2.676\ 1\times10^{-15}$	0.500 0
3.5	0.5	3.500 8	0.500 0	0.507 5	1.382 5	0.000 3	0.801 1	0.695 4	$6.634\ 05\times10^{-8}$	$4.170\ 5\times10^{-15}$	1.531×10^{-15}	0.500 0
3	0.5	2.999 9	0.500 0	0.330 0	0.450 0	0.000 5	1.040 6	0.294 0	$1.186\ 06\times10^{-8}$	$1.489\ 5\times10^{-15}$	$1.092\ 3\times10^{-15}$	0.500 0
2.5	0.5	2.500 2	0.500 0	0.437 5	1.600 0	0.000 2	0.514 4	0.516 8	$3.663\ 97\times10^{-8}$	$1.715\ 7\times10^{-15}$	4.691×10^{-16}	0.500 0
2	0.5	2.000 1	0.500 0	0.400 0	1.870 0	0.000 1	0.367 9	0.432 0	$2.560\ 25\times10^{-8}$	9.379×10^{-16}	2.006×10^{-16}	0.500 0
1.8	0.5	1.800 3	0.500 0	0.369 0	1.683 0	0.000 2	0.347 9	0.367 7	$1.854\ 18\times10^{-8}$	6.962×10^{-16}	1.526×10^{-16}	0.500 0
1.6	0.5	1.600 3	0.500 0	0.280 0	0.752 0	0.000 3	0.448 3	0.211 7	$6.147\ 44\times10^{-9}$	3.92×10^{-16}	1.46×10^{-16}	0.500 0
1.4	0.5	1.399 8	0.500 0	0.161 0	0.203 0	0.000 5	0.549 1	0.070 0	$6.720\ 65\times10^{-10}$	9.13×10^{-17}	7.24×10^{-17}	0.500 0
1.2	0.5	1.199 9	0.500 0	0.162 0	0.252 0	0.000 4	0.447 9	0.070 9	$6.889\ 17\times10^{-10}$	7.58×10^{-17}	4.88×10^{-17}	0.500 0
1	0.5	1.000 1	0.500 0	0.190 0	0.505 0	0.000 3	0.307 4	0.097 5	$1.303\ 48\times10^{-9}$	8.4×10^{-17}	3.16×10^{-17}	0.500 0
0.8	0.5	0.799 9	0.500 0	0.152 0	0.380 0	0.000 3	0.261 5	0.062 4	$5.339\ 35\times10^{-10}$	3.66×10^{-17}	1.46×10^{-17}	0.500 0
0.6	0.5	0.600 0	0.500 0	0.117 0	0.288 0	0.000 3	0.204 4	0.037 0	$1.874\ 53\times10^{-10}$	1.3×10^{-17}	5.3×10^{-18}	0.500 0
0.5	0.5	0.500 1	0.500 0	0.120 0	0.410 0	0.000 2	0.151 0	0.038 9	$2.074\ 29\times10^{-10}$	1.04×10^{-17}	3×10^{-18}	0.500 0
0.4	0.5	0.400 0	0.500 0	0.100 0	0.350 0	0.000 2	0.122 9	0.027 0	$1.000\ 4\times10^{-10}$	4.9×10^{-18}	1.4×10^{-18}	0.500 0
0.2	0.5	0.200 0	0.500 0	0.047 0	0.135 0	0.000 2	0.070 4	0.006 0	$4.883\ 83\times10^{-12}$	3×10^{-19}	1×10^{-19}	0.500 0

附录 C 铝硅酸盐矿物分解电离平衡计算

C1 铝硅比 1∶3 型铝硅酸盐矿物分解

表 C-1 铝硅比 1∶3 型铝硅酸盐矿物分解电离平衡计算结果

(单位: mol/L)

总HF/总H⁺	HF	H^+	总HF	总H⁺	F^-	HF_2^-	H_2F_2	SiF_4	SiF_5^-
1∶4	0.01	4.594 997 41	1.094 361 54	3.998 229 44	1.49×10^{-6}	9.358×10^{-5}	0.000 27	0.162 5	$6.365\ 6\times10^{-8}$
1∶3.5	0.007 5	3.990 001 68	1.087 134 65	3.491 677 65	1.29×10^{-6}	6.062×10^{-5}	0.000 151 87	0.193 75	$6.555\ 4\times10^{-8}$
1∶3	0.007 5	3.551 247 6	1.097 503 73	3.005 061 97	1.45×10^{-6}	6.811×10^{-5}	0.000 151 87	0.181 25	$6.890\ 2\times10^{-8}$
1∶2.5	0.007 5	3.046 872 62	1.099 922 35	2.498 279 65	1.69×10^{-6}	$7.938\ 5\times10^{-5}$	0.000 151 87	0.181 25	$8.030\ 8\times10^{-8}$
1∶2	0.005	2.454 998 02	0.901 620 58	1.905 296 22	1.4×10^{-6}	$4.378\ 8\times10^{-5}$	6.75×10^{-5}	0.115 625	$4.238\ 8\times10^{-8}$
1∶1.5	0.005	2.116 872 31	0.924 863 72	1.497 059 38	1.62×10^{-6}	$5.078\ 2\times10^{-5}$	6.75×10^{-5}	0.1	$4.251\ 6\times10^{-8}$
1∶1	0.005	1.682 497 02	0.993 218 51	0.994 342 41	2.04×10^{-6}	$6.389\ 3\times10^{-5}$	6.75×10^{-5}	0.1	$5.349\ 2\times10^{-8}$
1.2∶1	0.006	1.699 996 95	1.172 168 73	0.974 544 27	2.42×10^{-6}	$9.105\ 9\times10^{-5}$	9.72×10^{-5}	0.146 875	$9.330\ 9\times10^{-8}$
1.4∶1	0.007	1.699 996 95	1.326 247 98	0.924 622 91	2.82×10^{-6}	0.000 123 94	0.000 132 3	0.181 25	$1.343\ 4\times10^{-7}$
1.6∶1	0.008	1.699 996 95	1.428 433 68	0.889 100 15	3.22×10^{-6}	0.000 161 88	0.000 172 8	0.203 125	$1.720\ 6\times10^{-7}$
1.8∶1	0.009	1.699 996 95	1.503 204 85	0.862 246 98	3.63×10^{-6}	0.000 204 88	0.000 218 7	0.218 75	$2.084\ 6\times10^{-7}$
2∶1	0.01	1.699 996 95	1.557 922 09	0.836 702 8	4.03×10^{-6}	0.000 252 94	0.000 27	0.228 125	$2.415\ 4\times10^{-7}$
2.5∶1	0.012 5	1.699 996 95	1.664 142 8	0.770 624 3 7	5.04×10^{-6}	0.000 395 22	0.000 421 88	0.240 625	$3.184\ 7\times10^{-7}$
3.5∶1	0.008 75	0.849 998 47	1.003 448 09	0.502 562 7	7.05×10^{-6}	0.000 387 32	0.000 206 72	0.215 625	$3.995\ 4\times10^{-7}$
4∶1	0.01	0.849 998 47	1.043 006 46	0.501 872 9	8.06×10^{-6}	0.000 505 88	0.000 27	0.228 125	$4.830\ 9\times10^{-7}$

总HF/总H⁺	SiF_6^{2-}	H_4SiO_4	Al^{3+}	AlF^{2+}	AlF_2^+	AlF_3	AlF_4^-	AlF_5^{2-}	AlF_6^{3-}
1:4	$3.309\,4\times10^{-6}$	0.015 112 5	0.225	0.453 392	0.070 479 07	0.000 766 91	$6.370\,3\times10^{-7}$	1.735×10^{-16}	1.735×10^{-16}
1:3.5	$2.943\,7\times10^{-6}$	0.056 948 15	0.225	0.391 604	0.052 578 37	0.000 494 16	$3.545\,3\times10^{-7}$	7.2×10^{-17}	7.2×10^{-17}
1:3	$3.476\,2\times10^{-6}$	0.053 274 08	0.213 75	0.417 987	0.063 054 33	0.000 665 83	$5.367\,2\times10^{-7}$	1.377×10^{-16}	1.377×10^{-16}
1:2.5	$4.722\,4\times10^{-6}$	0.053 274 08	0.177 187 5	0.403 846	0.071 006 03	0.000 873 92	$8.210\,7\times10^{-7}$	2.861×10^{-16}	2.861×10^{-16}
1:2	$2.062\,3\times10^{-6}$	0.172 050 02	0.225	0.424 304	0.061 726 04	0.000 628 58	$4.886\,2\times10^{-7}$	1.166×10^{-16}	1.166×10^{-16}
1:1.5	$2.398\,9\times10^{-6}$	0.148 800 01	0.210 937 5	0.461 323	0.077 831 01	0.000 919 17	$8.286\,5\times10^{-7}$	2.659×10^{-16}	2.659×10^{-16}
1:1	$3.797\,5\times10^{-6}$	0.148 800 01	0.174 375	0.479 818	0.101 850 65	0.001 513 39	$1.716\,6\times10^{-6}$	8.719×10^{-16}	8.719×10^{-16}
1.2:1	$7.867\,2\times10^{-6}$	0.105 396 41	0.146 25	0.477 942	0.120 489 81	0.002 126 29	$2.864\,3\times10^{-6}$	$2.052\,1\times10^{-15}$	$2.052\,1\times10^{-15}$
1.4:1	$1.321\,4\times10^{-5}$	0.070 205 13	0.126 562 5	0.482 538	0.141 923 08	0.002 921 95	$4.592\,2\times10^{-6}$	$4.478\,1\times10^{-15}$	$4.478\,1\times10^{-15}$
1.6:1	$1.934\,3\times10^{-5}$	0.046 119 68	0.109 687 5	0.477 942	0.160 653 09	0.003 780 08	$6.789\,6\times10^{-6}$	$8.647\,6\times10^{-15}$	$8.647\,6\times10^{-15}$
1.8:1	$2.636\,4\times10^{-5}$	0.031 007 09	0.095 625	0.468 751	0.177 259 02	0.004 692 16	$9.481\,3\times10^{-6}$	$1.528\,4\times10^{-14}$	$1.528\,4\times10^{-14}$
2:1	$3.394\,3\times10^{-5}$	0.021 215 63	0.084 375	0.459 56	0.193 092 63	0.005 679 2	$1.275\,1\times10^{-5}$	$2.537\,5\times10^{-14}$	$2.537\,5\times10^{-14}$
2.5:1	$5.594\,1\times10^{-5}$	0.009 166 08	0.064 687 5	0.440 411	0.231 308 89	0.008 040 2	$2.386\,6\times10^{-5}$	$7.421\,3\times10^{-14}$	$7.421\,3\times10^{-14}$
3.5:1	$9.825\,3\times10^{-5}$	0.034 209 75	0.014 062 5	0.134 038	0.098 557 7	0.005 072 83	$1.993\,1\times10^{-5}$	$1.214\,8\times10^{-13}$	$1.214\,8\times10^{-13}$
4:1	0.000 135 77	0.021 215 63	0.011 25	0.122 549	0.102 982 7 3	0.006 057 82	$2.720\,2\times10^{-5}$	$2.165\,4\times10^{-13}$	$2.165\,4\times10^{-13}$

表 C-2 铝硅比 1:3 型铝硅酸盐矿物分解反应通式 n，m 计算值

项目	总HF/总H⁺														
	1:4	1:3.5	1:3	1:2.5	1:2	1:1.5	1:1	1.2:1	1.4:1	1.6:1	1.8:1	2:1	2.5:1	3.5:1	4:1
n	1.137 266	1.120 46	1.133 66	1.152 93	1.129 42	1.147 52	1.179 85	1.207 72	1.235 55	1.261 89	1.286 87	1.310 61	1.365 14	1.457 58	1.497 28
m	4.000 041 1	4.000 031	4.000 039	4.000 053	4.000 036	4.000 048	4.000 076	4.000 108	4.000 147	4.000 191	4.000 242	4.000 299	4.000 466	4.000 913	4.001 192

C2 铝硅比 1:2 型铝硅酸盐矿物分解

表 C-3 铝硅比 1:2 型铝硅酸盐矿物分解电离平衡计算结果

(单位: mol/L)

总HF/总H$^+$	HF	H$^+$	总HF	总H$^+$	F$^-$	HF$_2^-$	H$_2$F$_2$	SiF$_4$	SiF$_5^-$
1:4	0.005	4.104 999 54	0.903 792 32	3.979 670 91	8.34×10^{-7}	$2.618\ 8\times10^{-5}$	6.75×10^{-5}	0.257 812 5	$5.652\ 4\times10^{-8}$
1:3.5	0.005	3.622 500 42	0.923 344 13	3.477 623 46	9.45×10^{-7}	$2.967\ 6\times10^{-5}$	6.75×10^{-5}	0.257 812 5	$6.405\ 3\times10^{-8}$
1:3	0.005	3.157 499 31	0.948 799 59	2.987 171 27	1.08×10^{-6}	$3.404\ 6\times10^{-5}$	6.75×10^{-5}	0.257 812 5	$7.348\ 6\times10^{-8}$
1:2.5	0.005	2.696 874 14	0.984 330 58	2.491 020 93	1.27×10^{-6}	$3.986\ 1\times10^{-5}$	6.75×10^{-5}	0.257 812 5	$8.603\ 7\times10^{-8}$
1:2	0.005	2.262 498 86	1.007 366 65	2.010 179 72	1.51×10^{-6}	$4.751\ 4\times10^{-5}$	6.75×10^{-5}	0.25	$9.944\ 8\times10^{-8}$
1:1.5	0.005	1.775 623 8	1.033 258 59	1.497 425 75	1.93×10^{-6}	$6.054\ 2\times10^{-5}$	6.75×10^{-5}	0.25	$1.267\ 2\times10^{-7}$
1:1	0.005	1.314 998 63	1.066 407 73	1.003 672 64	2.6×10^{-6}	$8.174\ 9\times10^{-5}$	6.75×10^{-5}	0.25	1.711×10^{-7}
1.2:1	0.006	1.341 248 51	1.277 012 21	1.007 851 72	3.06×10^{-6}	0.000 115 41	9.72×10^{-5}	0.312 5	$2.516\ 3\times10^{-7}$
1.4:1	0.007	1.349 998 47	1.497 245 27	1.008 346 78	3.55×10^{-6}	0.000 156 07	0.000 132 3	0.382 812 5	$3.572\ 9\times10^{-7}$
1.6:1	0.008	1.358 748 44	1.684 186 15	0.995 264 82	4.03×10^{-6}	0.000 202 54	0.000 172 8	0.437 5	$4.636\ 6\times10^{-7}$
1.8:1	0.009	1.384 998 32	1.888 806 62	1.005 443 19	4.45×10^{-6}	0.000 251 48	0.000 218 7	0.5	$5.848\ 4\times10^{-7}$
2:1	0.01	1.393 748 28	2.090 682 98	1.000 873 83	4.91×10^{-6}	0.000 308 52	0.000 27	0.562 5	$7.264\ 6\times10^{-7}$
2.5:1	0.037 5	1.551 247 6	2.467 775 04	0.999 870 63	1.66×10^{-5}	0.003 898 07	0.003 796 88	0.625	$2.719\ 6\times10^{-6}$
3:1	0.045	1.577 497 48	2.502 018 88	1.000 998 41	1.95×10^{-5}	0.005 519 82	0.005 467 5	0.625	$3.209\ 2\times10^{-6}$
3.5:1	0.087 5	1.673 747 06	2.702 045 07	0.953 871 56	3.58×10^{-5}	0.019 669 56	0.020 671 87	0.625	$5.881\ 3\times10^{-6}$
4:1	0.099 999 99	1.638 747 22	3.010 710 02	0.629 276 73	4.18×10^{-5}	0.026 239 55	0.026 999 99	0.625	6.865×10^{-6}

总 HF/总 H^+	SiF_6^{2-}	H_4SiO_4	Al^{3+}	AlF^{2+}	AlF_2^+	AlF_3	AlF_4^-	AlF_5^{2-}	AlF_6^{3-}
1:4	$1.644\,7\times10^{-6}$	0.383 625 03	0.094 5	0.106 58	0.009 272 43	5.647×10^{-5}	$2.625\,3\times10^{-8}$	2.2×10^{-18}	2.2×10^{-18}
1:3.5	2.112×10^{-6}	0.383 625 03	0.094 5	0.120 77	0.011 907 02	$8.217\,4\times10^{-5}$	$4.329\,1\times10^{-8}$	4.7×10^{-18}	4.7×10^{-18}
1:3	$2.779\,9\times10^{-6}$	0.383 625 03	0.094 5	0.138 55	0.015 672 33	0.000 124 09	$7.499\,9\times10^{-8}$	1.08×10^{-17}	1.08×10^{-17}
1:2.5	$3.810\,6\times10^{-6}$	0.383 625 03	0.094 5	0.162 22	0.021 483 18	0.000 199 15	$1.409\,2\times10^{-7}$	2.79×10^{-17}	2.79×10^{-17}
1:2	$5.250\,2\times10^{-6}$	0.372 000 03	0.093 318 75	0.190 95	0.030 142 58	0.000 333 07	$2.809\,4\times10^{-7}$	7.89×10^{-17}	7.89×10^{-17}
1:1.5	$8.524\,1\times10^{-6}$	0.372 000 03	0.075 6	0.197 11	0.039 646 79	0.000 558 21	$5.999\,5\times10^{-7}$	2.736×10^{-16}	2.736×10^{-16}
1:1	$1.554\,2\times10^{-5}$	0.372 000 03	0.056 7	0.199 62	0.054 215 15	0.001 030 71	$1.495\,8\times10^{-6}$	$1.243\,8\times10^{-15}$	$1.243\,8\times10^{-15}$
1.2:1	$2.689\,1\times10^{-5}$	0.224 247 68	0.048 431 25	0.200 61	0.064 099 98	0.001 433 74	2.448×10^{-6}	$2.817\,5\times10^{-15}$	$2.817\,5\times10^{-15}$
1.4:1	$4.425\,7\times10^{-5}$	0.148 278 08	0.040 162 5	0.192 82	0.071 416 48	0.001 851 54	$3.664\,3\times10^{-6}$	$5.666\,3\times10^{-15}$	$5.666\,3\times10^{-15}$
1.6:1	$6.521\,5\times10^{-5}$	0.099 334 7	0.035 437 5	0.193 19	0.081 248 09	0.002 391 85	$5.375\,1\times10^{-6}$	$1.071\,7\times10^{-14}$	$1.071\,7\times10^{-14}$
1.8:1	$9.078\,7\times10^{-5}$	0.070 873 35	0.031 893 75	0.191 9	0.089 071 81	0.002 894 03	$7.177\,9\times10^{-6}$	$1.743\,2\times10^{-14}$	$1.743\,2\times10^{-14}$
2:1	0.000 124 52	0.052 312 5	0.028 35	0.188 34	0.096 523 39	0.003 462 73	$9.482\,7\times10^{-6}$	$2.807\,6\times10^{-14}$	$2.807\,6\times10^{-14}$
2.5:1	0.001 570 54	0.000 293 93	0.004 725	0.105 76	0.182 620 84	0.022 073 47	0.000 203 67	$6.845\,3\times10^{-12}$	$6.845\,3\times10^{-12}$
3:1	0.002 186 94	0.000 141 75	0.003 543 75	0.093 60	0.190 721 18	0.027 202 75	0.000 296 18	$1.386\,2\times10^{-11}$	$1.386\,2\times10^{-11}$
3.5:1	0.007 344 88	$9.915\,9\times10^{-6}$	0.001 181 25	0.057 17	0.213 514 05	0.055 810 34	0.001 113 61	$1.750\,4\times10^{-10}$	$1.750\,4\times10^{-10}$
4:1	0.010 007 47	$5.812\,5\times10^{-6}$	0.001 181 25	0.066 74	0.290 914 91	0.088 761 36	0.002 067 33	$4.427\,5\times10^{-10}$	$4.427\,5\times10^{-10}$

表 C-4 铝硅比 1:2 型硅酸盐矿物分解反应通式 n、m 计算值

项目	总 HF/总 H^+														
	1:4	1:3.5	1:3	1:2.5	1:2	1:1.5	1:1	1.2:1	1.4:1	1.6:1	1.8:1	2:1	2.5:1	3:1	3.5:1
n	1.080 974 51	1.090 925 74	1.103 143	1.118 983	1.139 14	1.171 773	1.220 825	1.251 65	1.282 344	1.310 824	1.334 239	1.358 877	1.731 923	1.788 961	2.002 621
m	4.000	4.000	4.000	4.000	4.000	4.000	4.000	4.000	4.000	4.000 299	4.000 364	4.000 444	4.005 017	4.006 979	4.023 24

C3 铝硅比 1:1 型铝硅酸盐矿物分解

表 C-5 铝硅比 1:1 型铝硅酸盐矿物分解电离平衡计算结果

（单位：mol/L）

总HF/总H$^+$	HF	H$^+$	总HF	总H$^+$	F$^-$	HF$_2^-$	H$_2$F$_2$	SiF$_4$	SiF$_5^-$
1:4	0.003 75	2.279 998 78	0.549 082 57	1.997 192 73	1.13×10^{-6}	$2.652\ 1 \times 10^{-5}$	$3.796\ 9 \times 10^{-5}$	0.087 5	$2.590\ 5 \times 10^{-8}$
1:3	0.005	3.262 498 86	0.865 074 2	3.002 457 61	1.05×10^{-6}	3.295×10^{-5}	6.75×10^{-5}	0.2	$5.517\ 2 \times 10^{-8}$
1:2.5	0.005	2.806 248 66	0.916 388 2	2.494 898 77	1.22×10^{-6}	$3.830\ 7 \times 10^{-5}$	6.75×10^{-5}	0.2	$6.414\ 3 \times 10^{-8}$
1:2	0.005	2.367 498 4	0.988 339 98	1.984 203 82	1.45×10^{-6}	$4.540\ 7 \times 10^{-5}$	6.75×10^{-5}	0.2	7.603×10^{-8}
1:1.5	0.005	1.933 123 11	1.031 696 26	1.506 482 46	1.77×10^{-6}	$5.560\ 9 \times 10^{-5}$	6.75×10^{-5}	0.2	$9.311\ 4 \times 10^{-8}$
1:1	0.005	1.472 497 94	1.081 903 94	0.995 667 01	2.33×10^{-6}	$7.300\ 5 \times 10^{-5}$	6.75×10^{-5}	0.2	$1.222\ 4 \times 10^{-7}$
1.2:1	0.006	1.507 497 79	1.372 815 47	1.003 285	2.73×10^{-6}	0.000 102 69	9.72×10^{-5}	0.287 5	$2.059\ 7 \times 10^{-7}$
1.4:1	0.007	1.533 747 67	1.606 898 89	1.002 736 15	3.13×10^{-6}	0.000 137 38	0.000 132 3	0.356 25	$2.926\ 7 \times 10^{-7}$
1.6:1	0.008	1.551 247 6	1.780 576 9	0.997 598 11	3.53×10^{-6}	0.000 177 41	0.000 172 8	0.406 25	$3.771\ 2 \times 10^{-7}$
1.8:1	0.009	1.568 747 52	1.895 063 26	0.995 406 29	3.93×10^{-6}	0.000 222 02	0.000 218 7	0.437 5	$4.517\ 9 \times 10^{-7}$
2:1	0.01	1.594 997 41	1.989 133 15	1.003 633 85	4.29×10^{-6}	0.000 269 59	0.000 27	0.462 5	$5.219\ 4 \times 10^{-7}$
2.5:1	0.018 75	1.682 497 02	2.207 752 48	0.994 393 05	7.63×10^{-6}	0.000 898 5	0.000 949 22	0.5	1.003×10^{-6}
3:1	0.022 5	1.699 996 95	2.234 985 12	0.988 792 34	9.07×10^{-6}	0.001 280 52	0.001 366 87	0.5	$1.191\ 2 \times 10^{-6}$
3.5:1	0.087 5	1.673 747 06	2.703 560 27	0.577 356 35	3.58×10^{-5}	0.019 669 56	0.020 671 87	0.5	4.705×10^{-6}
4:1	0.099 999 99	1.699 996 95	3.026 242 46	0.280 298 63	4.03×10^{-5}	0.025 294 16	0.026 999 99	0.493 7 5	$5.227\ 9 \times 10^{-6}$

总 HF/总 H⁺	SiF_6^{2-}	H_4SiO_4	Al^{3+}	AlF^{2+}	AlF_2^+	AlF_3	AlF_4^-	AlF_5^{2-}	AlF_6^{3-}
1:4	$1.017\,8\times10^{-6}$	0.411 496 33	0.15	0.228 436	0.026 836 93	0.000 220 7	$1.385\,5\times10^{-7}$	2.16×10^{-17}	2.16×10^{-17}
1:3	$2.019\,9\times10^{-6}$	0.297 600 03	0.15	0.212 857	0.023 301 22	0.000 178 55	$1.044\,4\times10^{-7}$	1.41×10^{-17}	1.41×10^{-17}
1:2.5	$2.730\,1\times10^{-6}$	0.297 600 03	0.15	0.247 464	0.031 493 95	0.000 280 57	1.908×10^{-7}	3.48×10^{-17}	3.48×10^{-17}
1:2	$3.835\,8\times10^{-6}$	0.297 600 03	0.15	0.293 324	0.044 248 65	0.000 467 25	$3.766\,4\times10^{-7}$	9.66×10^{-17}	9.66×10^{-17}
1:1.5	$5.753\,3\times10^{-6}$	0.297 600 03	0.129 375	0.309 84	0.057 242 62	0.000 740 29	$7.308\,2\times10^{-7}$	2.812×10^{-16}	2.812×10^{-16}
1:1	$9.915\,8\times10^{-6}$	0.297 600 03	0.101 25	0.318 337	0.077 210 05	0.001 310 87	$1.698\,9\times10^{-6}$	$1.126\,6\times10^{-15}$	$1.126\,6\times10^{-15}$
1.2:1	$1.958\,4\times10^{-5}$	0.206 307 86	0.086 25	0.317 856	0.090 364 21	0.001 798 3	$2.731\,8\times10^{-6}$	$2.488\,9\times10^{-15}$	$2.488\,9\times10^{-15}$
1.4:1	$3.190\,9\times10^{-5}$	0.137 989 4	0.075	0.316 943	0.103 323 16	0.002 357 83	$4.107\,3\times10^{-6}$	$4.920\,6\times10^{-15}$	$4.920\,6\times10^{-15}$
1.6:1	4.646×10^{-5}	0.092 239 36	0.065 625	0.313 368	0.115 434 41	0.002 976 56	5.859×10^{-6}	$8.962\,1\times10^{-15}$	$8.962\,1\times10^{-15}$
1.8:1	$6.191\,9\times10^{-5}$	0.062 014 19	0.058 125	0.308 765	0.126 528 99	0.003 629 52	$7.947\,6\times10^{-6}$	$1.504\,5\times10^{-14}$	$1.504\,5\times10^{-14}$
2:1	$7.817\,4\times10^{-5}$	0.043 012 5	0.052 5	0.304 772	0.136 485 82	0.004 278 56	$1.023\,8\times10^{-5}$	$2.314\,7\times10^{-14}$	$2.314\,7\times10^{-14}$
2.5:1	0.000 267 01	0.003 762 25	0.024 375	0.251 517	0.200 210 48	0.011 155 88	$4.745\,1\times10^{-5}$	$3.389\,3\times10^{-13}$	$3.389\,3\times10^{-13}$
3:1	0.000 376 62	0.001 814 36	0.018 75	0.229 78	0.217 229 2	0.014 375 49	7.262×10^{-5}	$7.316\,4\times10^{-13}$	$7.316\,4\times10^{-13}$
3.5:1	0.005 875 91	$7.932\,7\times10^{-6}$	0.001 875	0.090 76	0.338 911 2	0.088 587 85	0.001 767 63	$2.778\,4\times10^{-10}$	$2.778\,4\times10^{-10}$
4:1	0.007 346 48	$4.591\,9\times10^{-6}$	0.001 875	0.102 124	0.429 094 63	0.126 204 51	0.002 833 51	5.639×10^{-10}	5.639×10^{-10}

表 C-6 铝硅比 1:1 型铝硅酸盐矿物分解反应通式 n, m 计算值

项目	总 HF/总 H⁺														
	1:4	1:3	1:2	1:2.5	1:1.5	1:1	1.2:1	1.4:1	1.6:1	1.8:1	2:1	2.5:1	3:1	3.5:1	4:1
n	1.106 768 79	1.100 105 76	1.114 797	1.133 665	1.159 656	1.201 172	1.229 181	1.255 665	1.281 17	1.304 858	1.325 608	1.480 989	1.533 523	2.002 621	2.04 5054
m	4.000 023 56	4.000 020 48	4.000 039	4.000 028	4.000 058	4.000 1	4.000 137	4.000 18	4.000 23	4.000 284	4.000 339	4.001 069	4.001 508	4.023 24	4.029 332

附录 D 各物质反应吉布斯自由能值

由《高温水溶液热力学数据计算手册》，可查得表 D-1 所示各物质反应吉布斯自由能，单位为 kcal/mol。

（单位：kcal/mol）

表 D-1 各物质反应吉布斯自由能

物质	摩尔反应吉布斯自由能								
	25℃	50℃	75℃	100℃	125℃	150℃	175℃	200℃	225℃
HF(aq)	-82.82	-83.36	-83.92	-84.53	-85.18	-85.90	-86.69	-87.56	—
H^+	1.49	1.59	1.64	1.60	1.52	1.39	1.29	0.93	0.62
H_2O	-73.29	-73.73	-74.19	-74.68	-75.20	-75.74	-76.30	-76.89	-77.50
SiF_4(气)	-406.09	-407.79	-409.53	-411.30	-413.11	-414.95	-416.81	-418.71	-420.64
SiF_5^-	—	—	—	—	—	—	—	—	—
SiF_6^{2-}	-582.69	-583.61	-584.43	-585.13	-585.73	-586.21	-586.59	-586.85	-587.01
Al^{3+}	-99.60	-97.39	-95.36	-93.51	-91.85	-90.34	-89.02	-87.88	-86.92
AlF^{2+}	-190.97	-189.80	-188.77	-187.86	-187.10	-186.46	-185.96	-185.60	-185.37
AlF_2^+	-278.94	-278.51	-278.19	-277.97	-277.86	-277.85	-277.94	-278.13	-278.42
AlF_3(aq)	-364.73	-364.83	-365.06	-365.46	-366.07	-366.93	-368.09	-369.61	
AlF_4^-	-448.28	-448.59	-448.79	-448.88	-448.87	-448.74	-448.51	-448.16	-447.71
AlF_5^{2-}	-530.42	-530.90	-531.26	-532.52	-531.67	-531.71	-531.64	-531.46	-531.17
AlF_6^{3-}	-611.36	-611.81	-612.15	-612.37	-612.49	-612.50	-612.40	-612.20	-611.88
白云石（固）	-1441.97	-1443.78	-1445.74	-1447.86	-1450.12	-1452.53	-1445.08	-1457.77	-1460.59
方英石（硅石固）	-220.44	-220.71	-221.00	-221.31	-221.64	-221.98	-221.35	-222.74	-223.15

物质	摩尔反应吉布斯自由能								
	25℃	50℃	75℃	100℃	125℃	150℃	175℃	200℃	225℃
石英（固）	-220.62	-220.87	-221.15	-221.46	-221.78	-222.12	-222.48	-222.86	-223.26
微斜长石（固）	-961.92	-963.29	-964.75	-966.31	-967.96	-969.71	-971.54	-973.46	-975.47
a-钠长石（固）	-952.12	-953.42	-954.83	-956.33	-957.93	-959.62	-961.39	-963.25	-965.19
钙长石（固）	-1023.63	-1024.88	-1026.22	-1027.64	-1029.14	-1030.73	-1032.41	-1034.17	-1036.01
Na^+	-60.10	-60.37	-60.70	-61.11	-61.59	-62.15	-62.78	-63.48	-64.26
Ca^{2+}	-122.93	-122.42	-122.01	-121.71	-121.51	-121.42	-121.44	-121.56	-121.79
K^+	-65.98	-66.49	-67.06	-67.70	-68.40	-69.16	-69.99	-70.88	-71.83
Li^+	-65.87	-65.85	-65.92	-66.08	-66.32	-66.65	-67.06	-67.56	-68.14
NO	6.57	5.30	4.02	2.73	1.43	0.11	-1.22	-2.56	-3.90
NO_2^-	-9.18	-10.63	-12.09	-13.56	-15.05	-16.56	-18.08	-19.62	-21.17
NO_3^-	-61.53	-62.48	-63.40	-64.10	-64.77	-65.35	-65.84	-66.23	-66.53
HNO_3	-58.08	-59.13	-60.16	-61.19	-62.21	-63.23	-64.24	-65.26	0.00
SO_4^{2-}	-221.81	-222.09	-222.18	-222.09	-221.81	-221.34	-220.69	-219.86	-218.83
Fe^{3+}	15.38	17.56	19.56	21.38	23.02	24.49	25.79	26.90	27.84
HCl	-43.94	-44.24	-44.49	-44.69	-44.84	-44.94	-44.99	-44.98	0.00
$SiCl_4$	-181.28	-182.75	-177.51	-179.09	-180.70	-182.35	-184.04	-185.76	-187.50
Mg^{2+}	-98.78	-97.77	-96.86	-96.13	-95.50	-95.00	-94.63	-94.38	-94.26
F^-	-80.70	-80.69	-80.58	-80.36	-80.03	-79.59	-79.04	-78.39	-77.63

各矿物反应吉布斯自由能查自《矿物及有关化合物热力学数据手册》，单位千焦/克分子（1千焦/克分子=1 kJ/mol）。

（单位：kJ/mol）

表 D-2　各矿物反应吉布斯自由能

矿物	$\Delta G^{\ominus}_{fT}$				
	25℃	127℃	227℃	327℃
透辉石	-3 036.63	-2 977.13	-2 918.59	—
a-锂辉石	-2 880.31	-2 820.92	-2 762.36	—
白云母	-5 600.90	-5 471.83	-5 344.70	-5 092.22
钙长石	-4 003.47	-3 926.32	-3 850.61	-3 775.20
微斜长石	-3 742.46	-3 664.94	-3 588.38	-3 512.02
低温钠长石	-3 711.85	-3 635.20	-3 559.20	-3 483.41
方石英	-854.55	-836.18	-818.14	-813.99
赤铁矿	-742.44	-714.62	-687.79	-681.49
黄铁矿	-160.23	-156.13	-150.61	-144.40
磁铁矿	-1 012.53	-977.85	-944.61	-911.83
FeO	-251.46	-244.59	-238.07	-231.27

表 D-3 由表 D-2 中反应吉布斯自由能值，采用内插值法计算得到。

表 D-3 各矿物反应吉布斯自由能

(单位: kJ/mol)

矿物	$\Delta G^{\ominus}_{fT}$								
	25℃	50℃	75℃	100℃	125℃	150℃	175℃	200℃	225℃
透辉石	-3 036.63	-3 022.05	-3 007.46	-2 992.88	-2 978.29	-2 963.66	-2 949.03	-2 934.39	-2 919.76
锂辉石	-2 880.31	-2 865.75	-2 851.20	-2 836.64	-2 822.09	-2 807.45	-2 792.81	-2 778.17	-2 763.53
白云母	-5 600.90	-5 569.27	-5 537.63	-5 506.00	-5 474.36	-5 442.59	-5 410.81	-5 379.02	-5 347.24
钙长石	-4 003.47	-3 984.56	-3 965.65	-3 946.74	-3 927.83	-3 908.91	-3 889.98	-3 871.05	-3 852.12
微斜长石	-3 742.46	-3 723.46	-3 704.46	-3 685.46	-3 666.46	-3 647.33	-3 628.19	-3 609.05	-3 589.91
钠长石	-3 711.85	-3 693.06	-3 674.28	-3 655.49	-3 636.70	-3 617.72	-3 598.72	-3 579.72	-3 560.72
方石英	-854.55	-850.05	-845.55	-841.04	-836.54	-832.03	-827.52	-823.01	-818.50
赤铁矿*	-742.44	-735.62	-728.80	-721.98	-715.17	-708.45	-701.74	-695.03	-688.33
黄铁矿*	-160.23	-159.22	-158.22	-157.21	-156.21	-154.86	-153.48	-152.10	-150.72
磁铁矿*	-1 012.53	-1 004.03	-995.53	-987.03	-978.53	-970.20	-961.89	-953.58	-945.27
FeO	-251.46	-249.77	-248.09	-246.41	-244.72	-249.91	-248.23	-246.54	-244.86

附录 E 浸出过程宏观动力学模型

表 E-1 常压下各温度动力学试验数据不同动力学模型线性相关分析

动力学模型	模型方程	温度/℃	线性相关系数 R^2					
			Al	Fe	K	Na	Ca	Mg
化学反应控制	$1-(1-x)^{2/3}=k_1t$	25	0.832	0.841	0.902 0	0.923	0.901	0.985
		60	0.794	0.846	0.898 0	0.923	0.942	0.902
		80	0.784	0.790	0.956 0	0.932	0.971	0.956
内扩散控制	$1-2x/3-(1-x)^{2/3}=k_3t$	25	0.962	0.915	0.679 0	0.989	0.650	0.856
		60	0.937	0.950	0.665 0	0.981	0.747	0.728
		80	0.911	0.910	0.759 0	0.984	0.818	0.800
混合控制	$1-(1-x)^{1/3}=k_4t$	25	0.851	0.838	0.897 0	0.935	0.859	0.980
		60	0.815	0.876	0.892 0	0.937	0.916	0.884
		80	0.805	0.827	0.951 0	0.947	0.909	0.940
液膜非稳流模型	$4x-3[(1-x)^{4/3}-1]=k_5t^{1/2}$	25	0.947	0.901	0.453 0	0.894	0.587	0.824
		60	0.961	0.921	0.446 0	0.877	0.703	0.683
		80	0.947	0.926	0.557 0	0.873	0.782	0.767
Avrami模型	$\ln(-\ln(1-x))=\ln K+n\ln t$	25	0.942	0.872	0.990 0	0.981	0.864	0.994
		60	0.954	0.917	0.952 0	0.968	0.972	0.895
		80	0.922	0.898	0.957 0	0.974	0.856	0.892

表 E-2 热压浸出各杂质元素动力学模拟线性相关系数

动力学模型	模型方程	温度/℃	线性相关系数 R^2					
			Al	Fe	K	Na	Ca	Mg
化学反应控制	$1-(1-x)^{2/3}$	150	0.868	0.903	0.978	0.815	0.915	0.941
		200	0.777	0.752	0.970	0.810	0.872	0.822
		220	0.666	0.730	0.872	0.834	0.829	0.834
内扩散控制	$1-2x/3-(1-x)^{2/3}$	150	0.912	0.966	0.921	0.951	0.980	0.891
		200	0.848	0.954	0.948	0.948	0.988	0.863
		220	0.890	0.935	0.943	0.983	0.937	0.983
液膜非稳流模型	$4x-3[(1-x)^{4/3}-1]$	150	0.932	0.884	0.752	0.961	0.886	0.690
		200	0.957	0.991	0.774	0.964	0.949	0.847
		220	0.990	0.983	0.882	0.968	0.936	0.968
混合控制	$1-(1-x)^{1/3}$	150	0.890	0.929	0.979	0.842	0.942	0.941
		200	0.826	0.867	0.978	0.836	0.925	0.837
		220	0.703	0.856	0.904	0.869	0.883	0.869
Avrami模型	$1-2x/3-(1-x)^{2/3}$	150	0.945	0.942	0.979 0	0.983	0.945	0.893
		200	0.968	0.998	0.956 0	0.978	0.990	0.890
		220	0.990	0.983	0.920 0	0.996	0.971	0.996